高等职业教育精品工程规划教材

# PLC 应用技术与项目实践

## （西门子 S7-300）

主　编　郁　琰

副主编　吴繁红

参　编　沈灿钢　黄　波

電子工業出版社

Publishing House of Electronics Industry

北京 · BEIJING

## 内 容 简 介

本书全面介绍了 S7-300PLC 应用技术与项目实践的相关知识与应用技能。

全书以 S7-300 为样机，以 SIMATIC STEP7 v5.5 软件为平台，从工程应用出发，以典型项目案例为媒介，以“项目引导、任务驱动”为中心，将 PLC 的相关知识与技能划分为 9 个项目、31 个任务。力争通过一系列项目的学习与训练，使学员逐步掌握 S7-300PLC 硬件系统配置及硬件调试、STEP7 软件的应用及仿真、PLC 程序结构、LAD 语言程序设计及系统调试、顺序功能图的结构、顺序功能图的设计及调试，S7-300PLC 之间的 PROFIBUS 通信、以太网通信的方法和技巧，并具备可编程控制器程序设计员（师）所要求的基本能力。

本书注重实际，强调应用，是一本工程性较强的应用类教程，可作为高职高专自动化等专业的 PLC 理实一体化教材，也可供从事 PLC 应用系统设计、调试和维护的工程技术人员自学或作为培训教材使用。



**图书在版编目（CIP）数据**

PLC 应用技术与项目实践：西门子 S7-300 / 郁琰主编. —北京：电子工业出版社，2016.8

ISBN 978-7-121-29107-4

Ⅰ. ①P… Ⅱ. ①郁… Ⅲ. ①plc 技术—高等学校—教材 Ⅳ. ①TM571.6

中国版本图书馆 CIP 数据核字（2016）第 136454 号

策划编辑：郭乃明
责任编辑：郝黎明
印　　刷：北京嘉恒彩色印刷有限责任公司
装　　订：北京嘉恒彩色印刷有限责任公司
出版发行：电子工业出版社
　　　　　北京市海淀区万寿路 173 信箱　邮编　100036
开　　本：787×1 092　1/16　印张：16.5　字数：422.4 千字
版　　次：2016 年 8 月第 1 版
印　　次：2016 年 8 月第 1 次印刷
印　　数：3 000 册　定价：37.00 元

凡所购买电子工业出版社图书有缺损问题，请向购买书店调换。若书店售缺，请与本社发行部联系，联系及邮购电话：（010）88254888，88258888。

质量投诉请发邮件至 zlts@phei.com.cn，盗版侵权举报请发邮件至 dbqq@phei.com.cn。

本书咨询联系方式：34825072@qq.com。

可编程序控制器（PLC）是应用十分广泛的通用微机控制装置，是自动控制系统中的关键设备。S7-300 是德国西门子公司生产的可编程序控制器（PLC）系列产品之一。S7-300 由于其模块化结构、易于实现分布式的配置以及性价比高、电磁兼容性强、抗振抗冲击性能好等优点，在广泛的工业控制领域中得以成为一种既经济又切合实际的解决方案。

本书以S7-300为样机，以SIMATIC STEP7 v5.5软件为平台，从工程应用出发，以典型项目案例为媒介，以“项目引导、任务驱动”为中心，将 PLC 的相关知识与技能划分为 9 个项目、31 个任务。力争通过一系列项目的学习与训练，使学员逐步掌握 S7-300PLC 硬件系统配置及硬件调试、STEP7 软件的应用及仿真、PLC 程序结构、LAD 语言程序设计及系统调试、顺序功能图的结构、顺序功能图的设计及调试，S7-300PLC 之间的 PROFIBUS 通信、以太网通信的方法和技巧，并具备可编程控制器程序设计员（师）所要求的基本能力。

全书分为基础应用和综合应用两大模块。

基础应用模块包括项目 1～项目 6：项目 1 为小车控制系统，项目 2 为运输带控制系统，项目 3 为仓库存储控制系统，项目 4 为工业机械手顺序控制系统，项目 5 为四台电机顺序控制系统，项目 6 为交通信号灯控制系统。通过这 6 个项目的学习，了解 S7-300PLC 的结构；理解 PLC 的循环处理过程；掌握 STEP7 和仿真软件 PLCSIM 的安装方法；掌握基于 S7-300 的 PLC 控制系统的项目生成与硬件组态；掌握常用指令的使用方法；掌握简单控制程序的编写方法；掌握顺序控制设计法；掌握结构化程序设计法；掌握基于 S7-300 的 PLC 控制系统的调试方法。

综合应用模块包括项目 7～项目 9：项目 7 为 S7-300PLC 的通信，项目 8 为基于 MM440 与 S7-300 的自动生产线多段速控制系统，项目 9 为基于 S7-300、变频器、触摸屏的水箱水位控制系统。通过这 3 个项目的学习，掌握 SIMATIC S7-300 PLC 的 MPI 通信，掌握 SIMATIC S7-300 PLCPROFIBUS DP 分布式 I/O 通信，掌握 SIMATIC S7-300 PLC PROFIBUS DP 主站与智能从站的通信，掌握 S7-300PLC 的以太网通信，掌握自动生产线多段速控制系统的设计与调试，掌握 MM440 常用参数单元的设置，掌握基于 S7-300、变频器、触摸屏的水箱水位控制系统的设计与调试，掌握触摸屏的使用。

本书主要由江阴职业技术学院电子信息工程系的教师编写，郁琰担任主编，并负责全书的统稿工作。吴繁红担任副主编。项目 1、项目 3～项目 6、项目 8～项目 9 由郁琰编写；项目 2、项目 7 由吴繁红编写。沈灿钢、黄波也参加了部分内容的编写工作，并对编写工作提供了很多帮助。

由于编者水平有限，书中难免有错漏之处，恳请广大读者批评指正。

编　者

# 基础应用模块

## 综合应用模块

# 基础应用模块

本模块包括小车控制系统、运输带控制系统、仓库存储控制系统、工业机械手顺序控制系统、四台电机顺序控制系统、交通信号灯控制系统 6 个项目。通过这 6 个项目的学习，了解 S7-300 PLC 的结构；理解 PLC 的循环处理过程；掌握 STEP7 和仿真软件 PLC SIM 的安装方法；掌握基于 S7-300 的 PLC 控制系统的项目生成与硬件组态；掌握常用指令的使用方法；掌握简单控制程序的编写方法；掌握顺序控制设计法；掌握结构化程序设计法；掌握基于 S7-300 的 PLC 控制系统的调试方法。

# 项目 1　小车控制系统

小车控制系统是工业运料的主要控制系统之一，广泛应用于自动化生产线、冶金、有色金属、煤矿、港口、码头等行业，各工序之间的物品常用有轨小车来转运，小车通常采用电动机驱动，电动机正转小车前进，电动机反转小车后退。

小车采用轨道形式运行，在轨道沿途的关键位置设置传感器，从而达到为小车定位，并将定位信息返回控制 PLC 电路，从而达到即时监视和定位小车的作用，小车控制系统示意图如图 1-1 所示。

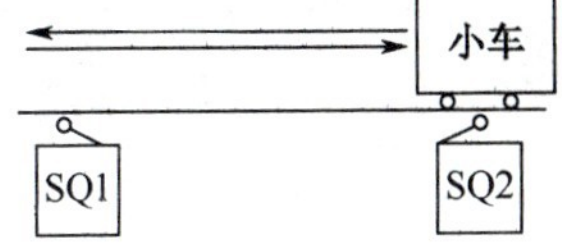

图 1-1　小车控制系统示意图

**【学习任务】**

任务 1　认识 S7-300PLC。
任务 2　安装 STEP7 和仿真软件 PLCSIM。
任务 3　小车控制系统的项目生成与硬件组态。
任务 4　小车控制系统的控制程序。
任务 5　小车控制系统的调试与运行。

**【学习目标】**

1. 了解 S7-300PLC 的结构。
2. 理解 PLC 的循环处理过程。
3. 掌握 STEP7 和仿真软件 PLCSIM 的安装方法。
4. 掌握小车控制系统的项目生成与硬件组态。
5. 掌握小车控制系统的控制程序编写。
6. 掌握小车控制系统的调试方法。

# 任务 1　认识 S7-300 PLC

【任务描述与分析】

近年来，随着工业化进程的不断深化，自动化行业的迅猛发展，PLC 的应用已十分广泛，在工业领域已是家喻户晓，PLC 的厂家、型号和规格层出不穷。其中，S7-300 PLC 是目前国内应用最广、市场占有率最高的中小型 PLC，适用于中等性能的控制要求。S7-300 是德国西门子公司生产的可编程序控制器（PLC）系列产品之一。其模块化结构、易于实现分布式的配置及性价比高、电磁兼容性强、抗振动抗冲击性能好，使其在广泛的工业控制领域中，成为一种既经济又切合实际的解决方案。

在使用 S7-300 以前，先了解一下 S7-300PLC 的结构。

【相关知识与技能】

## 1.1.1　S7-300 的系统结构

S7-300 的 CPU 都有一个使用 MPI（多点接口）通信协议的 RS-485 接口。有的还带有集成的现场总线 PROFIBUS-DP 接口、PROFINET 接口或 PtP（点对点）串行通信接口。

S7-300 是针对低性能要求的模块化中小控制系统，可配置不同档次的 CPU，可选择不同类型的扩展模块，可以扩展多达 32 个模块，模块内集成背板总线，网络连接可采用多点接口（MPI）、PROFIBUS 或工业以太网，通过编程器 PG 访问所有的模块，无插槽限制，借助于“HWConfig”工具可以进行组态和设置参数。

S7-300 具有以下特点。

（1）循环周期短、处理速度高；

（2）指令集功能强大（包含 350 多条指令），可用于复杂功能；

（3）产品设计紧凑，可用于空间有限的场合；

（4）模块化结构，设计更加灵活；

（5）有不同性能档次的 CPU 模块可供选用；

（6）功能模块和 I/O 模块可选择；

（7）有可在露天恶劣条件下使用的模块类型。

S7-300 采用紧凑的、无槽位限制的模块结构（图 1-2），电源模块（PS）、CPU 模块、信号模块（SM）、功能模块（FM）、接口模块（IM）、通信处理器（CP）都安装在铝制导轨上。

图 1-2　S7-300 的外形

S7-300 的电源模块总是安装在机架的最左边，CPU 模块紧靠电源模块。

S7-300 用背板总线将除电源模块之外的各个模块连接起来，背板总线集成在模块上，模块通过 U 形总线连接器相连，每个模块（不包括电源模块）都有一个总线连接器，总线连接器插在各模块的背后。安装时先将总线连接器插在 CPU 模块上，将模块固定在导轨上，然后依次安装各个模块，如图 1-3 所示。

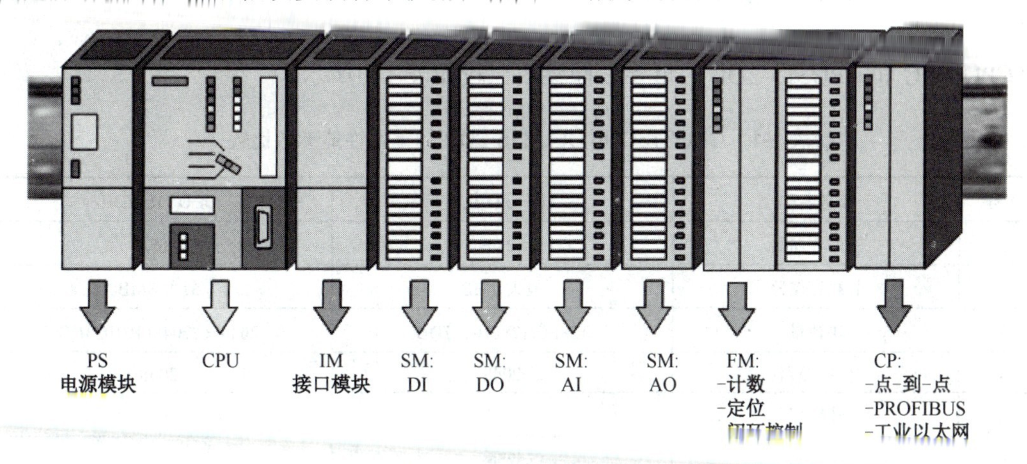


图 1-3　S7-300 的安装

除了带 CPU 的中央机架，最多可以增加 3 个扩展机架，每个机架最多可以插 8 块信号模块、功能模块或通信处理器模块。组态时系统自动分配模块的地址。

电源模块在机架最左边的 1 号槽（图 1-3），中央机架（0 号机架）的 2 号槽是 CPU 模块，3 号槽是接口模块，其他模块使用 4～11 号槽。

机架导轨上并不存在物理槽位，在不需要扩展机架时，CPU 模块和 4 号槽的模块是挨在一起的，此时 3 号槽位仍然被实际上并不存在的接口模块占用。

### 1. 电源模块（PS）

PS 307 电源模块将市电电压（AC120/230V）转换为 DC24V，为 CPU 和 24V 直流负载电路（信号模块、传感器、执行器等）提供直流电源。输出电流有 2A、5A、10A 三种。

（1）正常：绿色 LED 灯亮。

（2）过载：绿色 LED 灯闪。

（3）短路：绿色 LED 灯暗（电压跌落，短路消失后自动恢复）。

（4）电压波动范围：5%。

### 2. CPU 模块

S7-300 有多种不同型号的 CPU，各种 CPU 有不同的性能。

（1）CPU312 IFM，带集成的数字输入/输出的紧凑型 CPU，用于带或不带模拟量的小系统，最多 8 个模块。

（2）CPU313C 用于有更多编程要求的小型设备。

（3）CPU314IFM，带有集成的数字和模拟输入/输出的紧凑型 CPU。

（4）CPU 314 用于安装中等规模的程序及中等指令执行速度的程序。

（5）CPU 315/315-2DP 用于要求中到大规模的程序和通过 PROFIBUS-DP 进行分布式配置的设备。

（6）CPU316 用于有大量编程要求的设备。

（7）CPU318-2 用于有要求极大规模的程序和通过 PROFIBUS-DP 进行分布式配置的设备。

CPU313C 和 CPU315-2DP 的重要性能参数比较如表 1-1 所示。

表 1-1　CPU313C 和 CPU315-2DP 的重要性能参数比较

| 序号 | 参数名称 | CPU313C | CPU315-2DP |
|---|---|---|---|
| 1 | 工作存储器 | 32KB | 128KB |
| 2 | 装载存储器 | 最大 4MB | 最大 8MB |
| 3 | 块数量 | 128FC/128FB/127DB | 2048FC/2048FB/1023DB |
| 4 | 位存储器 | 2048 | 2048 |
| 5 | 计数器 | 256 | 256 |
| 6 | 定时器 | 256 | 256 |
| 7 | 数字 I/O 总数 | 992/992 | 1024 |
| 8 | 模拟 I/O 总数 | 248/124 | 256 |
| 9 | 支持的软件 | STEP7 | STEP7/SCL/CFC |
| 10 | PROFIBUS-DP | 无 | 有 |

CPU 内的元件封装在一个牢固而紧凑的塑料机壳内，面板上有状态故障指示灯、模式开关、记忆电池、CPU 电源端子、通信接口和微存储卡插槽（有的 CPU 没有），如图 1-4 所示。微存储卡插槽可以插入多达数兆字节的 FEPROM 微存储卡（MMC），用于掉电后用户程序和数据的保存。

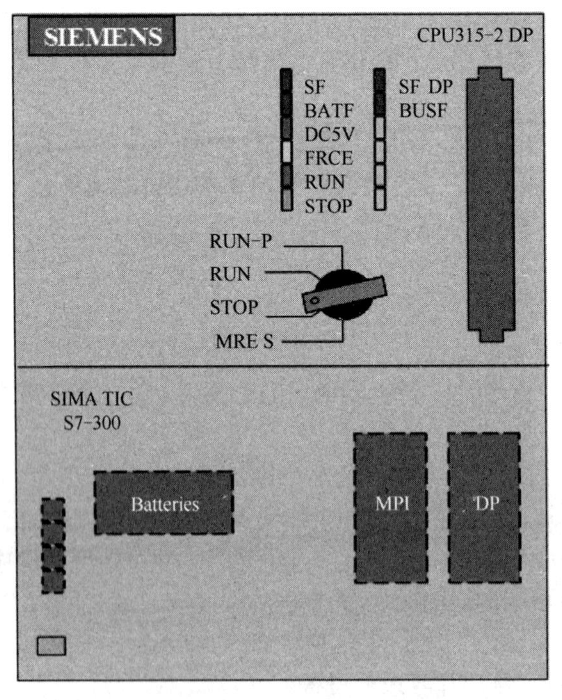


图 1-4　CPU315-2DP 面板

1）模式选择开关

4个挡位位置可实现4种模式操作，具体如下。

（1）RUN-P：可编程运行模式。在此模式下，CPU 不仅可以执行用户程序，在运行的同时，还可以通过编程设备（如装有 STEP 7 的 PG、装有 STEP 7 的计算机等）读出、修改、监控用户程序。在此位置不能拔出模式选择开关。

（2）RUN：运行模式。在此模式下，CPU 执行用户程序，还可以通过编程设备读出、监控用户程序，但不能修改用户程序。在此位置能拔出模式选择开关。

（3）STOP：停机模式。在此模式下，CPU 不执行用户程序，但可以通过编程设备（如装有 STEP 7 的 PG、装有 STEP 7 的计算机等）从 CPU 中读出或修改用户程序。在此位置可以拔出模式选择开关。

（4）MRES：存储器复位模式。该位置不能保持，当模式选择开关在此位置释放时将自动返回到 STOP 位置。将模式选择开关从 STOP 模式切换到 MRES 模式时，可复位存储器，使 CPU 回到初始状态。

复位存储器（MRES）的操作步骤如下。

① 接通电源。

② 将模式选择开关拨到 STOP 位置。

③ 将模式选择开关拨到 MRES 并保持，直到 STOP 指示灯慢速闪烁 2 次为止（约 3s）。

④ 重新将模式选择开关拨到 STOP 位置，然后在 1s 内将其拨回 MRES。STOP 指示灯快速闪烁，表示正在执行 CPU 存储器复位，这时可松开模式选择开关。当 STOP 指示灯再次恢复常亮时，CPU 存储器复位完成。

2）状态及故障显示

状态及故障显示 LED 的不同颜色和状态表示 CPU 的各种状态，具体含义如下。

（1）SF（红色）：系统出错/故障指示灯。CPU 硬件或软件错误时亮。

（2）BATF（红色）：电池故障指示灯（只有 CPU313 和 314 配备）。当电池失效或未装入时，指示灯亮。

（3）DC5V（绿色）：+5V 电源指示灯。CPU 和 S7-300 总线的 5V 电源正常时亮。

（4）FRCE（黄色）：强制作业有效指示灯。至少有一个 I/O 被强制状态时亮。

（5）RUN（绿色）：运行状态指示灯。当 CPU 启动时闪烁，进入“RUN”（运行）模式后持续点亮；在“HOLD”（保持）状态时慢速闪烁。

（6）STOP（黄色）：停止状态指示灯。CPU 处于“STOP”或“HOLD”及“Startup”状态时持续点亮；在存储器复位时 LED 慢速闪烁；正在执行存储器复位时 LED 快速闪烁。

（7）BUSF（红色）：总线出错指示灯（只适用于带有 DP 接口的 CPU）。当 PROFIBUS-DP 接口硬件或软件故障时亮。

（8）SF DP：DP 接口错误指示灯（只适用于带有 DP 接口的 CPU）。当 DP 接口故障时亮。

### 3．信号模块（SM）

信号模块（SM）也称输入/输出模块，是 CPU 模块与现场输入/输出设备连接的桥梁，用户可根据现场输入/输出设备选择各种用途的 I/O 模块。

信号模块包括数字量输入（DI）模块、数字量输出（DO）模块、数字量输入/输出（DI/ DO）模块、模拟量输入（AI）模块、模拟量输出（AO）模块、模拟量输入/输出（AI/ AO）模块。

信号模块和功能模块的外部接线接在插接式的前连接器的端子上，前连接器插在前盖板后面的凹槽内。

模块面板上的SF LED用于显示故障和错误，数字量I/O模块面板上的LED用来显示各数字点的信号状态。模块安装在标准的导轨上，并通过总线连接器与相邻模块连接。

1）数字量输入模块

数字量输入（DI）模块用于连接外部的机械触点和电子数字式传感器，如光电开关和接近开关，将来自现场的外部数字量信号的电平转换为PLC内部的信号电平。

数字量输入模块有直流输入方式和交流输入方式，额定输入直流电压为24V，额定输入交流电压为120V或230V。

模块的每个输入点有一个绿色发光二极管显示输入状态，输入开关闭合即有输入电压时二极管点亮。

图1-5和图1-6所示的分别为直流32点数字量输入模块的内部电路及外部端子接线图和交流32点数字量输入模块的内部电路及外部端子接线图。

当图1-5中的外接触点接通时，光耦合器中的发光二极管点亮，光敏晶体管饱和导通；当外接触点断开时，光耦合器中的发光二极管熄灭，光敏晶体管截止，信号经背板总线接口传送给CPU模块。

在图1-6中用电容隔离输入信号中的直流成分，用电阻限流，交流成分经桥式整流电路转换为直流电流。当外接触点接通时，光耦合器中的发光二极管和显示用的发光二极管点亮，光敏晶体管饱和导通。当外接触点断开时，此光耦合器中的发光二极管熄灭，光敏晶体管截止，信号经背板总线接口传送给CPU模块。

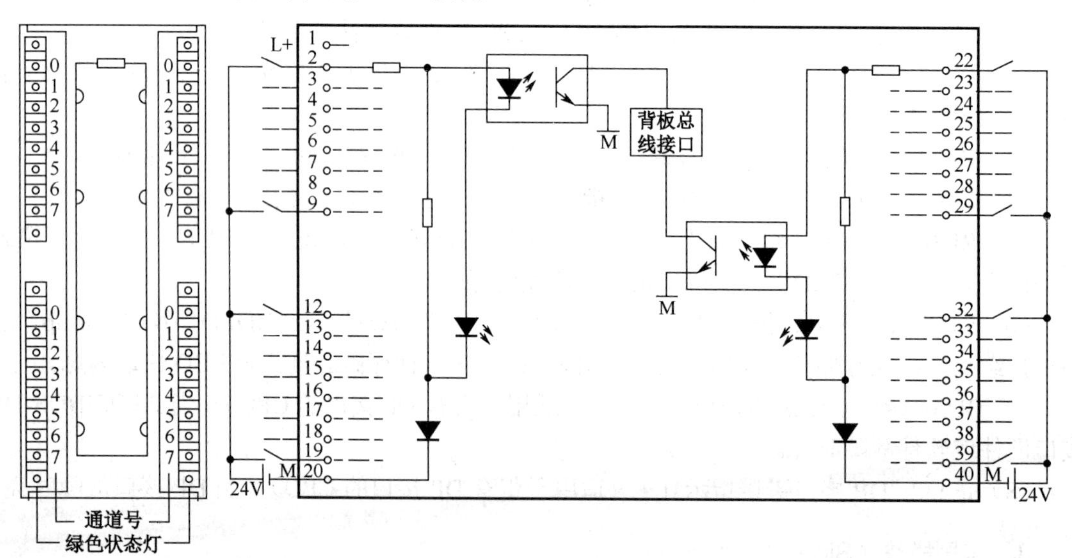


图1-5　直流32点数字量输入模块的内部电路及外部端子接线图

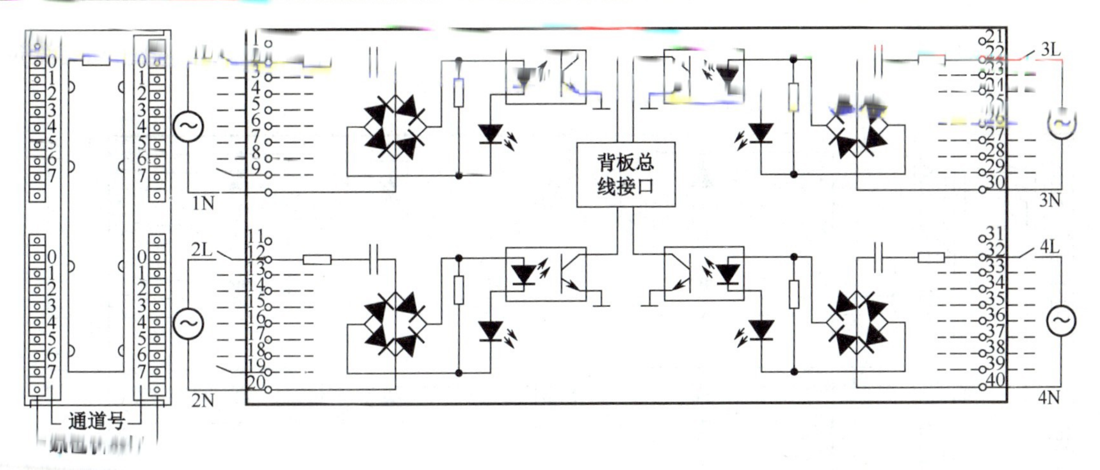


图 1-6　交流32点数字量输入模块的内部电路及外部端子接线图

直流输入电路的延迟时间较短，可以直接与接近开关、光电开关等电子输入装置连接，直流24V是一种安全电压。如果信号线不是很长，PLC所处的物理环境较好，电磁干扰较轻，则应优先考虑选用直流24V的输入模块。交流输入方式适用于有油雾、粉尘的恶劣环境下。

2）数字量输出模块

数字量输出（DO）模块用于驱动电磁阀、接触器、小功率电动机、指示灯和电动机启动器等负载。数字量输出模块将内部信号电平转化为控制过程所需的外部信号电平，同时有隔离和功率放大的作用。负载电源由外部现场提供。

按负载回路使用的电源不同，它可分为直流输出模块（晶体管输出方式）、交流输出模块（晶闸管输出方式）和交直流输出模块（继电器输出方式）。

模块的每个输出点有一个绿色发光二极管显示输出状态，输出为逻辑“1”时，发光二极管点亮。

图1-7～图1-9所示的分别为32点数字量晶体管输出模块的内部电路及外部端子接线图、32点数字量晶闸管输出模块的内部电路及外部端子接线图和16点数字量继电器输出模块的内部电路及外部端子接线图。

图1-7所示的是32点数字量晶体管输出模块，只能驱动直流负载。输出信号经光耦合器送给输出元件，图中用一个带三角形符号的小方框表示输出元件。输出元件的饱和导通状态和截止状态相当于触点的接通和断开。

图1-8所示的是32点数字量晶闸管输出模块，只能驱动交流负载，小方框内的光敏双向晶闸管和小方框外的双向晶闸管等组成固态继电器（SSR）。SSR的输入功耗低，输入信号电平与CPU内部的电平相同，同时又实现了隔离，并且有一定的带负载能力。当梯形图中某一输出点为“1”状态时，其线圈“通电”，使光敏晶闸管中的发光二极管点亮，光敏双向晶闸管导通，使另一个容量较大的双向晶闸管导通，模块外部的负载得电工作。图1-8所示的RC电路用来抑制晶闸管的关断过电压和外部的浪涌电压。这类模块的开关速度较快，工作寿命长。

图1-9所示的是16点数字量继电器输出模块，当某一输出点为“1”状态时，梯形图中的线圈“通电”，通过背板总线接口和光耦合器，使模块中对应的微型继电器线圈通电，其常开触点闭合，使外部负载工作。当输出点为“0”状态时，梯形图中的线圈“断电”，输出模

块中对应的微型继电器的线圈也断电，其常开触点断开。继电器输出模块既可以驱动交流负载，也可以驱动直流负载。

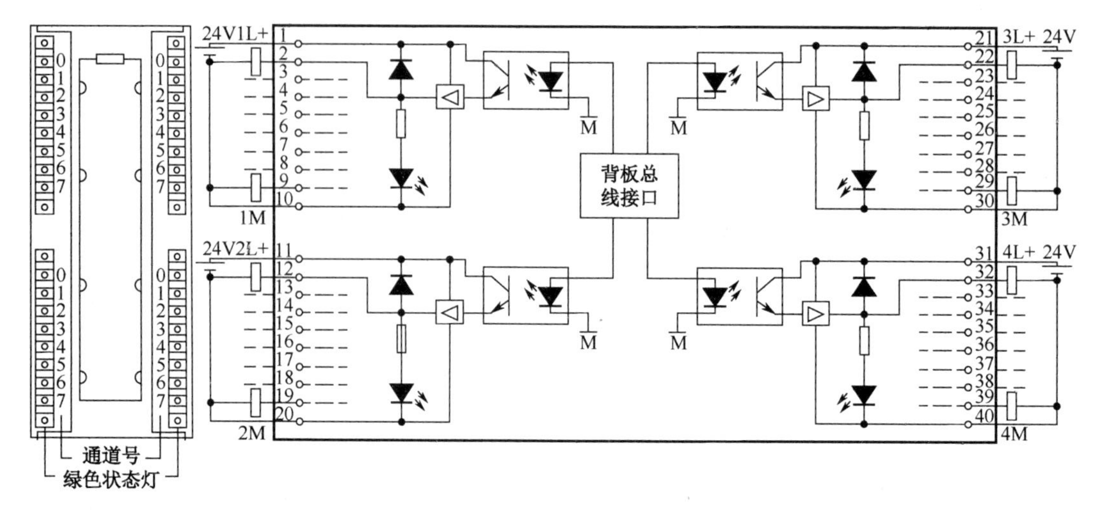


图 1-7　32 点数字量晶体管输出模块的内部电路及外部端子接线图

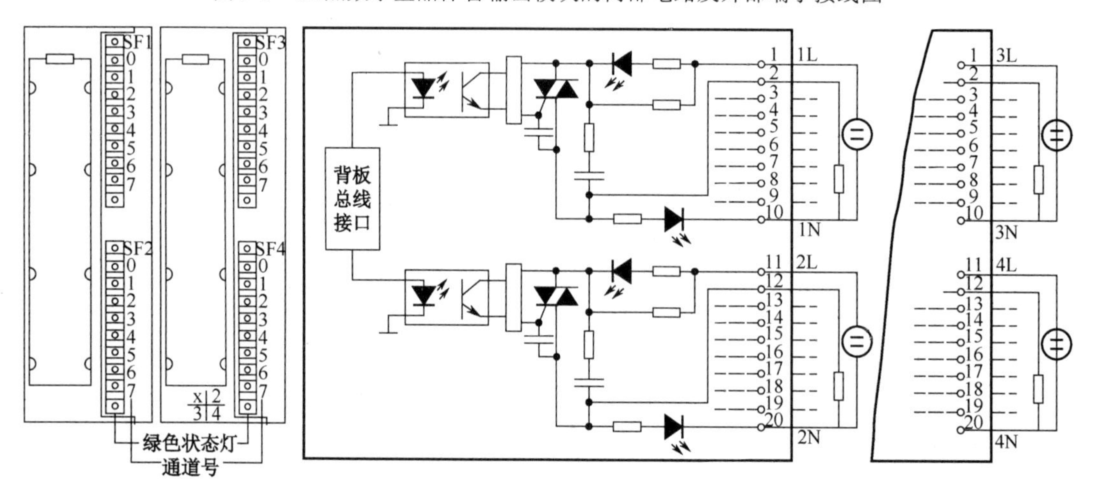


图 1-8　32 点数字量晶闸管输出模块的内部电路及外部端子接线图

晶体管输出模块只能用于直流负载，数字量晶闸管输出模块只能用于交流负载，它们的可靠性高，响应速度快，寿命长，但是过载能力稍差。

继电器输出模块的负载电压范围宽，导通压降小，承受瞬时过电压和瞬时过电流的能力较强，但是动作速度较慢，寿命（动作次数）有一定的限制。如果系统输出量的变化不是很频繁，建议优先选用继电器的输出模块。

3）数字量输入输出模块

数字量输入输出（DI/DO）模块是在一块模块上同时具备输入点和输出点的信号模块。图 1-10 所示的是 16 点输入和 16 点输出的直流模块的内部电路及外部端子接线图。

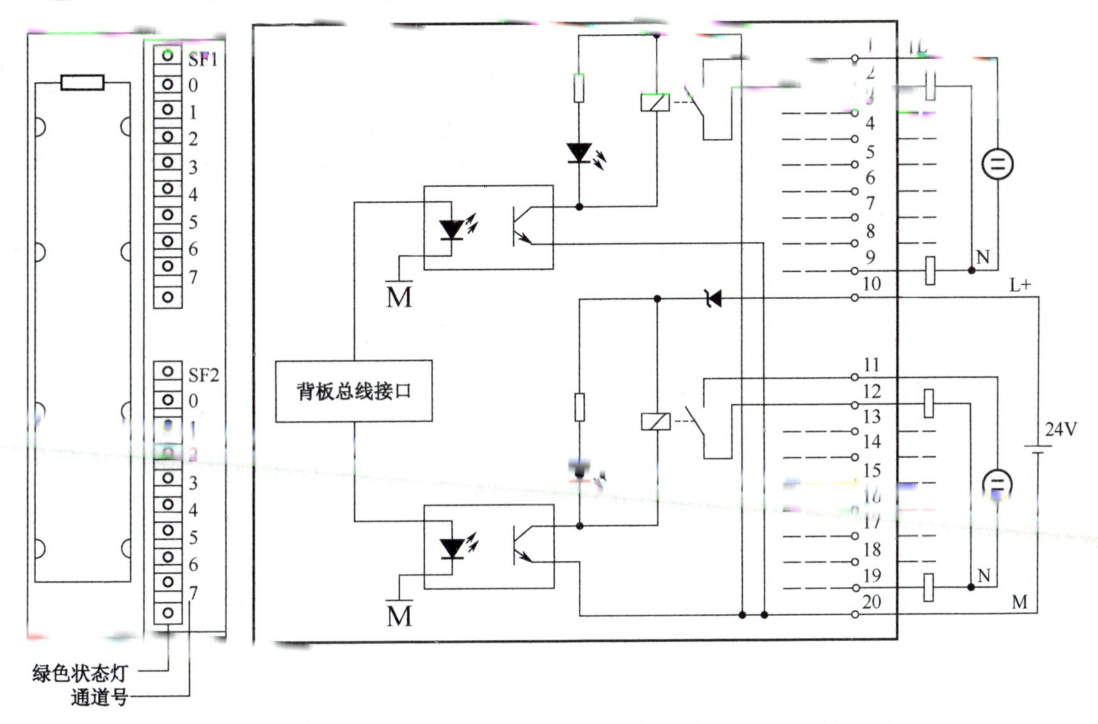


图 1-9　16 点数字量继电器输出模块的内部电路及外部端子接线图

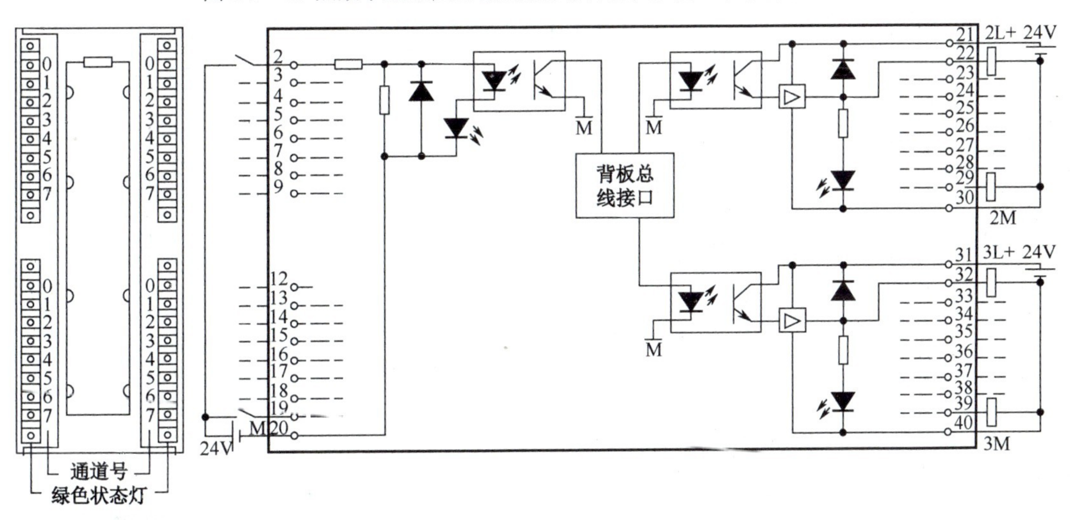


图 1-10　16 点输入和 16 点输出的直流模块的内部电路及外部端子接线图

输入点和输出点均只有一个公共端。输入输出的额定电压均为直流 24V，输入电压为“1”信号时，电平为 11～30V，输入电压为“0”信号时，电平为-3～+5V，输入电流为 7mA，最大输出电流为 0.5A，每组总输出电流为 4A。输入电路和输出电路通过光耦合器与背板总线相连，输出电路为晶体管型，有电子短路保护功能。在额定输入电压下，输入延迟时间为 1.2～4.8ms。

4）模拟量输入模块

生产过程中有大量的连续变化的模拟量需要用 PLC 来测量或控制。有的是非电量，如温度、压力、流量、液位等。有的是强电量，如发电机组的电流、电压、有功功率和无功功率等。变送器用于将传感器提供的电量或非电量转换为标准量程的直流电流或直流电压信号，如 DC0～10V 和 DC 4～20mA。

模拟量输入（AI）模块用于将模拟量信号转换为 CPU 内部处理用的数字信号，其主要组成部分是 A/D 转换器，如图 1-11 所示。AI 模块的输入信号一般是变送器输出的标准量程的直流电压、直流电流信号，有的也可以直接连接不带附加放大器的温度传感器（热电偶或热电阻），这样可以省去温度变送器。

AI 模块主要由 A/D 转换器、转换开关、恒流源、补偿电路、光隔离器及其逻辑电路等组成。图 1-11 所示的是 AI 8×13 位模拟量输入模块内部电路及外部端子接线图。从图中可以看出，各路模拟量通道共用一个 A/D 转换器，各路模拟信号可通过转换开关的切换，按顺序依次完成转换。

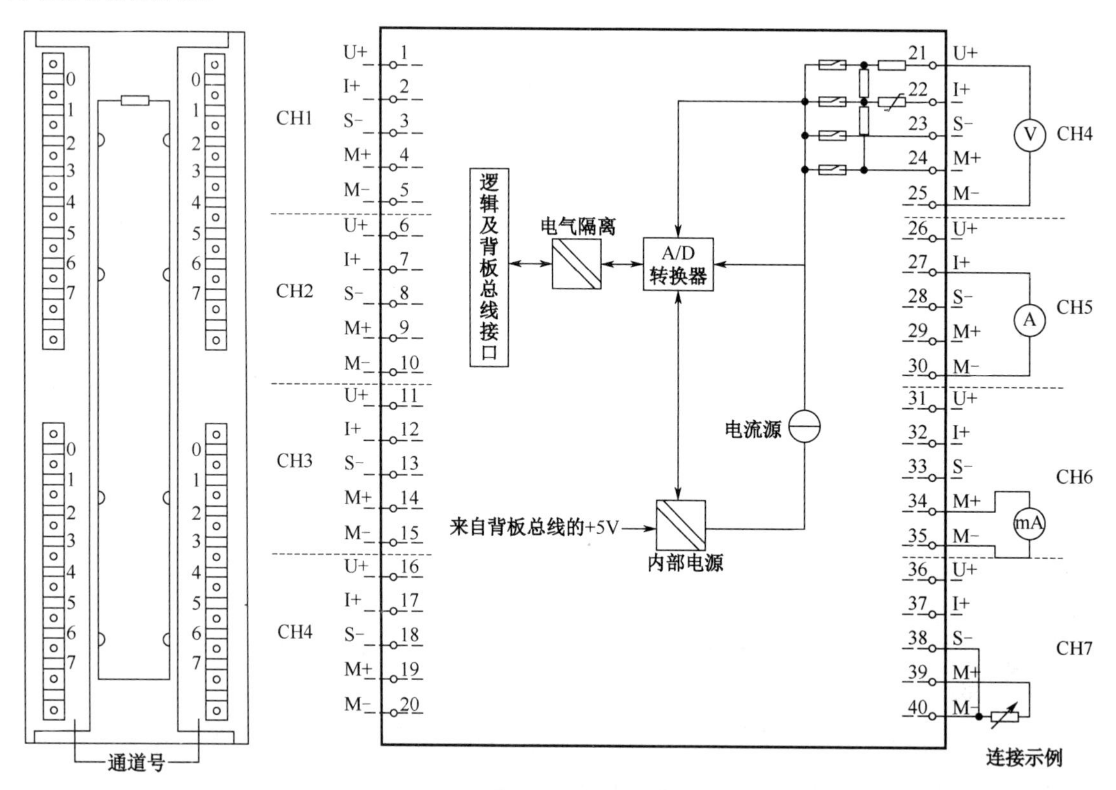


图 1-11　SM331 AI 8×13 位模拟量输入模块内部电路及外部端子接线图

AI 模块用量程卡（或称为量程模块）来切换不同类型的输入信号的输入电路。量程卡安装在模拟量输入模块的侧面，每两个通道为一组，共用一个量程卡，如图 1-12 所示。量程卡插入模块后，如果量程卡上的标记 C 与 AI 模块上的箭头相对应，则量程卡被设置在 C 位置。

对模块组态时，可以获得所选量程的量程卡的位置。设置量程卡时先用螺钉旋具将量程卡从模拟量输入模块中撬出来，再按组态的要求将量程卡插入模拟量输入模块。

5）模拟量输出模块

模拟量输出（AO）模块用于将 CPU 传送给的数字转换为成比例的电流信号或电压信号，对执行机构进行调节或控制，其主要组成部分是 D/A 转换器（图 1-13 中的 DAC）。图 1-13 所示的是 AO 4×12 位模拟量输出模块内部电路及外部端子接线图。

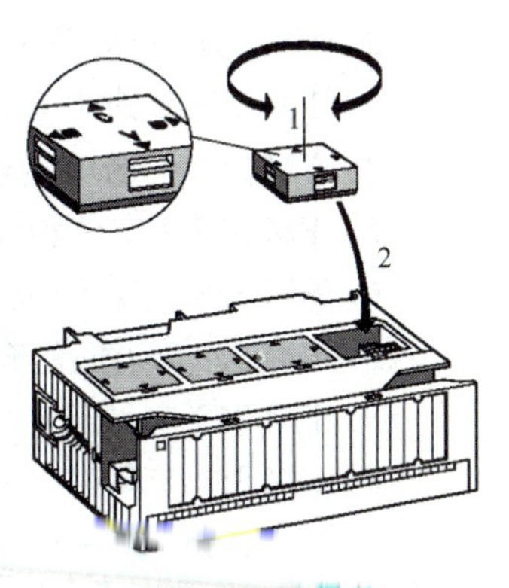

图 1-12　量程卡

AO 模块均有诊断中断功能，用红色 LED 指示故障。模块与背板总线有光电隔离，使用屏蔽电缆时最大距离为 200m。

AO 模块为负载和执行器提供电流和电压，模拟信号应使用屏蔽电缆或双绞线电缆来传送。电缆线 QV 和 $S_+$、$M_{ANA}$ 和 $S_-$，应分别绞接在一起，这样可以减轻干扰的影响，另外应将电缆两端的屏蔽层接地如图 1-13 所示。

电流输出采用两线式，电压输出采用两线式或四线式。采用四线式时，其中 $S_+$、$S_-$ 的引出线用于测量负载两端的电压，这样可以提高电压的输出精度。

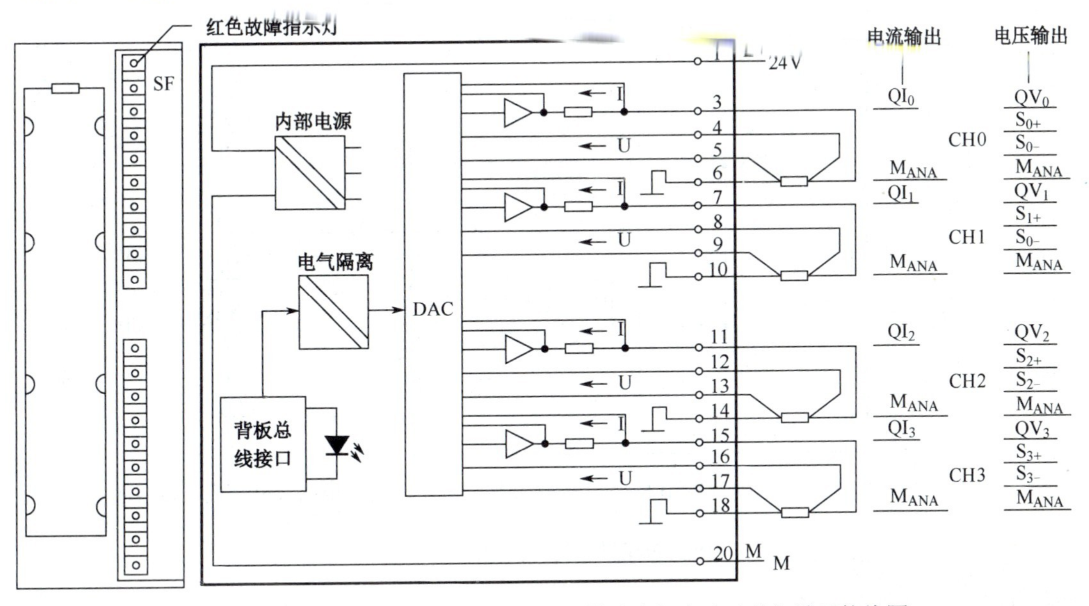

图 1-13　SM332 AO 4×12 位模拟量输出模块内部电路及外部端子接线图

6）模拟量输入/输出模块

模拟量输入/输出（AI/AO）模块是在一个模块上同时具备模拟量输入点和模拟量输出点的信号模块。图 1-14 所示的是 4 点模拟量输入和 2 点模拟量输出的内部电路及外部端子接线图。

**4．功能模块（FM）**

功能模块主要用于对时间要求苛刻、存储器容量要求较大的过程信号处理任务，如计数器模块、快速/慢速进给驱动位置控制模块、电子凸轮控制器模块、步进电动机定位模块、伺服电动机定位模块、闭环控制模块、工业标识系统的接口模块、称重模块、位置输入模块、超声波位置解码器等。常用的模块有以下几种。

（1）FM 350-1、FM 350-2 计数器模块；

（2）FM 351 快速/慢速进给驱动位置控制模块；

（3）FM 353 步进电动机定位模块；

（4）FM 354 伺服电动机定位模块；

（5）FM 357-2 定位和连续路径控制模块；

（6）SM 338 超声波位置解码器模块；

（7）SM 338 SSI 位置输入模块；

（8）FM 352 电子凸轮控制器模块；

（9）FM 352-5 高速布尔运算处理器；

（10）FM 355 闭环控制模块；

（11）FM 355-2 温度控制模块。

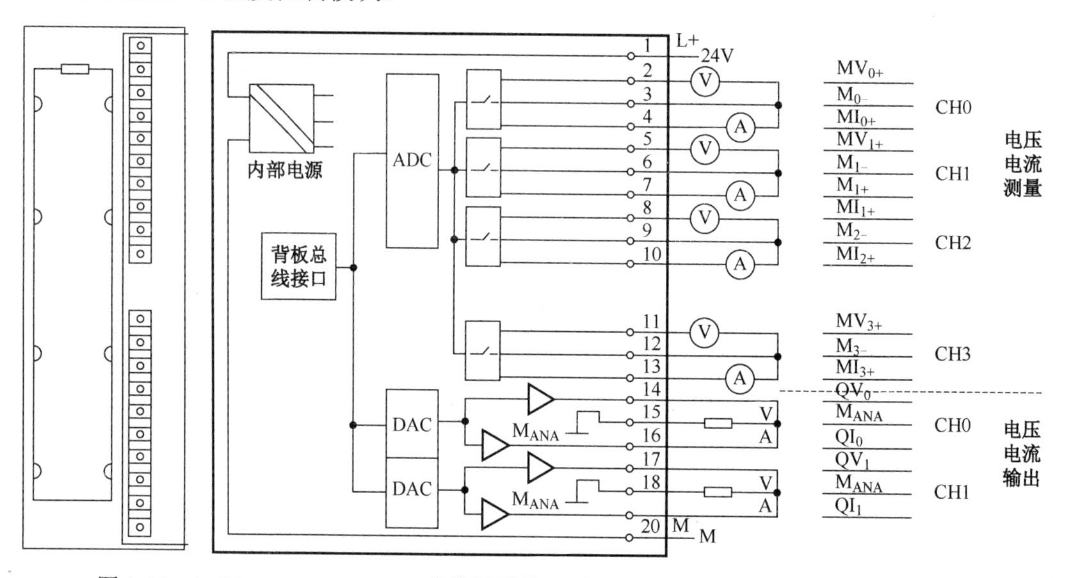


图 1-14　SM334 AI 4/AO 2×8/8B 的模拟量输入/输出模块的内部电路及外部端子接线图

图 1-15　IM365 接口模块

## 5. 接口模块（IM）

接口模块用于 S7-300 PLC 的中央机架与扩展机架的连接，S7-300 有三种规格的接口模块。

1）IM365 接口模块

IM365 接口模块专用于 S7-300 PLC 的双机架系统扩展，由两个 IM365 配对模块和一个 368 连接电缆组成，如图 1-15 所示。其中一块 IM365 为发送模块，必须插入 0 号机架（中央机架）的 3 号槽位；另一块 IM365 为接收模块，必须插入扩展机架（1 号机架）的 3 号槽位，且在扩展机架上最多只能安装 8 个信号模块，不能安装具有通信总线功能的功能模块。

2）IM360/IM361 接口模块

IM360 和 IM361 接口模块必须配合使用，用于 S7-300 PLC 的多机架扩展。其中，IM360 必须插入 0 号机架的 3 号槽位，用于发送数据；IM361 则插入 1～3 号机架的 3 号槽位，用于接收来自 IM360 的数据。数据通过连接电缆 368 从 IM360 传送到 IM361，或者从 IM361 传送到下一个 IM361，前后两个接口模块的通信距离最长为 10m。

S7-300 通过分布式的中央机架和 3 个扩展机架，最多可以配置 32 个信号模块、功能模块和通信处理器。

### 6. 通信处理器（CP）

通信处理器用于扩展中央处理单元的通信任务，常用的通信处理器包括：PROFIBUS-DP 处理器、PROFIBUS-FMS 处理器和工业以太网处理器。

1）PROFIBUS-DP 处理器：CP342-5

（1）用于连接 SIEMENS S7-300 和 PROFIBUS-DP 的主/从的接口模块；

（2）通过 PROFIBUS 简单地进行配置和编程；

（3）支持的通信协议：PROFIBUS-DP、S7 通信功能、PG/OP 通信；

（4）传输率：9.6～12Mb/s 自由选择；

（5）主要用于和 ET200 从站配合，组成分布式 I/O 系统。

2）PROFIBUS-FMS 处理器：CP343-5

（1）用于连接 SIEMENS S7-300 和 PROFIBUS-FMS 的接口模块；

（2）通过 PROFIBUS 简单地进行配置和编程；

（3）支持的通信协议：PROFIBUS-FMS、S7 通信功能、PG/OP 通信；

（4）传输率：9.6～1.5Mb/s 自由选择；

（5）主要用于和操作员站的连接。

3）工业以太网处理器：CP343-1

（1）用于连接 SIEMENS S7-300 和工业以太网接口模块；

（2）10/100Mb/s 全双工，自动切换；

（3）接口连接：RJ45、AUI；

（4）支持的通信协议：ISO、TCP/IP 通信协议；S7 通信功能、PG/OP 通信；

（5）主要用于和操作员站的连接。

**【任务实施与拓展】**

## 1.1.2 S7-300 的硬件安装

### 1. 安装规范

（1）对于水平安装，CPU 和电源必须安装在左边，如图 1-16 所示。对于垂直安装，CPU 和电源必须安装在底部，如图 1-17 所示。

图 1-16　S7-300 水平安装图

图 1-17　S7-300 垂直安装图

（2）必须保证下面的最小间距：机架左右为 20mm。

单层组态安装时，上下为 40mm。

两层组态安装时，上下至少为 80mm。

（3）接口模块安装在 CPU 的右边，一个机架上最多插 8 个 I/O 模块（信号模块、功能模块、通信处理器）。

（4）多层组态只适用于 CPU 314/315/316，保证机架与安装部分的连接电阻很小，如通过垫圈来连接。

## 2．安装步骤

（1）检查所有部件是否齐备（见部件清单）。

（2）安装导轨。

用 M 6 螺丝把导轨固定到安装部位，通过保护地螺丝把保护地连到导轨上。

**注意**：导线的最小截面积为 $10mm^2$。

（3）安装电源，如图 1-18 所示。

（4）把总线连接器连到 CPU 并安装模块，如图 1-18 所示。

（5）把总线连接器连到 I/O 模块，并安装模块，如图 1-18 所示。

（6）连接前连接器，并插入标签条和槽号。

（7）给模块配线（电源、CPU 和 I/O 模块）。

## 3．安装注意事项

（1）每个模板都带一个总线连接器。安装前把总线连接器插入模板。从 CPU 开始，最后一个模板无须总线连接器。

（2）按顺序把模板挂到导轨上方。模板的顺序为电源→CPU→其他模板。

（3）向下按模板并用螺丝将它们紧固在导轨上。

（4）前连接器插入信号模板来连接现场信号。在模板和前连接器之间是一个机械编码器，可以避免以后把前连接器混淆。

槽口标号条是 CPU 的附件，它们用来标识模块的位置。在后面设置模块参数时，要知道模块的位置。

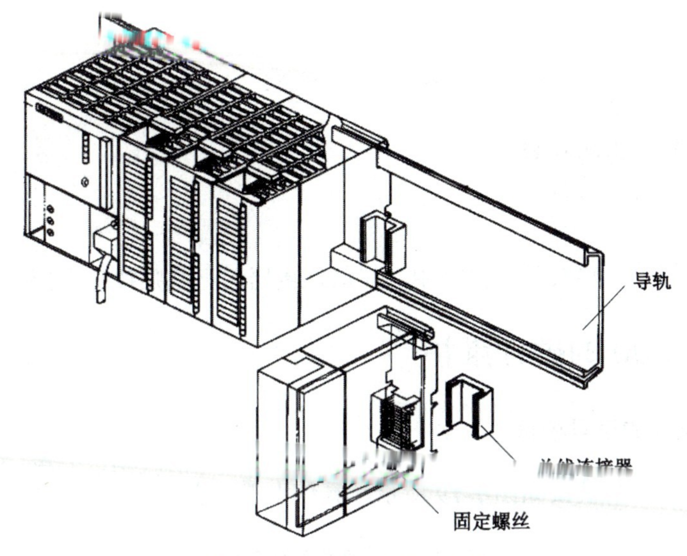


图 1-18　S7-300 安装示意图

### 4. 电气安装检查

（1）是否有模拟信号或总线信号？

模拟量模板和 Profibus 总线信号必须采用屏蔽电缆。

（2）是否有>60V 的接线？

对于>60V 的信号接线，须单独捆扎或穿管。

对于>400V 的信号接线，须布置在走线盒外，并保证 10cm 以上的距离。

（3）输出触点构成的回路中是否有感性负载？

在感性负载情况下，必须采取过压保护措施，方法是在直流线圈两端并联二极管或齐纳二极管，在交流线圈两端并联压敏电阻或 RC 吸收网络。

（4）是否有室外的接线？

在室外安装时须采取防雷击的保护措施，如在两端接地的金属管中走线。

### 5. 电源和 CPU 的接线

（1）打开电源模块和 CPU 模块面板上的前盖。

（2）松开电源模块上接线端子的夹紧螺钉。

（3）将进线电缆连接到端子上，并注意绝缘。

（4）上紧接线端子的夹紧螺钉。

（5）用连接器将电源模块与 CPU 模块连接起来并上紧螺钉。

（6）关上前盖。

（7）检查进线电压的选择开关把槽号插入前盖！

### 6. 前连接器的接线

（1）打开信号模块的前盖。

（2）将前连接器放在接线位置。

（3）将夹紧装置插入前连接器中。
（4）剥去电缆的绝缘层（6 mm 长度）。
（5）将电缆连接到端子上。
（6）用夹紧装置将电缆夹紧。
（7）将前连接器放在运行位置。
（8）关上前盖。
（9）填写端子标签并将其压入前盖中，在前连接器盖上粘贴槽口号码。

## 1.1.3　S7-300 的硬件维护

### 1．更换 S7-300 的信号模板

（1）拆卸模板。拆卸模板如图 1-19 所示，具体步骤如表 1-2 所示。

表 1-2　拆卸模板的步骤

| 步骤 | 20 针前连接器 | 40 针前连接器 |
|---|---|---|
| 1 | 把 CPU 切换到 STOP 状态 | |
| 2 | 断开此模板的负载电压 | |
| 3 | 从模板中取下标签条 | |
| 4 | 打开前盖 | |
| 5 | 打开前连接器并取下 | |
| | 压下锁钮，用另一只手紧紧夹住前连接器并将它拉出 | 从前连接器的中间取出固定螺钉，将前连接器脱锁并从模板中拉出，再用夹子夹住 |
| 6 | 拧松模板的固定螺钉 | |
| 7 | 取出模板 | |

（2）从模板上拆卸前连接器的编码插针。在开始安装一个新的模板之前，应将前连接器的上半部编码插针从该模板上取下来，因为该部件早已插入已接线的前连接器，如图 1-20 所示。

（3）安装新的模板。安装新的模板如图 1-21 所示，具体步骤如表 1-3 所示。

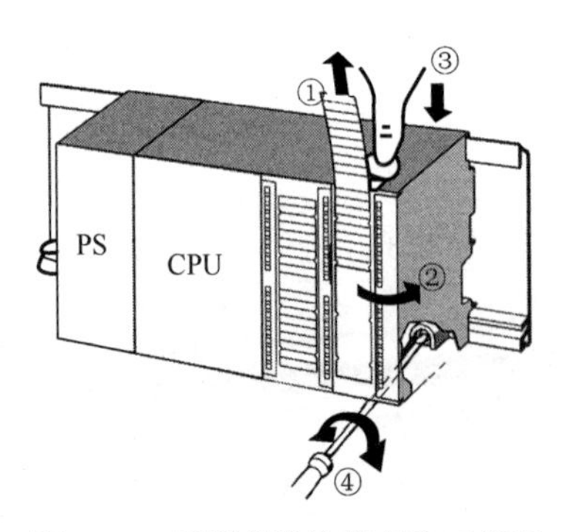

图 1-19　解锁前连接器并取下模板

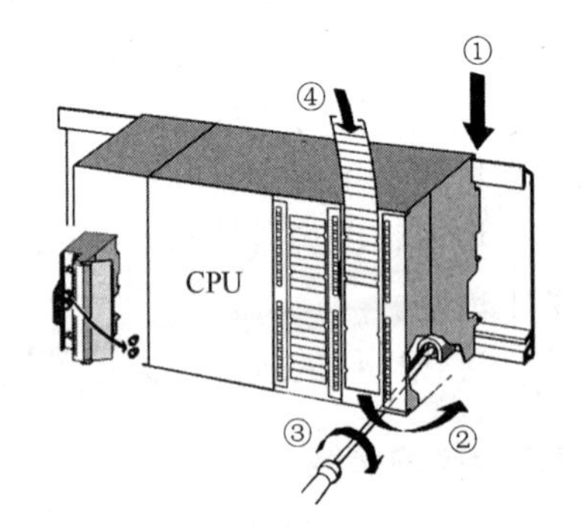

图 1-20　取下前连接器上的编码钥匙

表 1-3　安装新的模板的步骤

| 步骤 | 安装同类型的新模板 |
| --- | --- |
| ① | 将模板定位 |
| ② | 用螺钉拧紧模板 |
| ③ | 将标签条滑入模板内 |

（4）从前连接器拆卸编码下插针。如果将旧的前连接器接在其他模板上，可以取下其编码装置，使用改锥推出前连接器编码插针，然后将上半部分编码插针插回到旧的模板中。

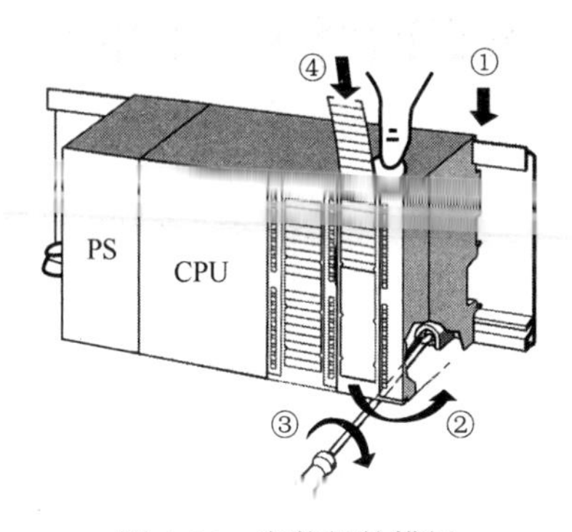

图 1-21　安装新的模板

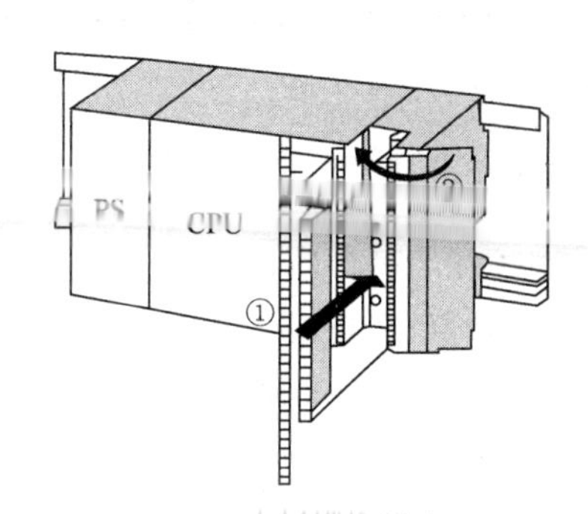

图 1-22　将新模板投入运行

（5）将新模板投入运行。将新模板投入运行，如图 1-22 所示，具体步骤如表 1-4 所示。

表 1-4　将新模板投入运行的步骤

| 步骤 | 打开前盖 |
| --- | --- |
| ① | 插入前连接器 |
| ② | 盖上前盖板 |
| ③ | 负载电压重新接通 |
| ④ | 复位 CPU 为“RUN”状态 |

S7-300 对更换模板的响应：

在更换模板后，CPU 将切换为运行模式，表示没有故障。如果 CPU 仍停留在“STOP”模式，可以用 STEP7 检查故障原因（见《STEP7 用户手册》）。

## 2．更换 S7-300 数字量输出模板的熔断器

熔断器在模板的左侧，更换熔断器的步骤如表 1-5 所示。

表 1-5　更换熔断器的步骤

| 步骤 | 把 CPU 切换到 STOP 状态 |
| --- | --- |
| ① | 断开数字量输出模板的负载电压 |
| ② | 从数字量模板中取出前连接器 |
| ③ | 拧松数字量输出模板的固定螺丝 |
| ④ | 取下数字量输出模板 |

续表

| 步骤 | 把 CPU 切换到 STOP 状态 |
| --- | --- |
| ⑤ | 从数字量输出模板拆下熔断器座 |
| ⑥ | 更换熔断器 |
| ⑦ | 将熔断器座装回到数字量输出模板 |
| ⑧ | 重新安装数字量输出模板 |

# 任务 2　安装 STEP7 和仿真软件 PLCSIM

**【任务描述与分析】**

认识了 S7-300 的硬件结构以后，在进行 S7-300 控制系统项目实施以前，还需要安装配套的软件，在此，选择了 STEP7 和它的仿真软件 PLCSIM。

STEP7 编程软件用于 SIMATIC S7、M7、C7 和基于 PC 的 WinAC，是供它们编程、监控和参数设置的标准工具。

本任务就是要安装 STEP7 及进行相关设置。

**【相关知识与技能】**

## 1.2.1　STEP7 简介

STEP7 是用于组态 SIMATIC S7-300 或 S7-400 系统的标准软件包。STEP7 包含了自动化项目从项目的启动、实施到测试及服务每一个阶段所需的全部功能。通过 STEP7 可以组态硬件并给硬件分配参数、组态通信、编程、测试和排除故障、文档和归档、执行诊断。

集成在 STEP 7 中 SIMATIC 编程语言符合 EN61131-3 标准，该标准软件包符合面向图形和对象的 Windows 操作原则，在 MS Windows 系列操作系统中均能正常运行，其具体构成如图 1-23 所示。无须分别打开各个工具；当选择相应功能或打开一个对象时，它们会自动启动。

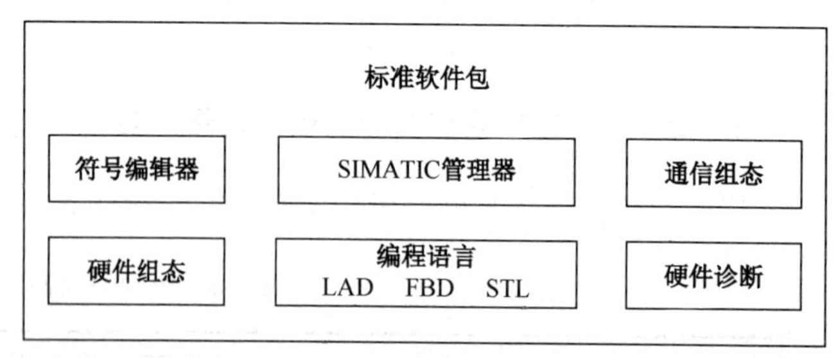


图 1-23　STEP 7 标准软件包构成

## 1.2.2　S7-PLCSIM 简介

S7-PLCSIM 是 SIMATIC S7-300/S7-400 功能强大、使用方便的仿真软件。可以用它在通用计算机上做实验，模拟 PLC 硬件的运行，包括执行用户程序。做仿真实验和做硬件实验时观察到的现象几乎完全相同。使用 S7-PLCSIM 可以在开发阶段发现和排除错误，从而提高用户程序的质量和降低试车的费用。

STEP 7专业版包括S7-PLCSIM，安装STEP 7的同时也安装了S7-PLCSIM。对于标准的STEP 7，在安装好STEP 7后再安装S7-PLCSIM，S7-PLCSIM将自动嵌入STEP 7。

**【任务实施与拓展】**

## 1.2.3　安装 STEP7

### 1．安装要求

安装 STEP 7V5.4 SP 3.1 中文版对计算机的要求如下：

（1）操作系统必须是 Windows XP Professional（专业版），CPU 的主频在 600MHz 以上，内存大于 512MB，推荐 1GB。

（2）显示器支持 1024×768 的分辨率，16 位彩色。

建议将 STEP7 和西门子的其他大型软件（如 WinCC 等）安装在 C 盘，这些软件出现问题时，可以用 Ghost 快速恢复。

由于 STEP7 和西门子的其他大型软件占用的空间较大，建议在硬盘分区时，给 C 盘分配大于 16GB 的空间。

### 2．安装步骤

在 STEP7 中，安装有 Setup 程序，使用该程序，可自动地进行安装。用户可按照屏幕弹出的指南信息的引导，一步一步地完成整个安装步骤。用户可用标准的 Windows XP 软件安装功能，调用 Setup 程序。主要安装步骤如下。

（1）将数据复制到编程器上。

（2）设置EPROM和通信的驱动器。

（3）输入 ID 号。

（4）授权（如果需要）。

### 3．安装注意事项

西门子编程器（如 PG 740）已将 STEP7 软件装在硬盘上，只需释放安装即可。

1）安装准备

（1）在用户开始安装软件之前，必须先启动 Windows XP。

（2）如果在用户编程器的硬盘上已装有STEP7软件，则用户不再需要任何外部数据媒介。

（3）从磁盘上安装 STEP7 时，应先将第 1 张盘插入到用户编程器或 PC 的软驱中。

（4）从光盘上安装时，要将光盘放入用户PC的光驱中。

2）开始安装程序

按如下步骤安装软件：

插入磁盘（磁盘1）或光盘，双击文件“SETUP.EXE”，启动安装程序。一步一步地按照安装程序所显示的指令进行。

在整个安装过程中，安装程序一步一步地指导用户如何进行。在安装的任何阶段，用户都可以切换到下一步或上一步。

在安装过程中，在对话框中显示一些询问需要用户回答，还有一些选项需要用户选择。阅读下列提示，可帮助用户既快又容易地回答一些安装访问。

（1）如果已经安装了 STEP 7 的另一版本。如果安装程序发现在编程器上已有另一版本的 STEP 7 ，它将报告该情况，并提示用户如何进行：

① 中断安装，以便用户可以将旧的STEP 7版本在Windows下卸载，然后，再开始安装。

② 或者，继续安装，用新版本覆盖旧版本。

③ 如果用户在安装新版本之前，卸载旧版本，则用户软件能够较好地组织。使用新版本覆盖旧版本有一个缺点，就是如果以后卸载时，旧版本中保留的部分将不能被删除。

（2）选择安装选项。在用户选择安装范围时，有 3 种选项。

① 标准组态：用于用户接口的所有语言、所有应用及所有的举例。请参考最新产品信息中对这种组态所要求的存储空间。

② 最小组态：只有一种语言，没有举例。请参考最新产品信息中对这种组态所要求的存储空间。

③ 用户定义组态：用户可定义安装范围，选择用户希望安装的程序、数据库、举例和通信功能。

（3）ID 号码。在安装的过程中，将提醒用户输入一个 ID 号码。要求输入的 ID 号码，可在软件产品证书中或授权盘中找到。

（4）安装授权。在安装过程中，安装程序将检查硬盘上是否有授权。如果没有发现授权，会出现一条信息，指出该软件只能在有授权的情况下使用。如果用户愿意，可立即运行授权程序，或者继续安装，稍后再执行授权程序。在前一种情况下，应插入授权盘。

（5）PG/PC 接口设置。在安装过程中，会出现一个对话框，在这个对话框中，用户可以设置 PG/PC 接口的参数。用户可在“设置 PG/PC 接口（Setting the PG/PC Interface）”中找到更多信息。

（6）设置存储卡参数。在安装过程中，会出现一个对话框，在这个对话框中，用户可以为存储卡分配参数。

① 如果用户不用存储卡，则不需要 EPROM 驱动器，选择“NO EPROM Driver”选项。否则，选择应用到自己的编程器上的输入路径。

② 如果用户使用的是 PC，则可选择用于外部编程口的驱动器。这里，用户必须定义哪个接口用于连接编程口（如 LPT1）。

在安装完成之后，用户可通过 STEP7 程序组或控制面板中的“Memory Card Parameter Assignment（存储卡参数赋值）”，修改这些设置参数。

（7）闪存文件系统。在为存储卡赋参数的对话框中，用户可以定义是否应安装闪存文件系统。

例如：当用户需要在SIMATIC M7中向EPROM存储卡中写入某些文件，或者从EPROM存储卡中删除某些文件，同时又不改变存储卡中保留的内容时，则需要有闪存文件系统。

如果用户使用某个适合的编程器（PG720/PG740/PG760）或用外部编程口，并且希望使用此功能时，则选择闪存文件系统的安装。

（8）如果在安装过程中出现以下错误可能会导致安装失败。

① 如果在启动后，立即出现一个初始化错误，该程序很可能不能在Windows下启动。

② 没有足够的存储空间：对于标准软件，不考虑用户安装的范围，在硬盘上至少需要100Mb的空间。

③ 操作员错误：重新安装，并仔细阅读各项指令。

（9）完成安装。

① 如果安装成功，会在屏幕上出现提示信息告知用户。

② 如果在安装的过程中，改变了系统文件，将建议用户重新启动Windows。当用户完成这些以后，可以开始基本的STEP 7应用，SIMATIC管理器。

一旦安装成功完成，会为STEP7生成一个程序组。

### 4．设置PG/PC接口

通过这里所做的设置，用户可以设置编程器/PC与可编程序控制器之间的通信连接。在安装过程中，会出现一个对话框，在这个对话框中，用户可以设置PG/PC接口的参数。在安装之后，用户可在STEP 7程序组中调用“Setting PG/PC接口”程序，显示该对话框。这将使在安装之后，可以改变接口参数。

1）基本程序

为了对接口进行操作，用户需要的操作步骤如下。

（1）在操作系统中设置。

（2）适合的接口参数。

如果用户使用编程器并通过多点接口（MPI）进行连接，则不再需要其他的操作系统特别适配方法。

如果用户使用PC和MPI卡或通信处理器（CP），则应检查在Windows 中“Control Panel（控制面板）”里的中断和地址设置，以确保没有中断冲突和地址重叠。

为了使向编程器/PC接口分配参数容易进行，在显示的对话框中提供一套预先定义的基本参数（接口参数）供用户选择。

2）为PG/PC接口分配参数

为了设置模板参数，请按照下列步骤要点进行（可在在线帮助中找到详细描述）。

① 双击“Control Panel（控制面板）”中的“Setting PG/PC Interface（设置PG/PC接口）”。

② 将“Access Point of Application（应用访问点）”设置为“S7ONLINE”。

③ 在“Interface Parameter set used（所用接口参数集）”的表中，选择所需接口参数赋值。

如果没有显示所需要的接口参数，用户必须用“Select（选择）”按钮先安装模板或协议，然后接口参数会自动生成。

如果用户所选的接口能自动识别总线参数（如CP 5611），则用户可以直接将编程器或PC至MPI或PROFIBUS上，而不需要设置总线参数。如果传输率小于187.5Kbps，在读总线参数时，有可能有将近1分钟的延迟。自动识别条件：主站分配循环总线参数并连接到总线上。所有与此有关的新MPI组件，必须使能总线参数的循环分配（缺省PROFIBUS网络设置）。

如果用户选择接口为不自动识别总线参数，则用户可以显示该属性，并将这些总线参数与子网适配。

如果与其他设置发生冲突，需要做必要的修改（如修改中断或地址的设置）。在这种情况下，在Windows 的硬件组态和控制面板中做相应的修改。

**注意**：禁止删除模板参数设置“TCP/IP”（如果“TCP/IP”参数出现的话）。它将防止其他应用功能不会被修改。

3）检查中断和地址设置

如果用户使用的是 PC 带有 MPI 卡，则应检查缺省设置的中断和地址区是否被占用，如果需要，选择一个没被占用的中断和地址区。

在Windows XP下，用户可以：

（1）在 Start→All Programs→Accessories→System→System programs→System Information→ Hardware Resources 中，显示资源设置。

（2）在 Control Panel→Desktop→Properties→Device Manager→SIMATIC NET→CP Name→Properties→Resources 中修改资源。

## 5. 卸载 STEP 7

使用通常的 Windows 步骤来卸载 STEP 7：

（1）在“Control Panel”中，双击“Add/Remove Programs”图标，启动 Windows 下用于安装软件的对话框。

（2）在安装软件显示的项目表中，选择 STEP 7，单击“Add/Remove（加入/删除软件）”按钮。

（3）如果“Remove Enabled File（删除使能的文件）”对话框出现，如果用户不知如何回答，则可单击“No”按钮。

STEP 7 5.5 版本的安装方法与 STEP 7 V5.4 相似。

如果计算机是 Windows 7 操作系统，STEP7 的安装方法为双击 ULtraISO 文件，然后单击工具菜单，选择加载到虚拟光驱，映像文件选择要安装的 V5.5 文件，然后直接双击 SETUP 文件就可以了，如图 1-24 所示。旗舰版的话，就选择 HOME 版，安装后记得安装密钥。

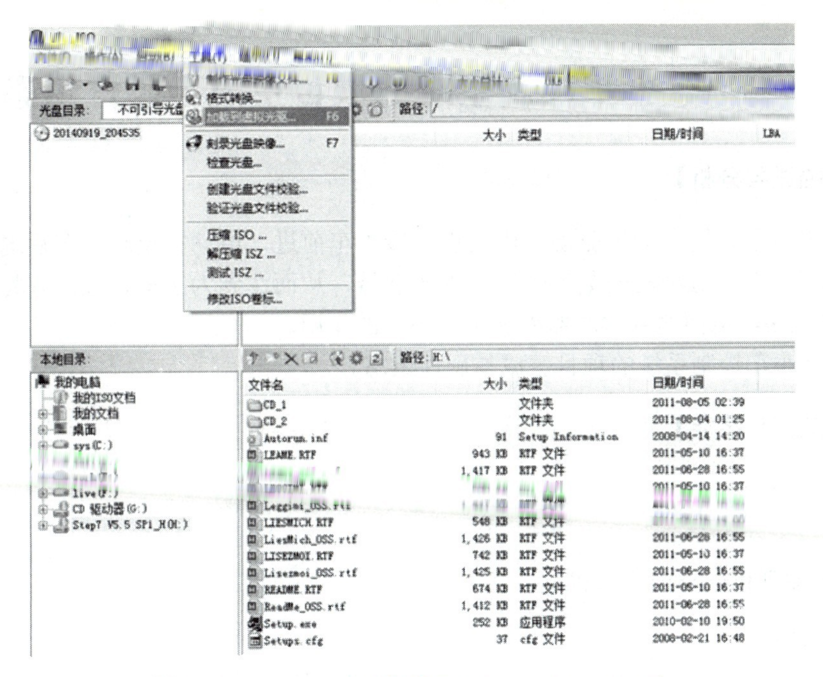


图1-24　Windows 7操作系统中STEP7的安装方法

## 1.2.4　安装 S7-PLCSIM

PLCSIM V5.4 SP3 比 PLCSIM V5.4 的操作更简单，功能更强，可以同时对多个 PLC 仿真，还可以对 S7 通信仿真。

在安装 PLCSIM V5.4 SP3 时，首先检测是否已经安装了 PLCSIM V5.4。如果未安装，不能直接安装 PLCSIM V5.4。

用下面的方法修改 PLCSIM V5.4 SP3 的配置文件 SETUPS.INI 后，就可以直接安装 PLCSIM V5.4 SP3 了。

双击 SETUPS.INI 文件后打开，将位于前几行的

```
Term1=Registry%%\HKEY_LOCAL_MACHINE\SOFTWARE\SIEMENS\AUTSW\PLCSIM\TechnVersion%%REGSZ%%=>%%5.4%%TermMessage1%%1 AND Registry%%
```

修改为

```
;Term1=Registry%%\HKEY_LOCAL_MACHINE\SOFTWARE\SIEMENS\AUTSW\PLCSIM\TechnVersion%%REGSZ%%=>%%5.4%%TermMessage1%%1 AND Registry%%
Term1=
```

即在检测注册表的 Term1 项之前添加分号“;”，将它变为注释，从而将它屏蔽掉，再建一个空的 Term1 检测项，就可以直接安装 PLCSIM V5.4 SP3 了。

下面是 PLCSIM V5.4 SP3 的西门子官方下载网址：

http://support.automation.siemens.com/CN/llisapi.dll?func=cslib.csinfo&nodeID0=4000024&lang=zh&siteid=cseus&aktprim=0&extranet=standard&viewreg=CN&objid=10805405&basisview=4000002&wttree=cs&treeLang=zh

# 任务 3　小车控制系统的项目生成与硬件组态

【任务描述与分析】

本任务中小车采用电动机驱动，电动机正转小车前进，电动机反转小车后退。小车采用轨道形式运行，在轨道沿途的关键位置设置传感器，从而达到为小车定位，并将定位信息返回控制 PLC 电路，从而达到即时监视和定位小车的作用。

首先进行小车控制系统的项目生成与硬件组态。

【相关知识与技能】

## 1.3.1　项目生成

### 1. 用新建项目向导创建项目

1）创建项目

双击图标，打开 SIMATIC 管理器，出现如图 1-25 所示的画面，单击“下一个”按钮，选择 CPU 的型号和订货号与实际的硬件相同，如图 1-26 所示。

图 1-25　新建项目向导（1）

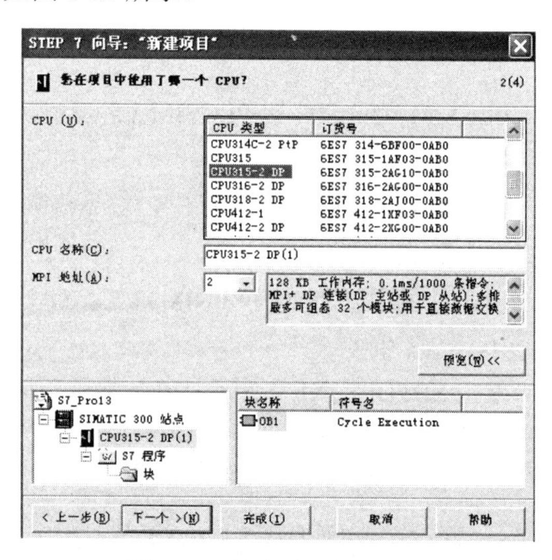


图 1-26　新建项目向导（2）

单击“下一步”按钮，在下一对话框中选择需要生成的组织块，一般采用默认设置，只生成主程序 OB1。默认是 STL 语言，用单选按钮改为梯形图（LAD），如图 1-27 所示。单击“下一步”按钮，可以在“项目名称”文本框中修改默认的“项目名”，项目的名称最多允许为 8 个字符，每个中文占两个字符，如图 1-28 所示。单击“完成”按钮，开始创建项目。

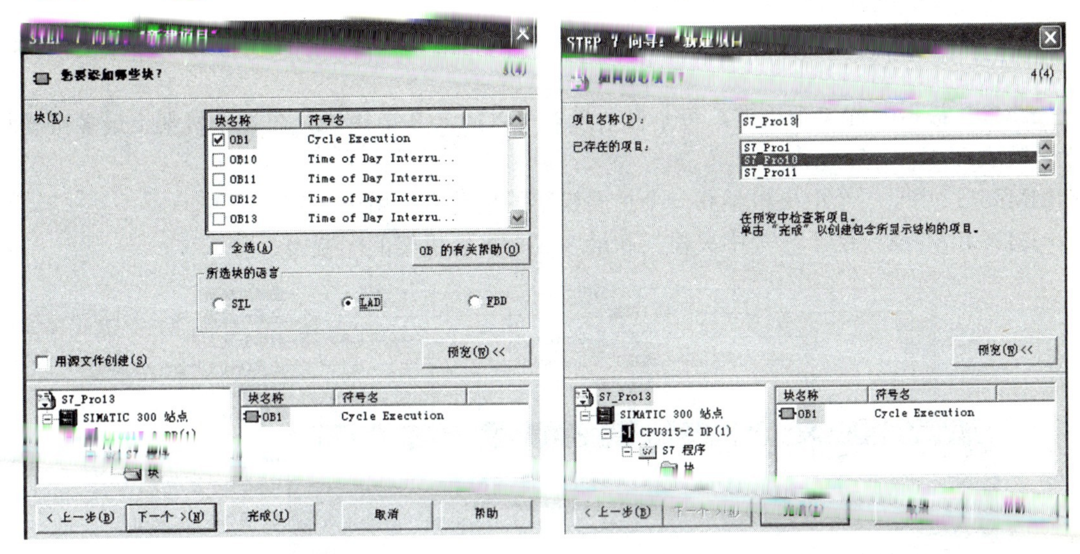


图 1-27　新建项目向导（3）　　　　图 1-28　新建项目向导（4）

2）项目的分层结构

项目是以分层结构保存对象数据的文件夹，包含了自动控制系统中所有的数据，如图 1-29 中的左边是项目树形结构窗口。

图 1-29　SIMATIC 管理器

第 1 层：项目。项目代表了自动化解决方案中的所有数据和程序的整体，它位于对象体系的最上层。项目包含站、网络对象。

第 2 层：子网、站。SIMATIC 300/400 站用于存放硬件组态和模块参数等信息，站是组态硬件的起点。站包含硬件、CPU、CP（通信处理器）。

第 3 层和其他层：与上一层对象类型有关。S7 源程序包含源文件、块、符号表。

3）SIMATIC 管理器界面

项目的 SIMATIC 管理器界面如图 1-30 所示。

### 2. 新建项目

在“文件”菜单栏，单击“新建”按钮，可以新建一个项目。选择项目存放路径和项目名称。单击“插入”站点，选择“SIMATIC 300”选项，即可插入一个 300 站点，如图 1-31 所示。

## 1.3.2 硬件组态

S7-300 最多配置 4 个机架，每个机架最多可以插入 8 个模块，在 4 个机架上最多可安装 32 个模块。

IM365：用于一个中央机架和一个扩展机架的配置中，用于 1 对 1 配置。

IM360/IM361：用于一个中央机架和最多 3 个扩展机架的配置中。

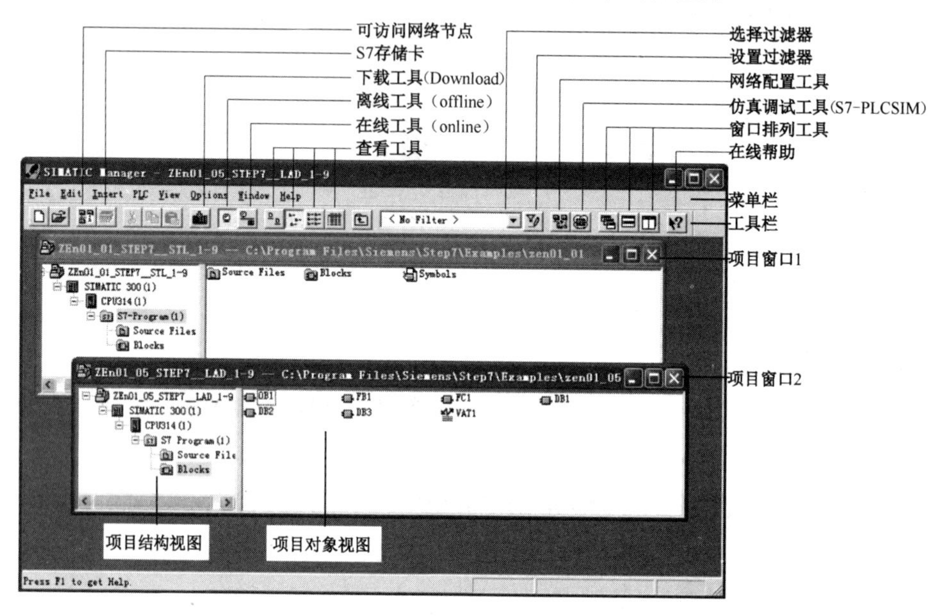


图 1-30　SIMATIC 管理器界面

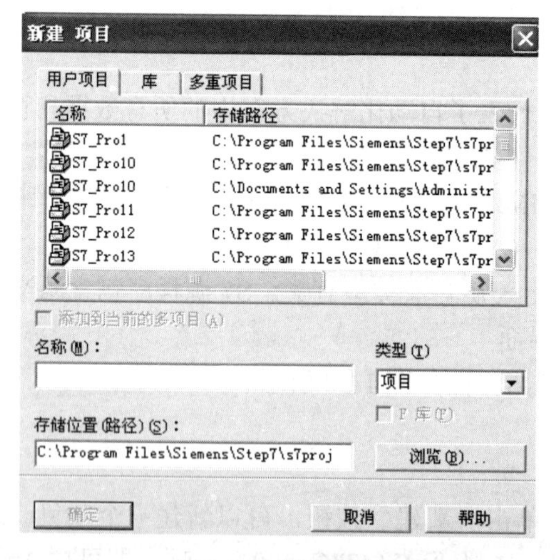


图 1-31　新建项目

### 1. S7-300 数字量模块地址的确定

每个数字量信号模块保留 4 字节的地址，相当于 32 个数字量 I/O 点。数字量模块地址的确定如图 1-32 所示。

起始地址：（槽号-4）×4+机架×32。

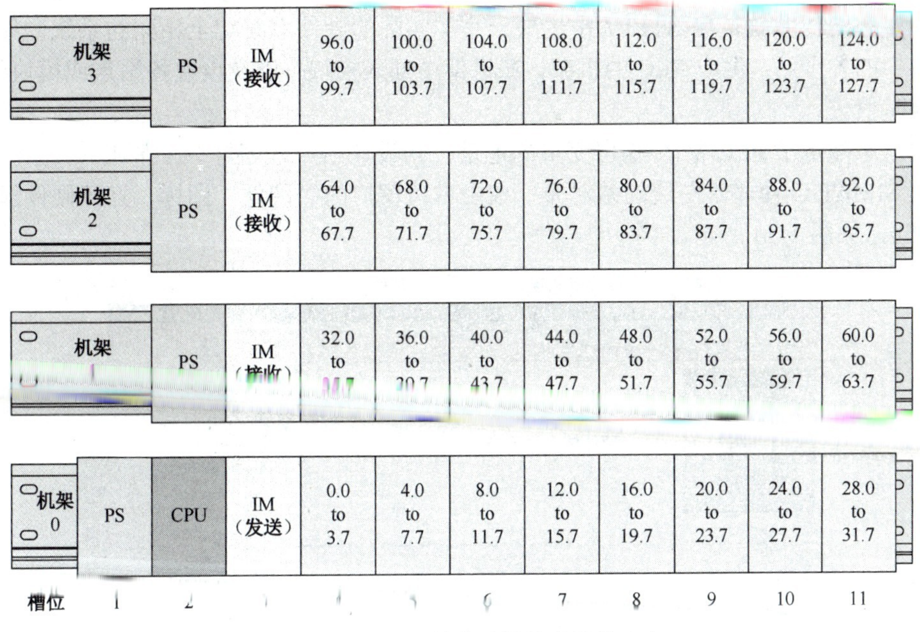


图 1-32　S7-300 数字量模块地址的确定

## 2．S7-300 模拟量模块地址的确定

模拟量以通道为单位，一个通道占有 2 个字节。一个模块最多 8 个通道，每个模拟量模块自动分配 16 字节的地址。模拟量模块地址的确定如图 1-33 所示。

地址：256+（槽号-4）×16+机架×128。

| 槽位 | 1 | 2 | 3 | 4 | 5 | 6 | 7 | 8 | 9 | 10 | 11 |
|---|---|---|---|---|---|---|---|---|---|---|---|
| 机架 3 |  | PS | IM（接收） | 640 to 654 | 656 to 670 | 672 to 686 | 688 to 702 | 704 to 718 | 720 to 734 | 736 to 750 | 752 to 766 |
| 机架 2 |  | PS | IM（接收） | 512 to 526 | 528 to 542 | 544 to 558 | 560 to 574 | 576 to 590 | 592 to 606 | 608 to 622 | 624 to 638 |
| 机架 1 |  | PS | IM（接收） | 384 to 398 | 400 to 414 | 416 to 430 | 432 to 446 | 448 to 462 | 464 to 478 | 480 to 494 | 496 to 510 |
| 机架 0 | PS | CPU | IM（发送） | 256 to 270 | 272 to 286 | 288 to 302 | 304 to 318 | 320 to 334 | 336 to 350 | 352 to 366 | 368 to 382 |

图 1-33　S7-300 模拟量模块地址的确定

### 3．硬件组态工具 HW Config

硬件组态的任务就是在 STEP7 中生成一个与实际的硬件系统完全相同的系统，如生成网络和网络中的各个站；生成 PLC 的机架，在机架中插入模块，以及设置各站点或模块的参数，即给参数赋值。

硬件组态确定了 PLC 输入/输出变量的地址，为设计用户程序打下了基础。

选中 SIMATIC 管理器左边的站对象，双击右边窗口的“硬件”图标，打开硬件组态工具 HW Config，如图 1-34 所示。

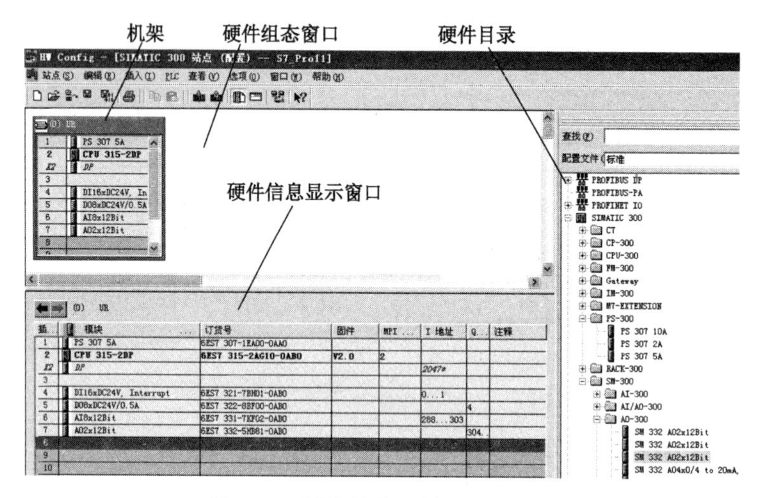


图 1-34　硬件组态工具 HW Config

【任务实施与拓展】

## 1.3.3　小车控制系统的硬件电路

### 1．系统硬件配置表

分析小车控制系统的控制要求，得出系统硬件配置如表 1-6 所示，由于负载是三相异步电动机，建议优先选用继电器的输出模块，如 8 点继电器输出的 SM322 模块，型号可选择 6ES7 322-1HF01-0AA0。继电器输出模块的负载电压范围宽，导通压降小，承受瞬时过电压和瞬时过电流的能力较强（硬件可根据实际情况作相应替换）。

表 1-6　小车控制系统的硬件配置表

| 序号 | 名称 | 型号说明 | 数量 |
|---|---|---|---|
| 1 | CPU | CPU315-2DP | 1 |
| 2 | 电源模块 | PS307 | 1 |
| 3 | 开关量输入模块 | SM321 | 1 |
| 4 | 开关量输出模块 | SM322 | 1 |
| 5 | 前连接器 | 20 针 | 2 |

## 2. I/O 地址分配表

分析小车控制系统的控制要求，进行控制系统的 I/O 地址分配如表 1-7 所示。

表 1-7　小车控制系统 I/O 地址分配表

| 信号类型 | 信号名称 | 地址 |
|---|---|---|
| 输入信号 | 启动按钮 SB1 | I0.0 |
| | 停止按钮 SB2 | I0.1 |
| | 左行按钮 SB3 | I0.2 |
| | 右行按钮 SB4 | I0.3 |
| | 左限位开关 SQ1 | I0.4 |
| | 右限位开关 SQ2 | I0.5 |
| 输出信号 | 左行接触器 KM1 | Q4.0 |
| | 右行接触器 KM2 | Q4.1 |

## 3. I/O 接线图

PLC 的外部接线图如图 1-35 所示。

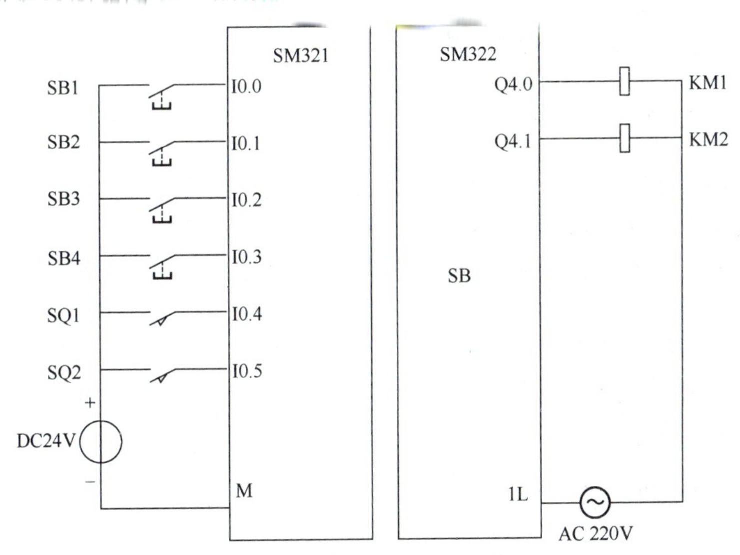


图 1-35　小车控制系统 PLC 的外部接线图

## 1.3.4　小车控制系统的项目生成与硬件组态

用“新建项目”向导生成一个名为“小车控制”的项目，进行硬件组态，硬件组态完成如图 1-36 所示。

| S... | Module ... | Order number ... | F... | M... | I... | Q... | Comment |
|---|---|---|---|---|---|---|---|
| 1 | PS 307 10A | 6ES7 307-1KA00-0AA0 | | | | | |
| 2 | CPU 315-2 DP | 6ES7 315-2AG10-0AB0 | V2.6 | 2 | | | |
| X2 | DP | | | | 2047* | | |
| 3 | | | | | | | |
| 4 | DI8xAC120/230V | 6ES7 321-1FF10-0AA0 | | | 0 | | |
| 5 | DO8xRelay | 6ES7 322-1HF01-0AA0 | | | | 4 | |

图 1-36　小车控制系统的硬件组态

# 任务 4　小车控制系统的控制程序

【任务描述与分析】

小车控制系统的硬件组态完成后，还须进行相应的控制程序的编写，才能达到相应的控制功能。

该控制程序的编写主要涉及 PLC 的循环处理过程、基本数据类型、位指令的应用。

【相关知识与技能】

## 1.4.1　PLC 的循环处理过程

### 1. PLC 的循环处理过程

PLC 采用循环执行用户程序的方式。OB1 是用于循环处理的组织块（主程序)，它可以调用别的逻辑块，或者被中断程序（组织块）中断。

在启动完成后，不断地循环调用 OB1，在 OB1 中可以调用其他逻辑块（FB、SFB、FC 或 SFC）。

循环程序处理过程可以被某些事件中断。如果有中断事件出现，当前正在执行的块被暂停执行，并自动调用分配给该事件的组织块。该组织块被执行完后，被暂停执行的块将从被中断的地方开始继续执行。

### 2. 过程映像输入/输出区

在循环程序处理过程中，CPU 并不直接访问 I/O 模块中的输入地址区和输出地址区，而是访问 CPU 内部的输入/输出过程映像区（在 CPU 的系统存储区）。批量输入、批量输出。

外部输入电路接通时，对应的输入过程映像位（如 I0.0）为“1”状态，梯形图中对应的输入位的常开触点接通，常闭触点断开。

某一编程元件对应的过程映像位为“1”状态时，称该编程元件为ON，过程映像位为“0”状态时，称该编程元件为OFF。

梯形图中某一数字量输出位（如 Q4.0）的线圈“通电”时，对应的输出过程映像位为“1”状态。信号经输出模块隔离和功率放大后，继电器型输出模块中对应的硬件继电器的线圈通电，其常开触点闭合，使外部负载通电工作。

件程序执行阶段，即使外部输入电路的状态发生了变化，输入过程映像位的状态也不会随之而变，输入信号变化了的状态只能在下一个扫描循环周期的读取输入模块阶段被读入。

扫描周期（Scan Cycle）是指操作系统执行一次如图 1-37 所示的循环操作所需的时间，又称为扫描循环时间。

### 3．外设输入/外设输出区

S7-300的外设输入、外设输出区（PI/PQ区）用于直接读写I/O模块。

PI/PQ 区与 I/Q 区的关系如下。

（1）访问 PI/PQ 区时，直接读写输入、输出模块，而 I/Q 区是输入、输出信号在 CPU 的存储区中的“映像”。

（2）I/Q 区可以按位、字节、字和双字访问，PI/PQ 区不能按位访问。

（3）I/Q 区的地址范围比 PI/PQ 区的小（前者与 CPU 的型号有关）。I/Q 区的地址也可以用 PI/PQ 区访问。如果地址超出了 I/Q 区允许的范围，必须使用 PI/PQ 区来访问。

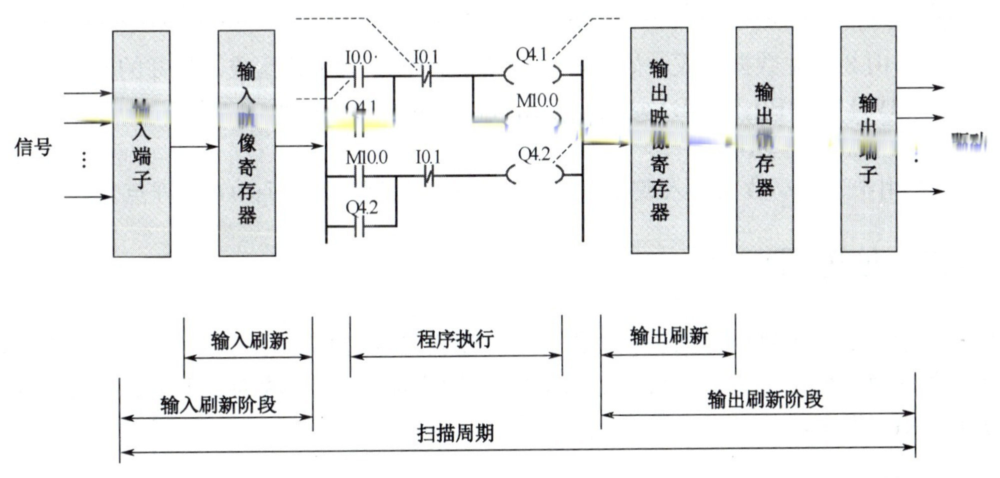


图1-37　PLC的扫描过程

## 1.4.2　基本数据类型

在符号表、数据块和块的局部变量表中定义变量时，需要指定变量的数据类型，STEP7 有三种数据类型：基本数据类型、用户通过组合基本数据类型生成的复合数据类型、可用来定义传送 FB（功能块）和 FC（功能）参数的参数类型。

下面介绍 STEP7 的基本数据类型：

根据 IEC1131-3 定义，长度不超过 32 位，可利用 STEP 7 基本指令处理，能完全装入 S7 处理器的累加器中的数据为基本数据类型，包括位数据类型（BOOL、BYTE、WORD、DWORD、CHAR）、数字数据类型（INT、DINT、REAL）、定时器类型（S5TIME、TIME、DATE、TIME_OF_DAY）。

基本数据类型如表 1-8 所示。

表 1-8　基本数据类型

| 数据类型 | 描述 | 位数 | 举例 |
| --- | --- | --- | --- |
| BOOL | 二进制 | 1 | TRUE/FALSE |
| BYTE | 字节 | 8 | B#16#1E |
| WORD | 无符号数 | 16 | W#16#212E |
| INT | 十进制有符号整数 | 16 | -255 |
| DWORD | 无符号双字 | 32 | DW#16#122A321B |
| DINT | 十进制有符号双整数 | 32 | L#20 |
| REAL | IEEE 浮点数 | 32 | 10.0 |
| S5TIME | S7 时间 | 16 | S5T#2M10S |
| TIME | IEC 时间 | 32 | T#2M10S |
| DATE | IEC 日期 | 16 | D#2016-3-10 |
| TIME_OF_DAY | 实时时间 | 32 | TOD#2：10：10.2 |
| CHAR | ASCII 字符 | 8 | ‘2C’ |

一个字节由 8 个位数据组成，如 IB0 由 IB0.0～IB0.7 这 8 位组成。相邻的两个字节组成一个字，如 MW0 由 MB0 和 MB1 这两个字组成。相邻的两个字组成一个双字，如 MDW0 由 MW0 和 MW1 这两个字组成。

STEP 7 用十进制小数来输入或显示浮点数，如 10 是整数，而 10.0 为浮点数。

## 1.4.3　位逻辑指令

位逻辑指令处理的对象为二进制位信号。位逻辑指令扫描信号状态“1”和“0”位，并根据布尔逻辑对它们进行组合，所产生的结果（“1”或“0”）称为逻辑运算结果，存储在状态字的“RLO”中。

### 1. 触点与线圈

在 LAD（梯形图）程序中，通常使用类似继电器控制电路中的触点符号及线圈符号来表示 PLC 的位元件，被扫描的操作数（用绝对地址或符号地址表示）则标注在触点符号的上方，如图 1-38 所示。

图 1-38　触点符号

（1）常开触点。对于常开触点（动合触点），则对“1”扫描相应操作数。

在 PLC 中规定：若操作数是“1”则常开触点“动作”，即认为是“闭合”的；若操作数是“0”，则常开触点“复位”，即触点仍处于打开的状态。

常开触点所使用的操作数为 I、Q、M、L、D、T、C。

（2）常闭触点。常闭触点（动断触点）则对“0”扫描相应操作数。在 PLC 中规定：若操作数是“1”则常闭触点“动作”，即触点“断开”；若操作数是“0”，则常闭触点“复位”，即触点仍保持闭合。

常闭触点所使用的操作数为 I、Q、M、L、D、T、C。

（3）输出线圈。输出线圈与继电器控制电路中的线圈一样，如果有电流（信号流）流过线圈（RLO=“1”），则被驱动的操作数置“1”；如果没有电流流过线圈（RLO=“0”），则被驱动的操作数复位（置“0”）。输出线圈只能出现在梯形图逻辑串的最右边。

输出线圈等同于 STL 程序中的赋值指令（用“=”表示），所使用的操作数可以为 Q、M、L、D。

（4）中间输出。在梯形图设计时，如果一个逻辑串很长不便于编辑时，可以将逻辑串分成几小段，前一段的逻辑运算结果（RLO）可作为中间输出，存储在位存储器（I、Q、M、L 或 D）中，该存储位可以当作一个触点出现在其他逻辑串中。中间输出只能放在梯形图逻辑串中的中间，而不能出现在最左端或最右端，如图 1-39 所示，可等效为图 1-40 所示。

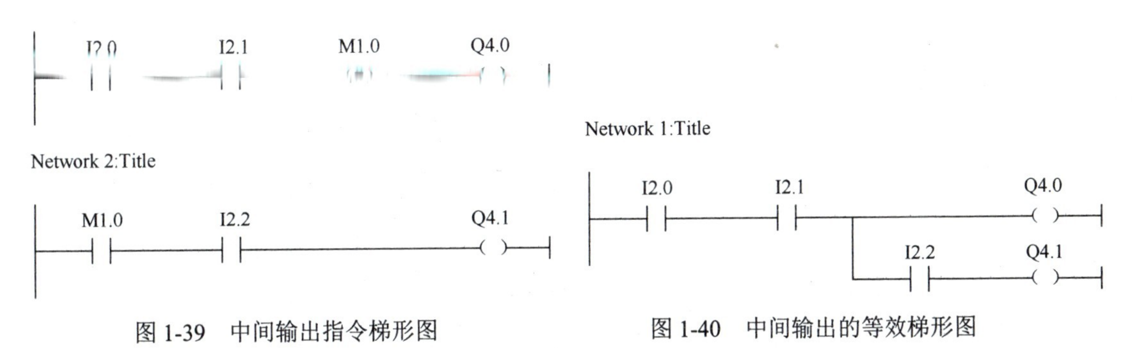

Network 1:Title
I2.0
I2.1
M1.0
Q4.0
Network 2:Title
M1.0
I2.2
Q4.1

图 1-39　中间输出指令梯形图

Network 1:Title
I2.0
I2.1
Q4.0
I2.2
Q4.1

图 1-40　中间输出的等效梯形图

### 2. 置位和复位指令

置位（S）和复位（R）指令根据 RLO 的值来决定操作数的信号状态是否改变。对于置位指令，一旦 RLO 为“1”，则操作数的状态置“1”，即使 RLO 又变为“0”，输出仍保持为“1”；若 RLO 为“0”，则操作数的信号状态保持不变。对于复位指令，一旦 RLO 为“1”，则操作数的状态置“0”，即使 RLO 又变为“0”，输出仍保持为“0”；若 RLO 为“0”，则操作数的信号状态保持不变。这一特性又被称为静态的置位和复位，相应的，赋值指令被称为动态赋值。置位复位指令的应用举例如图 1-41 所示。

Network 1:I0.0的常开触点接通时，Q4.0变为1状态并保持该状态。
I0.0
Q4.0
S
Network 2:I0.1的常开触点接通时，Q4.0变为0状态并保持该状态。
I0.1
Q4.0
R

图 1-41　置位复位指令梯形图

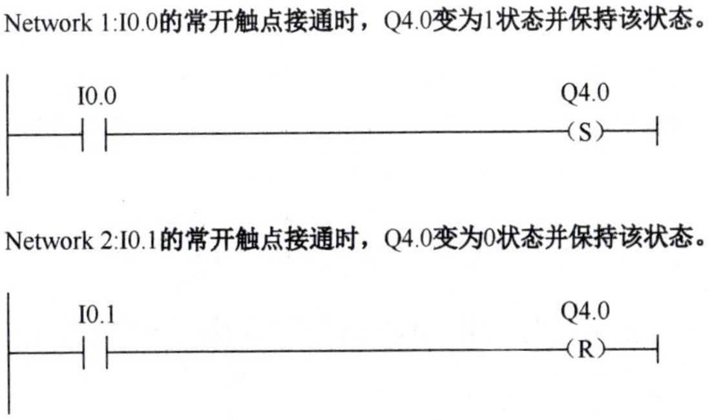

### 3. RS 和 SR 触发器

RS 触发器为“置位优先”型触发器（当 R 和 S 驱动信号同时为“1”时，触发器最终为置位状态）。

SR 触发器为“复位优先”型触发器（当 R 和 S 驱动信号同时为“1”时，触发器最终为复位状态）。

RS 触发器和 SR 触发器的“位地址”、置位（S）、复位（R）及输出（Q）所使用的操作数可以为 I、Q、M、L、D。

RS 触发器和 SR 触发器的应用举例如图 1-42 所示，工作时序如图 1-43 所示。

### 4．跳变沿检测指令

STEP 7 中有两类跳变沿检测指令，一类是对 RLO 的跳变沿检测的指令，另一类是对触点的跳变沿直接检测的梯形图方块指令。共包括 RLO 上升沿检测指令、RLO 下降沿检测指令、触点信号上升沿检测指令、触点信号下降沿检测指令 4 种。

RLO 边沿检测指令的应用举例如图 1-44 所示，工作时序如图 1-45 所示。

Network 1:置位优先型RS触发器

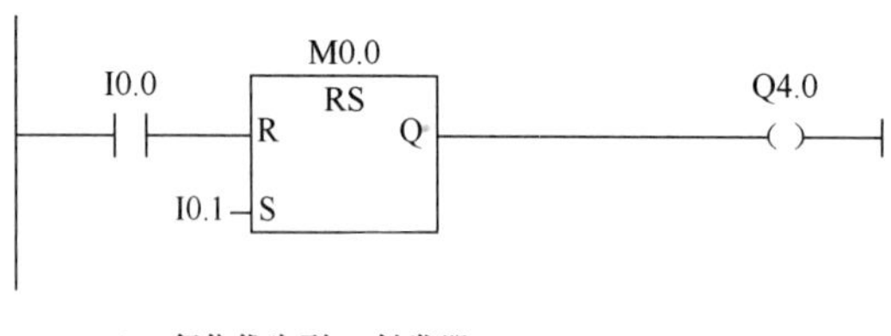


Network 2:复位优先型SR触发器

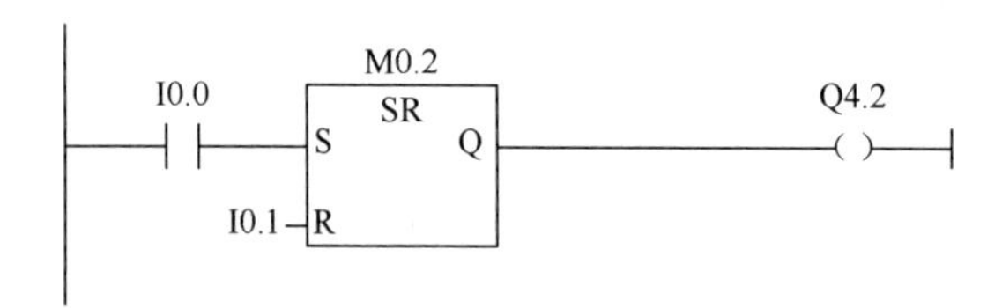


图 1-42　RS 触发器和 SR 触发器梯形图

图 1-43　RS 触发器和 SR 触发器工作时序

Network 1:RLO上升沿检测指令

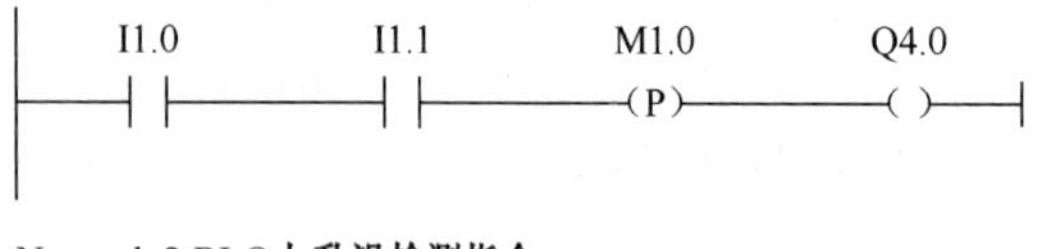


Network 2:RLO上升沿检测指令

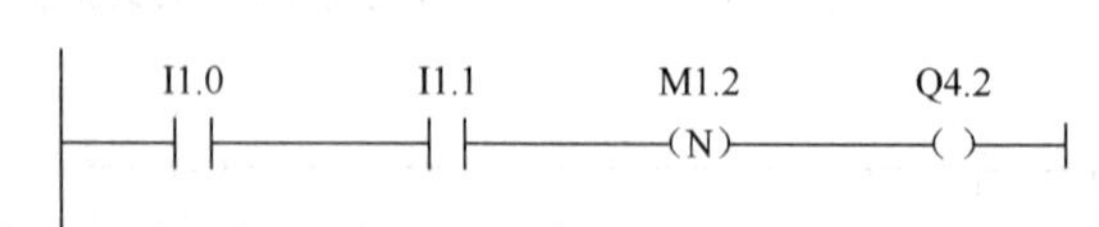


图 1-44　RLO 边沿检测指令梯形图

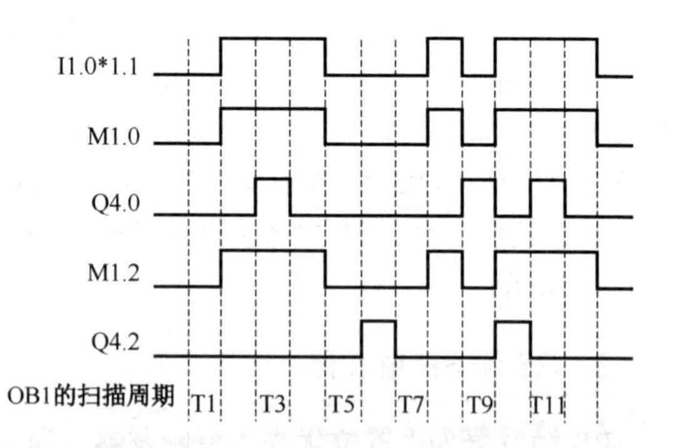


图 1-45　RLO 边沿检测指令的工作时序图

触点信号边沿检测指令的应用举例如图 1-46 所示，工作时序如图 1-47 所示。

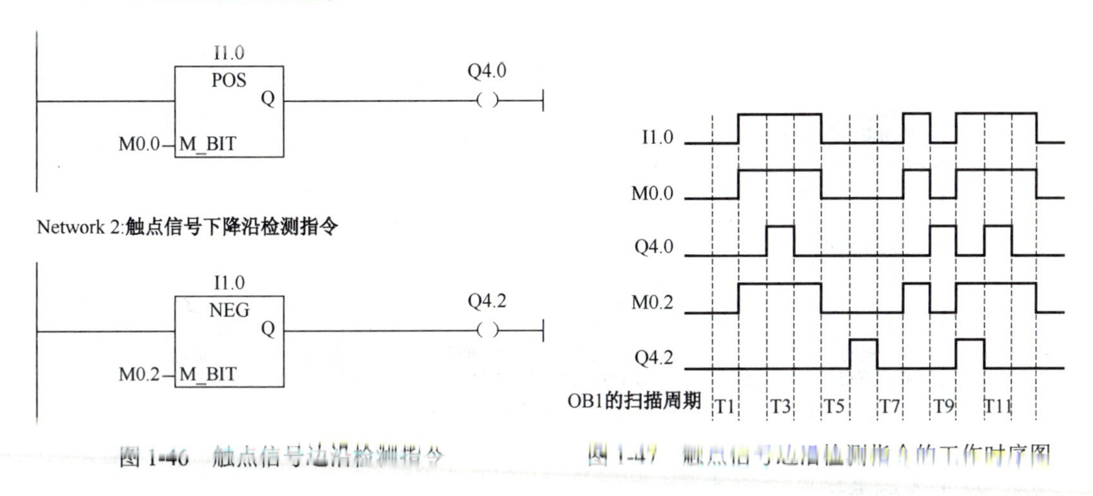


图 1-46　触点信号边沿检测指令　　图 1-47　触点信号边沿检测指令的工作时序图

【任务实施与拓展】

## 1.4.4　小车控制系统用户程序的生成

### 1．定义符号地址

为了使程序更容易阅读和理解，可用符号地址访问变量，用符号表定义的符号可供所有的逻辑块使用。选中 SIMATIC 管理器左边窗口的“S7 程序”，双击右边窗口出现的“符号”，打开符号编辑器，本系统编写好的符号表如图 1-48 所示。

S7 Program(1) (Symbols) -- 小车控制\SIMATIC 300(1)\CPU 3...

| | Sta | Symbol | Address | | Data typ | Comment |
|---|---|---|---|---|---|---|
| 1 | | 启动按钮 | I | 0.0 | BOOL | 常开触点 |
| 2 | | 停止按扭 | I | 0.1 | BOOL | 常开触点 |
| 3 | | 左行按钮 | I | 0.2 | BOOL | 常开触点 |
| 4 | | 右行按钮 | I | 0.3 | BOOL | 常开触点 |
| 5 | | 左限位开关 | I | 0.4 | BOOL | 常开触点 |
| 6 | | 右限位开关 | I | 0.5 | BOOL | 常开触点 |
| 7 | | 左行接触器 | Q | 4.0 | BOOL | |
| 8 | | 右行接触器 | Q | 4.1 | BOOL | |

图 1-48　符号表

### 2．生成梯形图程序

选中 SIMATIC 管理器左边窗口的“块”，双击右边窗口中的“OB1”，打开程序编辑器。

第一次打开程序编辑器时，程序块和每个程序段均有灰色背景的注释区。可以执行“视图”→“显示方法”→“注释”命令，关闭所有的注释区。下一次打开该程序块后，需要做同样的操作来关闭注释。图 1-49 所示的是输入结束后的梯形图，STEP7 自动为程序中的全局符号加双引号。

OB1:主程序

Network 1:启动

I0.0
常开触点
“启动按钮”
M0.0
(S)

Network 2:右行

I0.3
常开触点
“右行按钮”
M0.0
I0.2
常开触点
“左行按钮”
I0.5
常开触点
“右限位开关”
Q4.0
“左行接触器”
Q4.1
“右行接触器”
( )
I0.4
常开触点
“左限位开关”
Q4.1
“右行接触器”

Network 3:左行

I0.2
常开触点
“左行按钮”
M0.0
I0.3
常开触点
“右行按钮”
I0.4
常开触点
“左限位开关”
Q4.1
“左行接触器”
Q4.0
“左行接触器”
( )
I0.5
常开触点
“右限位开关”
Q4.0
“左行接触器”

Network 4:停止

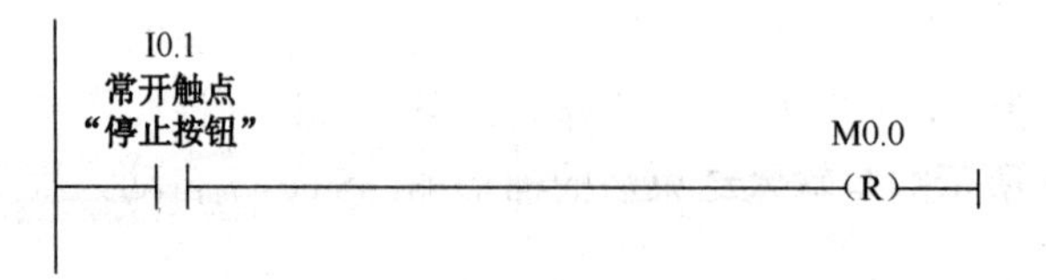


图 1-49　小车控制系统的梯形图

# 任务 5　小车控制系统的调试与运行

【任务描述与分析】

为了测试前面所完成的小车控制系统设计项目，必须将程序和模块信息下载到 PLC 的 CPU 模块。项目测试方法有两种：一种是采用 PLCSIM 仿真调试；另一种是采用硬件 PLC 的在线调试。

【相关知识与技能】

## 1.5.1　仿真调试

若没有 PLC 硬件，可采用 PLCSIM 仿真调试，具体操作步骤如下。

（1）启动 SIMATIC Manager，并打开需要测试的 PLC 项目；

（2）单击仿真工具按钮，启动 S7-PLCSIM 仿真程序；

（3）将 CPU 工作模式开关切换到 STOP 模式；

（4）在项目窗口内选中要下载的工作站；

（5）执行“PLC”→“Download”命令，或者右击，在弹出的快捷菜单中选择“PLC”→“Download”命令，将整个 S7-300 站下载到 PLC，仿真调试界面如图 1-50 所示。

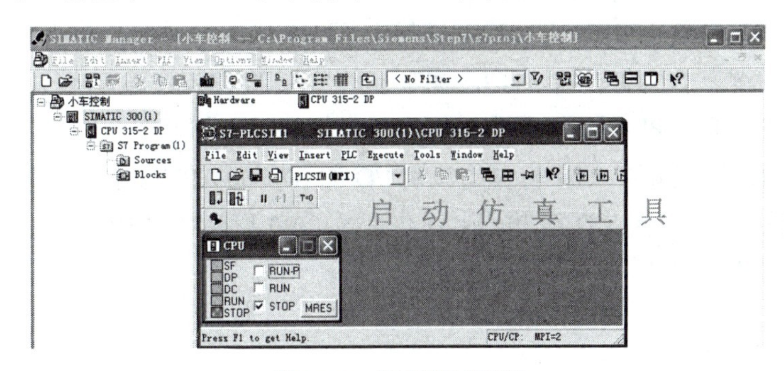


图 1-50　仿真调试界面

## 1.5.2　硬件 PLC 的在线操作

要实现编程设备与 PLC 之间的数据传送，首先应正确安装 PLC 硬件模块，然后用编程电缆（如 USB-MPI 电缆、PROFIBUS 总线电缆）将 PLC 与 PG/PC 连接起来，并打开 PS307 电源开关。

## 1.5.3　仿真 PLC 与实际 PLC 的区别

### 1．仿真 PLC 特有的功能

（1）可以立即暂时停止执行用户 PLC 程序，对 PLC 程序状态不会有什么影响。

（2）由RUN模式进入STOP模式不会改变PLC程序输出的状态。

（3）在视图对象中的变动立即使对应的存储区中的内容发生相应的改变。实际的CPU要等到扫描结束时才会修改存储区。

（4）针对PLC程序可以选择单次扫描或连续扫描。

（5）可使 PLC 定时器自动运行或手动运行，可以手动复位全部定时器或复位指定的定时器。

（6）可以手动触发下列中断 OB：OB40～OB47（硬件中断）、OB70（I/O 冗余错误）、OB72（CPU冗余错误）、OB73（通信冗余错误）、OB80（时间错误）、OB82（诊断中断）、OB83（插入/拔出模块）、OB85（优先级错误）与OB86（机架故障）。

（7）对映像存储器与外设存储器的处理：如果在视图对象中改变了过程映像输入的值，S7-PLCSIM 立即将它复制到外设存储区。在下一次扫描开始外设输入值被写到过程映像存储器时，希望的变化不会丢失。在改变过程映像输出值时，它被立即复制到外设输出存储区。

### 2．仿真PLC与实际PLC的区别

（1）PLCSIM不支持对功能模块、通信和PID程序仿真。

（2）不支持写到诊断缓冲区的错误报文，如不能对电池失电和EEPROM故障仿真，但可以对大多数I/O错误和程序错误仿真。

（3）工作模式的改变（如由RUN模式转换为STOP模式）不会使I/O进入“安全”状态。

（4）在某些情况下S7-400与只有两个累加器的S7-300的程序运行可能不同。

（5）大多数S7-300 CPU的I/O是自动组态的，模块插入物理控制器后被CPU自动识别。仿真PLC没有这种识别功能。如果将自动识别I/O的S7-300 CPU的程序下载到仿真PLC，系统数据没有包括I/O组态。因此在用PLCSIM仿真S7-300程序时，如果想定义CPU支持模块，首先必须下载硬件组态。

**【任务实施与拓展】**

## 1.5.4　小车控制系统的仿真调试

### 1．将整个S7-300站下载到PLC

（1）启动SIMATIC Manager，并打开需要测试的PLC项目。

（2）单击仿真工具按钮 ，启动S7-PLCSIM仿真程序。

（3）将CPU工作模式开关切换到STOP模式。

（4）在项目窗口内选中要下载的工作站。

（5）执行“PLC”→“Download”命令，或者右击，在出现的快捷菜单中选择“PLC”→“Download”命令将整个S7-300站下载到PLC。

2．用仿真软件调试小车控制系统程序

图 1-51 所示的是模拟按下左行启动按钮，小车左行。图 1-52 所示的是模拟按下右行启动按钮，小车右行。图 1-53 所示的是模拟碰到右限位开关，小车左行。图 1-54 所示的是模拟碰到左限位开关，小车右行。

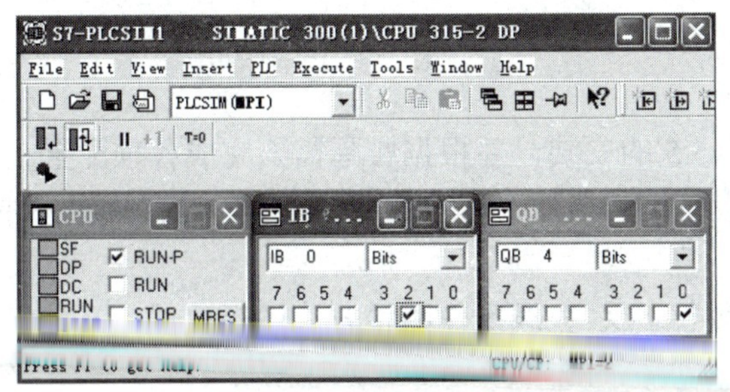


图 1-51　模拟按下左行启动按钮

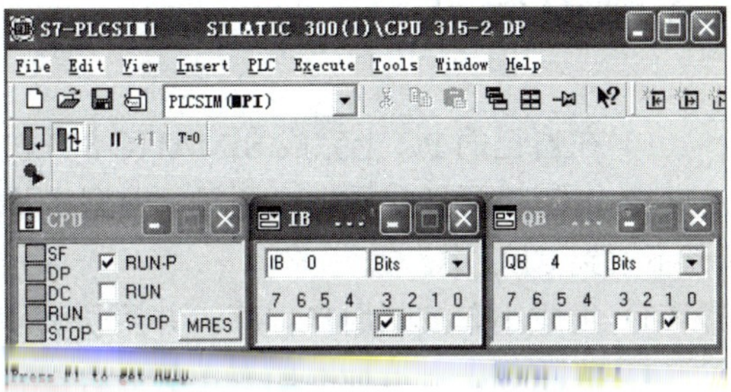

图 1-52　模拟按下右行启动按钮

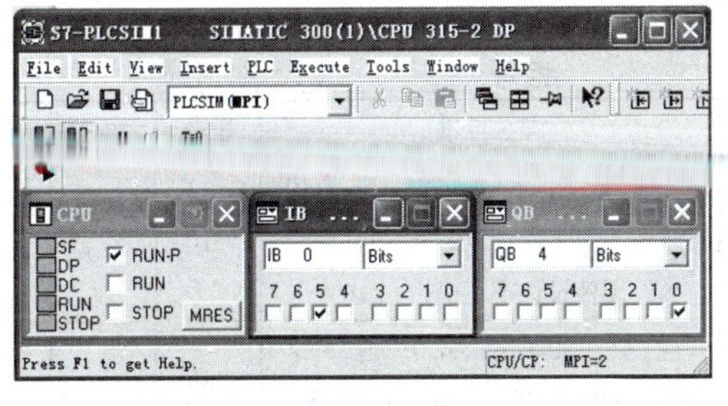


图 1-53　模拟碰到右限位开关

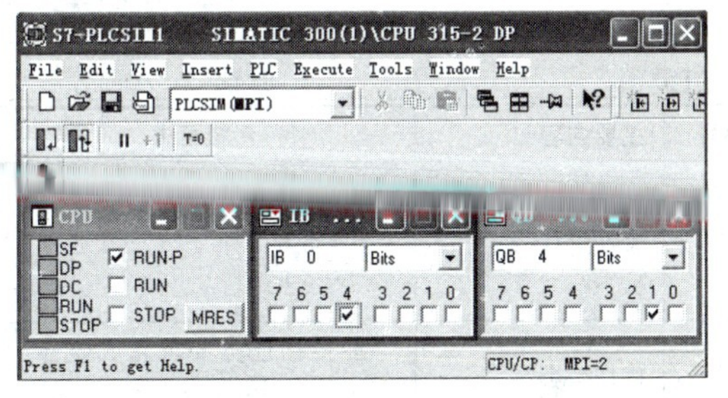


图 1-54　模拟碰到左限位开关

## 1.5.5　小车控制系统的硬件 PLC 在线操作

正确安装小车控制系统的 PLC 硬件模块，完成相关通信硬件的驱动程序的安装和设置，然后用编程电缆（如 USB-MPI 电缆、PROFIBUS 总线电缆）将 PLC 与 PG/PC 连接起来，并打开 PS307 电源开关，就可以进行下载、上传和监控等在线操作了。具体的操作方法和观察到的现象与用 PLCSIM 做仿真实验时的基本相同。

## 【项目小结】

本项目通过小车控制系统的设计与调试，详细介绍了 S7-300PLC 的入门方法。与之相关的关键知识点主要包括以下几个部分。

（1）S7-300 的系统结构。

（2）S7-300 的硬件安装。

（3）S7-300 的软件安装。

（4）S7-300 的项目生成与硬件组态。

（5）PLC 的循环处理过程。

（6）S7-300 的位指令。

（7）S7-300 的用户程序的生成。

（8）S7-300 的系统调试方法。

## 【能力测试】

（1）在自己的 PC 上完成 SIMATIC STEP7 v5.5 的安装，并根据实际需要完成各项配置。

（2）用新建项目向导生成项目，根据实验设备上的模块，打开 HW Config，设置模块，并编译下载到 CPU 中。

（3）生成小车控制用户程序，并用仿真和硬件 PLC 在线操作两种方法进行调试。

（4）成绩评定参考标准如表 1-9 所示。

表 1-9　《小车控制系统》成绩评价表

班级＿＿＿＿＿＿＿＿姓名＿＿＿＿＿＿＿＿组号＿＿＿＿＿＿＿＿

| 序号 | 主要内容 | 考核要求 | 评分标准 | 配分 | 扣分 | 得分 |
|---|---|---|---|---|---|---|
| 1 | 硬件设计 | 能根据任务要求完成硬件设计原理图 | ① 硬件设计不完善，每处扣 3 分<br>② 硬件设计不正确，扣 10 分 | 10 | | |
| 2 | 硬件组态 | 能根据任务要求完成硬件组态 | ① 硬件组态不完善，每处扣 3 分<br>② 硬件组态不正确，扣 10 分 | 10 | | |
| 3 | 梯形图设计 | 能根据任务要求完成梯形图设计 | ① 梯形图设计不完善，每项扣 8 分<br>② 梯形图设计不正确，扣 20 分 | 20 | | |
| 4 | 接线 | 能正确使用工具和仪表，按照电路图正确接线 | ① 接线不规范，每处扣 3 分<br>② 接线错误，每处扣 5 分 | 20 | | |
| 5 | 操作调试 | 操作调试过程正确 | ① 操作错误，扣 10 分<br>② 调试失败，扣 30 分 | 30 | | |
| 6 | 安全文明生产 | 操作安全规范、环境整洁 | 违反安全文明生产规程，扣 5～10 分 | 10 | | |
| 合计 | | | | 100 | | |

## 【思考练习】

1．填空题

（1）数字量输入模块某一外部输入电路接通时，对应的过程映像输入位为＿＿＿＿＿状态，梯形图中对应的常开触点＿＿＿＿＿，常闭触点＿＿＿＿＿。

（2）若梯形图中某一过程映像输出位 Q 的线圈"断电"，对应的过程映像输出位为__________状态，在写入输出模块阶段后，继电器型输出模块对应的硬件继电器的线圈_________，其常开触点_________，外部负载_________。

（3）S7-300 的电源模块在中央机架最_________边的 1 号槽，CPU 模块在_________号槽，接口模块在_________号槽。每个机架最多可安装_________个信号模块、功能模块或通信处理器模块。

（4）S7-300 中央机架的 4 号槽的 16 点数字量输入模块默认的字节地址为_________至_________。5 号槽的 16 点数字量输出模块默认的字节地址为_________至_________。6 号槽的 4AI/2AO 模块的模拟量输入字默认的地址为_________至_________，模拟量输出字地址为_________和_________。

### 2．填空题

（1）简述 PLC 的循环处理过程。

（2）硬件组态的任务是什么？

（3）信号模块有哪些？

（4）触点的边沿检测指令与 RLO 的边沿检测指令有什么区别？

（5）简述 PLC 系统的仿真调试与硬件调试的区别。

# 项目 2　运输带控制系统

运输带是组成有节奏的流水线作业线所不可缺少的经济型物流输送设备。运输带具有输送能力强、输送距离远、运行高速平稳、噪声低、结构简单等特点，并可以上下坡传送，在煤炭、采矿、食品、烟草、物流等生产领域运用非常普遍。对于多个流程工艺的生产线一般需要多级运输带。为了防止物料的堆积，多级运输带在正常启动时需按物流方向逆向逐级启动，正常停机时则按物流方向顺序逐级停机，故障停机时，故障点之前的运输带立即停机，故障点之后的运输带应按物流方向顺序逐级停机。

三条传送带顺序相连如图 2-1 所示，为了避免运送的物料在 1 号和 2 号运输带上堆积，按下启动按钮，1 号运输带开始运行，10s 后 2 号运输带自动启动，再过 10s 后 3 号运输带自动启动。停机的顺序与启动的顺序刚好相反，即按了停止按钮后，3 号运输带停机，10s 后 2 号运输带停机，再过 10s 后 1 号运输带停机。

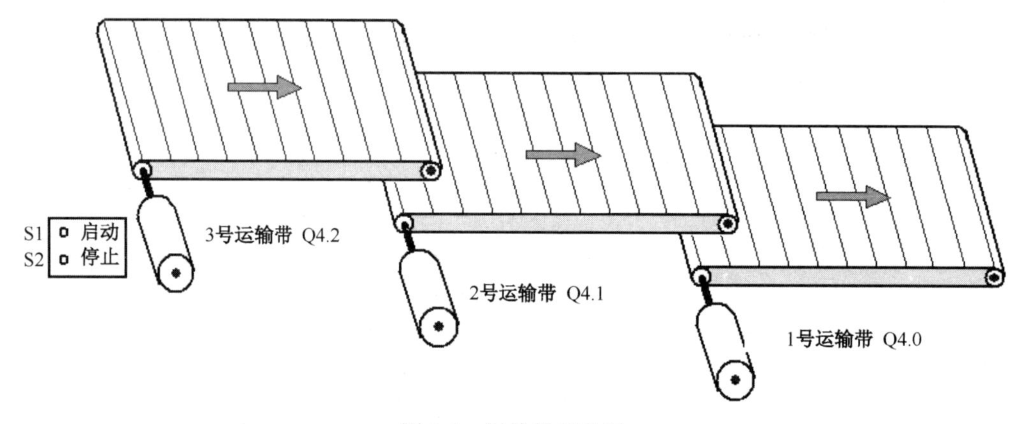


图 2-1　运输带示意图

## 【工作任务】

任务 1　运输带控制系统的项目生成与硬件组态。

任务 2　运输带控制系统的控制程序设计。

任务 3　运输带控制系统的调试与运行。

## 【学习目标】

1. 掌握运输带控制系统的项目生成与硬件组态。
2. 掌握运输带控制系统的控制程序编写。
3. 掌握运输带控制系统的调试方法。
4. 掌握 S7-300 定时器指令的使用方法。
5. 掌握用仿真软件调试程序。

# 任务1　运输带控制系统的项目生成与硬件组态

【任务描述与分析】

本任务中运输带采用电动机驱动，运输带 1、2、3 分别采用电动机 Motor_1、Motor_2、Motor_3 来控制。根据设计要求，3 台电动机是顺序启动、逆序停止，因此，采用顺序控制，是最常用的设计方法。首先进行运输带控制系统的项目生成与硬件组态。

【任务实施与拓展】

## 2.1.1　控制系统的硬件电路

### 1. 系统硬件配置表

分析运输带控制系统的控制要求，得出系统硬件配置如表 2-1 所示，由于负载是三相异步电动机，建议优先选用继电器的输出模块，如 8 点继电器输出的 SM322 模块，型号可选择 6ES7 322-1HF01-0AA0。继电器输出模块的负载电压范围宽，导通压降小，承受瞬时过电压和瞬时过电流的能力较强（硬件可根据实际情况作相应替换）。

表 2-1　运输带控制系统的硬件配置表

| 序号 | 名称 | 型号说明 | 数量 |
|---|---|---|---|
| 1 | CPU | CPU315-2DP | 1 |
| 2 | 电源模块 | PS307 | 1 |
| 3 | 开关量输入模块 | SM321 | 1 |
| 4 | 开关量输出模块 | SM322 | 1 |
| 5 | 前连接器 | 20 针 | 2 |

### 2. I/O 地址分配表

根据运输带控制系统的控制要求，进行控制系统的 I/O 地址分配，如表 2-2 所示。

表 2-2　运输带控制系统 I/O 地址分配表

| 信号类型 | 信号名称 | 地址 |
|---|---|---|
| 输入信号 | 开始按钮 SB1 | I0.0 |
| | 停止按钮 SB2 | I0.1 |
| 输出信号 | 1 号传送带接触器 KM1 | Q4.0 |
| | 2 号传送带接触器 KM2 | Q4.1 |
| | 3 号传送带接触器 KM3 | Q4.2 |

### 3. I/O 接线图

PLC 的外部接线图如图 2-2 所示。

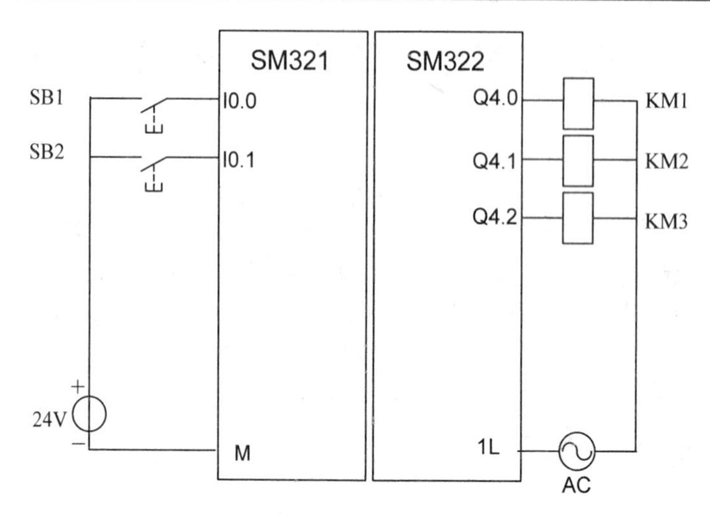


图 2-2　PLC 的外部接线图

## 2.1.2　控制系统的项目生成与硬件组态

用“新建项目”向导生成一个名为“运输带控制”的项目，进行硬件组态，组态完成后如图 2-3 所示，数字量输入模块采用 DI8xAC120/230V，其地址为 I0.0～I0.7，数字量输出模块采用 DO8xRelay，其地址为 Q4.0～Q4.7。

| 插... | 模块 ... | 订货号 ... | 固... | M... | I... | Q... | 注释 |
|---|---|---|---|---|---|---|---|
| 1 | PS 307 10A | 6ES7 307-1KA00-0AA0 | | | | | |
| 2 | **CPU 315-2 DP** | **6ES7 315-2AG10-0AB0** | **V2.6** | 2 | | | |
| *X2* | *DP* | | | | *2047** | | |
| 3 | | | | | | | |
| 4 | DI8xAC120/230V | 6ES7 321-1FF10-0AA0 | | | 0 | | |
| 5 | DO8xRelay | 6ES7 322-1HF10-0AA0 | | | | 4 | |

图 2-3　控制系统的硬件组态

# 任务 2　运输带控制系统的控制程序

**【任务描述与分析】**

在完成硬件组态的基础上，还需要进行控制系统程序的设计。运输带控制系统是按照时间规则启停，因此必须用定时器指令实现。

**【相关知识与技能】**

## 2.2.1　定时器指令

每个定时器有一个 16 位的字和一个二进制的位，定时器的字用来存放它的剩余时间值，定时器触点的状态由它的位的状态来决定。S7-300 的定时器个数（128～2048 个）与 CPU 的型号有关。

定时器的表示方法，用户使用的定时器由 3 位 BCD 码值（0～999）和时间基准组成，定时器的第 12 位和第 13 位用来作时间基准，二进制 00、01、10、11 对应的时间基准分别为 10ms、100ms、1s 和 10s。实际的定时时间等于时间值乘以时间基准值。例如，定时器字为 W#16#2127 时，时间基准为 1s，定时时间为 127×1=127s。S7-300 最大的定时值为 10s*999=9990s。

定时器的表示方法：采用 S5T#的格式，如 S5T#100s、S5T#1M10s。

S7-300 有 5 种定时器指令，每种定时器指令在梯形图中又有两种表示方法，S5 定时器用指令框（Box）的形式来表示，此外每一种 S5 定时器都有功能相同的定时器线圈。S7-300 定时器指令包括 S_PULSE（脉冲 S5 定时器）、S_PEXT（扩展脉冲 S5 定时器）、S_ODT（接通延时 S5 定时器）、S_ODTS（保持型接通延时 S5 定时器）、S_OFFDT（断电延时 S5 定时器）。

### 1. S_PULSE（脉冲 S5 定时器）

S_PULSE（脉冲 S5 定时器）的符号如图 2-4 所示，其参数如表 2-3 所示。如果在启动（S）输入端有一个上升沿，S_PULSE（脉冲 S5 定时器）将启动指定的定时器。信号变化始终是启用定时器的必要条件。定时器在输入端 S 的信号状态为“1”时运行，但最长周期是由输入端 TV 指定的时间值。只要定时器运行，输出端 Q 的信号状态就为“1”。如果在时间间隔结束前，S 输入端从“1”变为“0”，则定时器将停止，这种情况下，输出端 Q 的信号状态为“0”。

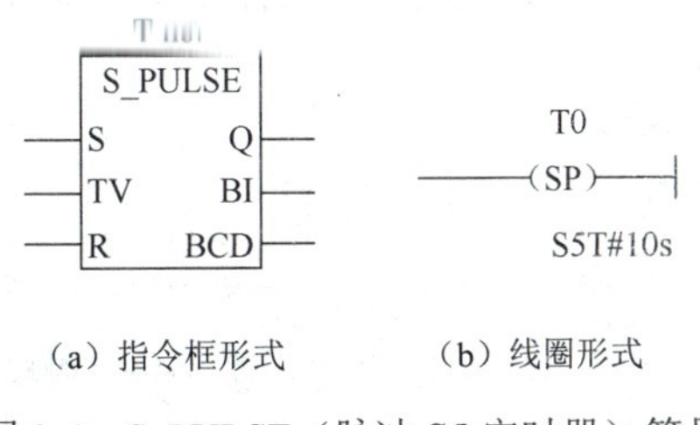


（a）指令框形式　　（b）线圈形式

图 2-4　S_PULSE（脉冲 S5 定时器）符号

如果在定时器运行期间定时器复位（R）输入从“0”变为“1”时，则定时器将被复位。当前时间和时间基准也被设置为零。如果定时器不是正在运行，则定时器 R 输入端的逻辑“1”没有任何作用。

可在输出端 BI 和 BCD 扫描当前时间值。时间值在 BI 端是二进制编码，在 BCD 端是 BCD 编码。当前时间值为初始 TV 值减去定时器启动后经过的时间。

表 2-3　S_PULSE（脉冲 S5 定时器）参数表

| 参数 | 数据类型 | 存储区 | 描述 |
|---|---|---|---|
| S | BOOL | I、Q、M、L、D | 使能输入 |
| TV | S5TIME | I、Q、M、L、D | 预设时间值 |
| R | BOOL | I、Q、M、L、D | 复位输入 |
| BI | WORD | I、Q、M、L、D | 剩余时间值，整型格式 |
| BCD | WORD | I、Q、M、L、D | 剩余时间值，BCD 格式 |
| Q | BOOL | I、Q、M、L、D | 定时器的状态 |

例 1：S_PULSE（脉冲 S5 定时器）的梯形图如图 2-5 所示，其时序如图 2-6 所示，程序状态监控如图 2-7 所示。

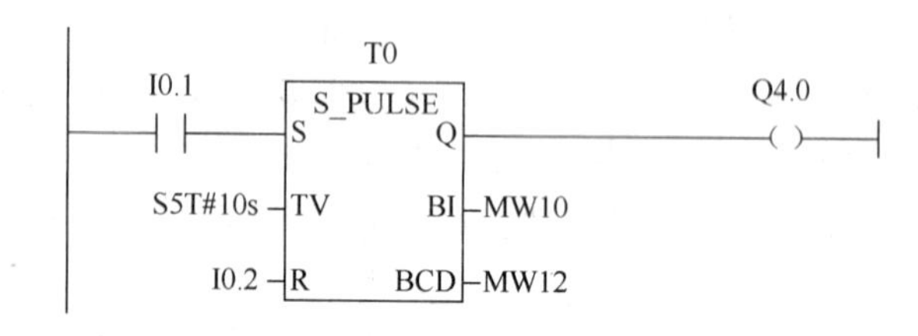


图 2-5　S_PULSE（脉冲 S5 定时器）梯形图

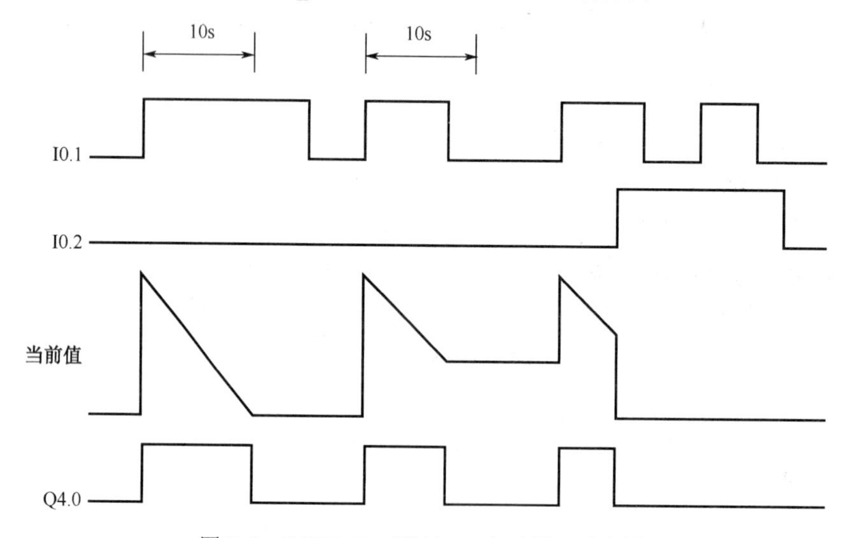


图 2-6　S_PULSE（脉冲 S5 定时器）时序图

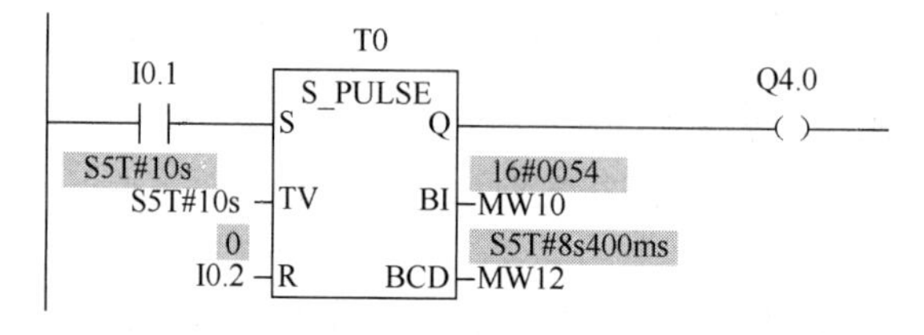


图 2-7　S_PULSE（脉冲 S5 定时器）的仿真程序状态监控

## 2．S_PEXT（扩展脉冲 S5 定时器）

S_PEXT（扩展脉冲 S5 定时器）的符号如图 2-8 所示，如果在启动（S）输入端有一个上升沿，S_PEXT（扩展脉冲 S5 定时器）将启动指定的定时器。信号变化始终是启用定时器的必要条件。定时器以在输入端 TV 指定的预设时间间隔运行，即使在时间间隔结束前，S 输入端的信号状态变为“0”，只要定时器运行，输出端 Q 的信号状态就为“1”。如果在定时器运行期间输入端 S 的信号状态从“0”变为“1”，则将使用预设的时间值重新启动（“重新触发”）定时器。

如果在定时器运行期间复位（R）输入从“0”变为“1”，则定时器复位。当前时间和时间基准被设置为零。

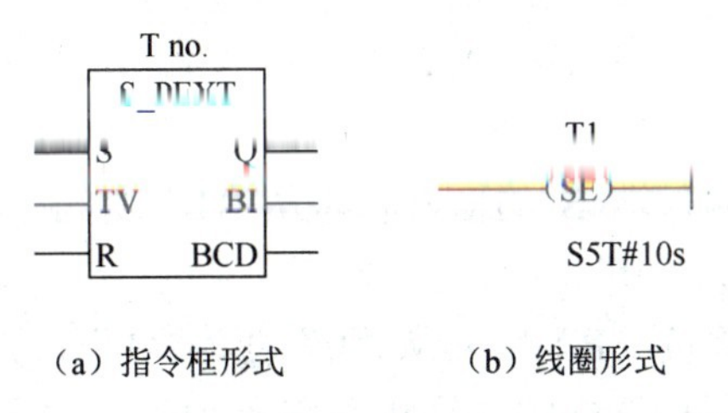


（a）指令框形式　　（b）线圈形式

图 2-8　S_PEXT（扩展脉冲 S5 定时器）符号

例 2：S_PEXT（扩展脉冲 S5 定时器）的梯形图如图 2-9 所示，其时序如图 2-10 所示，程序状态监控如图 2-11 所示。

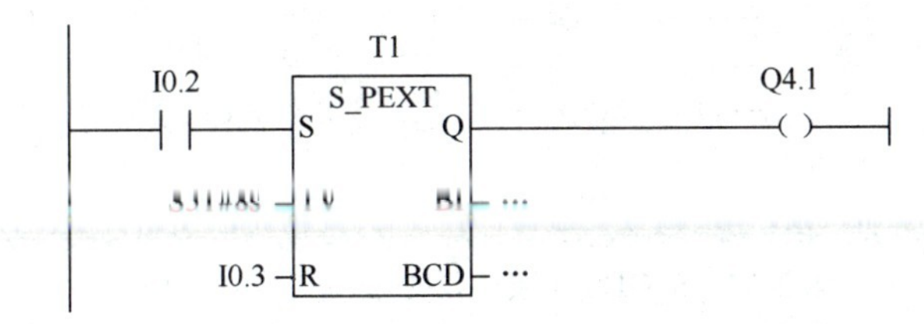


图 2-9　S_PEXT（扩展脉冲 S5 定时器）梯形图

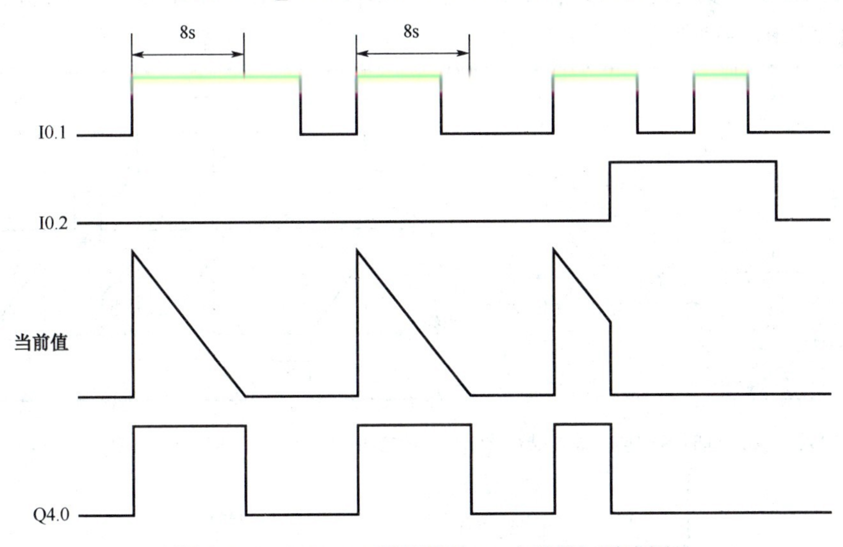


图 2-10　S_PEXT（扩展脉冲 S5 定时器）时序图

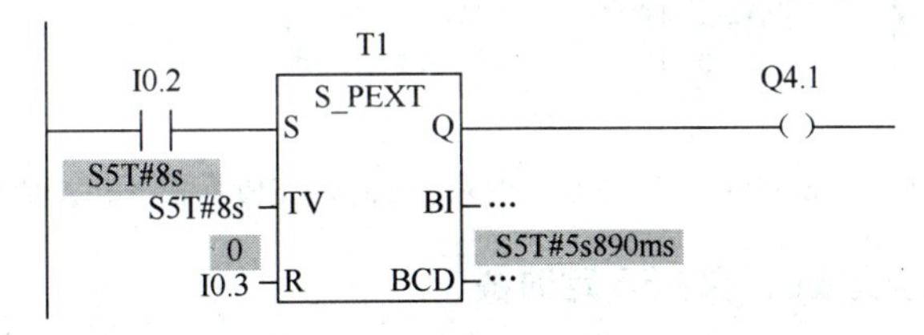


图 2-11　S_PEXT（扩展脉冲 S5 定时器）的仿真程序状态监控

### 3. S_ODT（接通延时 S5 定时器）

S_ODT（接通延时 S5 定时器）的符号如图 2-12 所示，如果在启动（S）输入端有一个上升沿，S_ODT（接通延时 S5 定时器）将启动指定的定时器。信号变化始终是启用定时器的必要条件。只要输入端 S 的信号状态为正，定时器就以在输入端 TV 指定的时间间隔运行。定时器达到指定时间而没有出错，并且 S 输入端的信号状态仍为“1”时，输出端 Q 的信号状态为“1”。如果定时器运行期间输入端 S 的信号状态从“1”变为“0”，定时器将停止。这种情况下，输出端 Q 的信号状态为“0”。

如果在定时器运行期间复位（R）输入从“0”变为“1”，则定时器复位。当前时间和时间基准被设置为零，然后，输出端 Q 的信号状态变为“0”。如果在定时器没有运行时 R 输入端有一个逻辑“1”，并且输入端 S 的 RLO 为“1”，则定时器也复位。

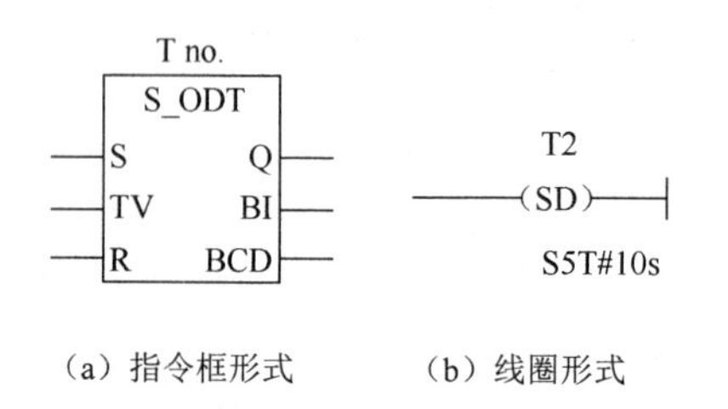


（a）指令框形式　　（b）线圈形式

图 2-12　S_ODT（接通延时 S5 定时器）符号

例 3：S_ODT（接通延时 S5 定时器）的梯形图如图 2-13 所示，其时序如图 2-14 所示，程序状态监控如图 2-15 所示。

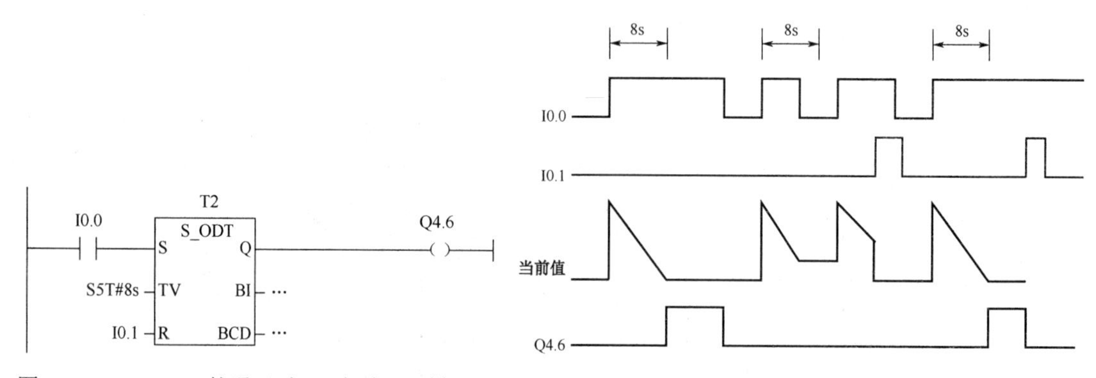


图 2-13　S_ODT（接通延时 S5 定时器）梯形图　　图 2-14　S_ODT（接通延时 S5 定时器）时序图

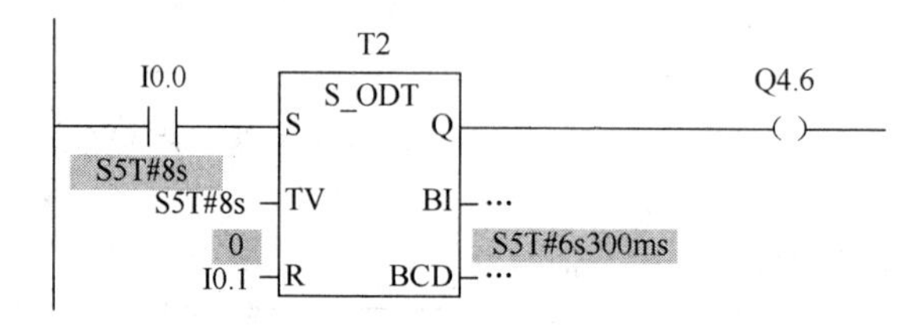


图 2-15　S_ODT（接通延时 S5 定时器）的仿真程序状态监控

### 4. S_ODTS（保持型接通延时 S5 定时器）

S_ODTS（保持型接通延时 S5 定时器）符号如图 2-16 所示。如果在启动（S）输入端有一个上升沿，S_ODTS（保持接通延时 S5 定时器）将启动指定的定时器。信号变化始终是启用定时器的必要条件。定时器以在输入端 TV 指定的时间间隔运行，即使在时间间隔结束前，输入端 S 的信号状态变为“0”。定时器预定时间结束时，输出端 Q 的信号状态为“1”，而无论输入端S的信号状态如何。如果在定时器运行时输入端S的信号状态从“0”变为“1”，则定时器将以指定的时间重新启动（重新触发）。

如果复位（R）输入从“0”变为“1”，则无论S输入端的RLO如何，定时器都将复位。然后，输出端Q的信号状态变为“0”。

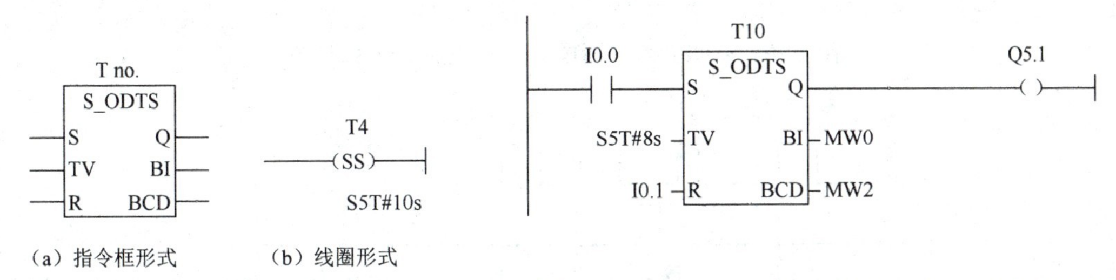


图2-16　S_ODTS（保持型接通延时S5定时器）　　图2-17　S_ODTS（保持型接通延时S5定时器）梯形图

例4：S_ODTS（保持型接通延时S5定时器）的梯形图如图2-17所示，其时序如图2-18所示。

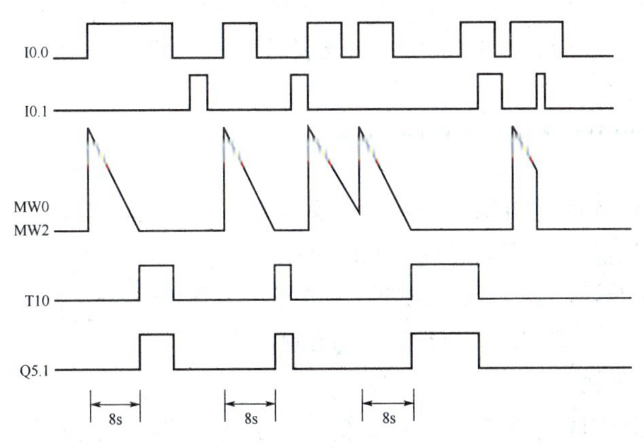


图2-18　S_ODTS（保持型接通延时S5定时器）时序图

### 5. S_OFFDT（断电延时S5定时器）

S_OFFDT（断电延时S5定时器）的符号如图2-19所示。如果在启动（S）输入端有一个下降沿，S_OFFDT（断开延时S5定时器）将启动指定的定时器。信号变化始终是启用定时器的必要条件。如果S输入端的信号状态为“1”，或者定时器正在运行，则输出端Q的信号状态为“1”。如果在定时器运行期间输入端S的信号状态从“0”变为“1”时，定时器将复位。输入端S的信号状态再次从“1”变为“0”后，定时器才能重新启动。如果在定时器运行期间复位（R）输入从“0”变为“1”时，定时器将复位。

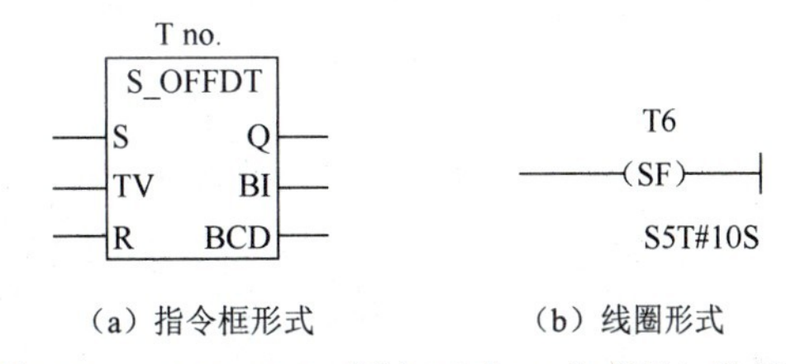


图2-19　S_OFFDT（断电延时S5定时器）的符号

例5：S_OFFDT（断电延时S5定时器）的梯形图如图2-20所示，其时序如图2-21所示。

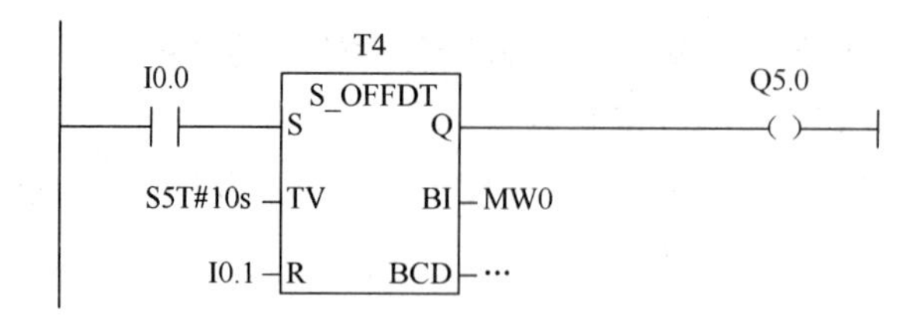


图 2-20　S_OFFDT（断电延时 S5 定时器）梯形图

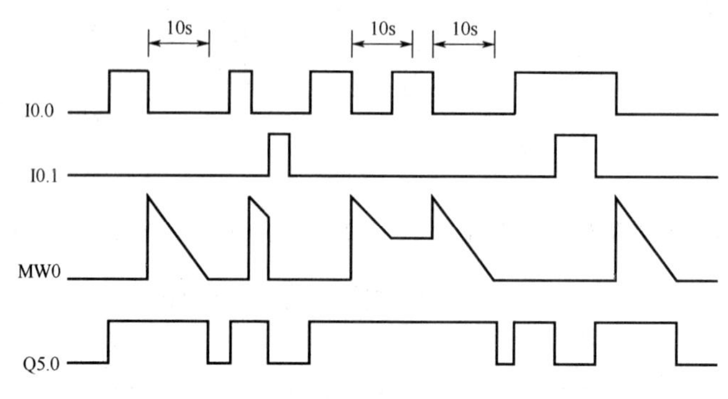


图 2-21　S_OFFDT（断电延时 S5 定时器）时序图

## 2.2.2　定时器指令的应用举例

接通延时定时器和脉冲定时器应用——用定时器构成一脉冲发生器，当满足一定条件时，能够输出一定频率和一定占空比的脉冲信号（图 2-22）。要求：当按钮 S1（I0.0）按下时，输出指示灯 H1（Q4.0）以灭 2s、亮 1s 的规律交替进行。

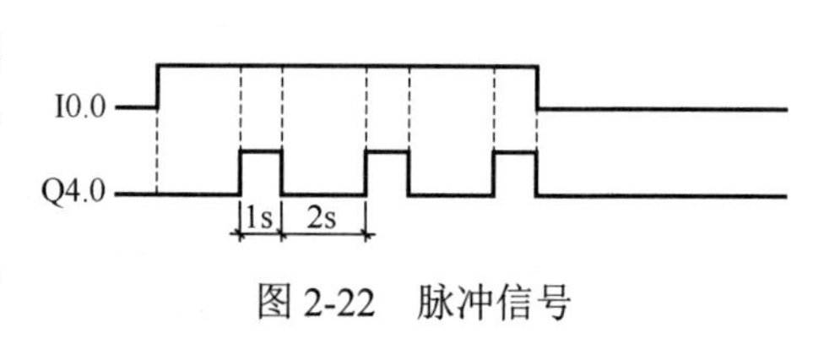


图 2-22　脉冲信号

由接通延时定时器构成的脉冲发生器如图 2-23 所示，将 T1 的常闭触点串接在 T0 定时器中，T0 的常开触点串接在 T1 定时器中；由脉冲定时器构成的脉冲发生器如图 2-24 所示。

OB1: “Main Program Sweep (Cycle)”

Network 1:Title

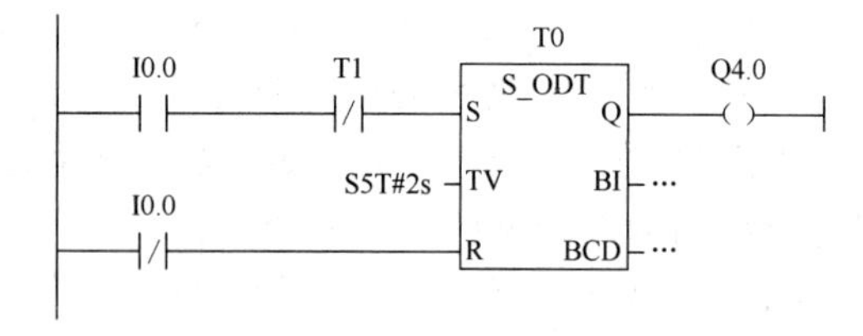


Network 2:Title

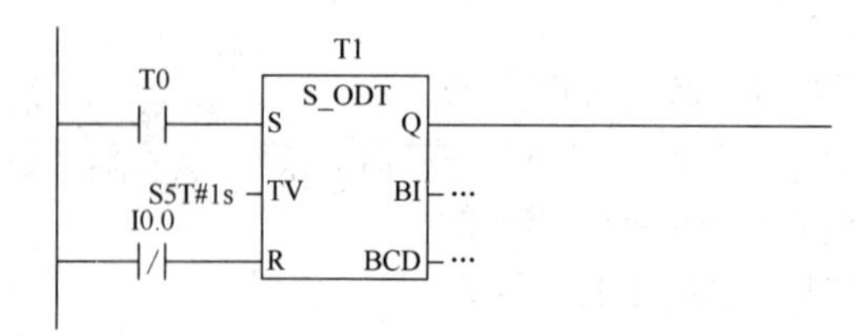


图 2-23　由接通延时定时器构成的脉冲发生器

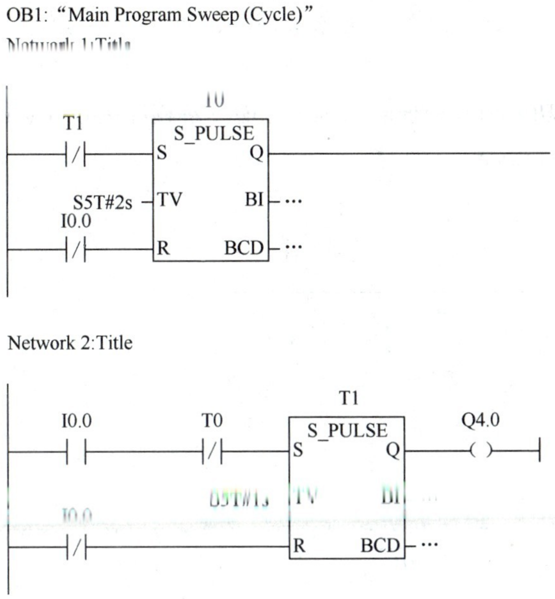

OB1:“Main Program Sweep (Cycle)”

Network 1:Title

T0
T1
S_PULSE
S Q
S5T#2s TV BI …
I0.0
R BCD …

Network 2:Title

I0.0　T0　T1　Q4.0
S_PULSE
S Q
TV BI …
I0.0
R BCD …

图 2-24　由脉冲定时器构成的脉冲发生器

【任务实施与拓展】

## 2.2.3　运输带控制系统程序设计

运输带控制波形图（图 2-25）是梯形图（图 2-26）的程序设计思路。M0.0 是启动/停止标志位，采用接通延时定时器 T0，用 M0.0 启动 T0，其接通波形是 M0.0 延时 20s 的波形，即 Q4.2 的波形；用 M0.0 驱动断开延时定时器 T1，延时时间是 20s，得到 Q4.0 的波形；用 M0.0 启动 10s 的接通延时定时器 T2，再接通 10s 的断开延时定时器 T3，就得到 Q4.1 的波形。

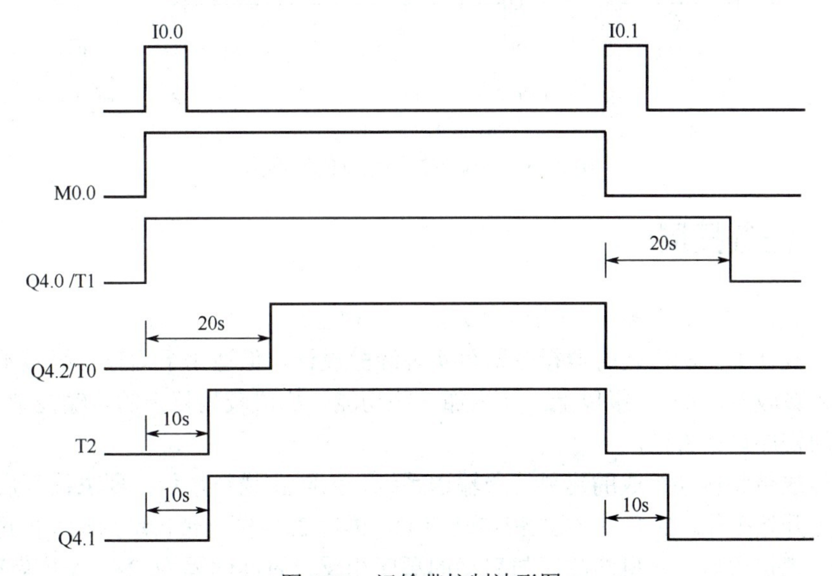


图 2-25　运输带控制波形图

在梯形图设计中，Network1 产生传输带运行标志位 M0.0，这是典型的启保停控制；Network2 采用接通延时定时器和断开延时定时器的线圈形式，产生输出信号。程序设计简洁，但必须对两种定时器的功能和波形理解深刻，才能理解程序的设计意图。

OB1: “Main Program Sweep (Cycle)”

Network 1:Title

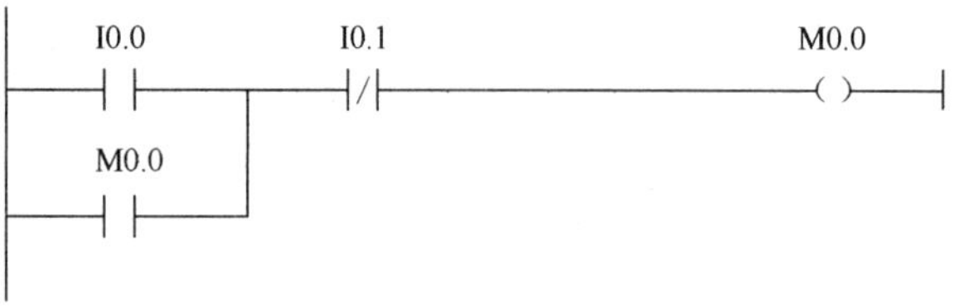

I0.0 I0.1 M0.0
M0.0

Network 2:Title

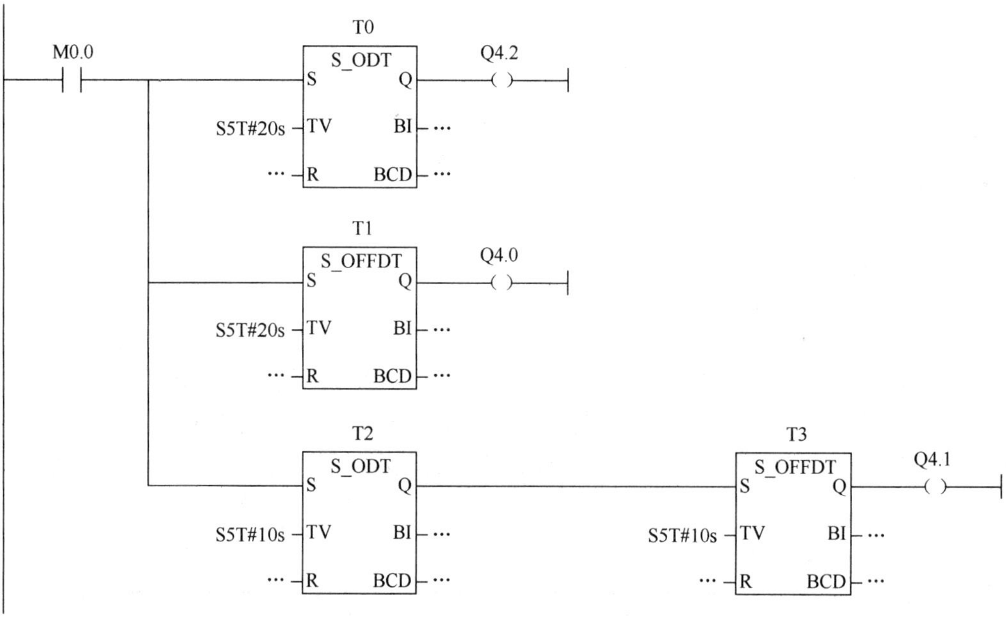

M0.0
T0 S_ODT S Q Q4.2
S5T#20s TV BI …
… R BCD …
T1 S_OFFDT S Q Q4.0
S5T#20s TV BI …
… R BCD …
T2 S_ODT S Q
S5T#10s TV BI …
… R BCD …
T3 S_OFFDT S Q Q4.1
S5T#10s TV BI …
… R BCD …

图 2-26　运输带控制系统的梯形图

## 2.2.4　任务拓展

运输带控制的程序设计基本采用两种方法，一种是经验设计，另一种是顺序控制的程序设计。在项目设计中，利用定时器指令即可实现经验设计，但适用于运输带级数不多的场合，如果运输带级数较多，如 3 级以上，并增加一些功能，构成较为复杂的传输控制，则一般采用顺序控制的程序设计方法。

由 3 条传送带和料斗组成的物料三级输送系统。为防止物料堆积，要求按下启动按钮后，3#传送带首先开始工作，2s 后 2#传送带自动启动，再过 2s1#传送带自动启动，再过 2s 料斗的门打开。按停止按钮后，停机的顺序与启动的顺序相反，时间间隔为 2s。如果启动过程中按下停止按钮，没有启动的电动机不再启动，已启动的传送带按照启动的顺序逆序停止。

假设启动按钮接 I0.0，停止按钮接 I0.1。传送带 M1 的接触器接 Q2.1，传送带 M2 的接触器接 Q2.2，传送带 M3 的接触器接 Q2.3，料斗阀门的电磁阀接 Q2.0。

传送带的状态转换图如图 2-27 所示。传送带的工作过程可以分解为 8 步，M0.0～M0.3 为启动过程，M0.4～M0.7 为停止过程，每一步对应的输出和定时器已经在状态转换图中标明。状态图中还标出了启动过程中，按下停止按钮的转换情况。在顺序控制的程序设计中，正确画出状态转换图，是后面梯形图设计的至关重要的一步，是学习 PLC 程序设计必须掌握的技巧。

OB100 是初始化网络，将程序设计中用到的状态标志位和输出复位，如图 2-28 所示。

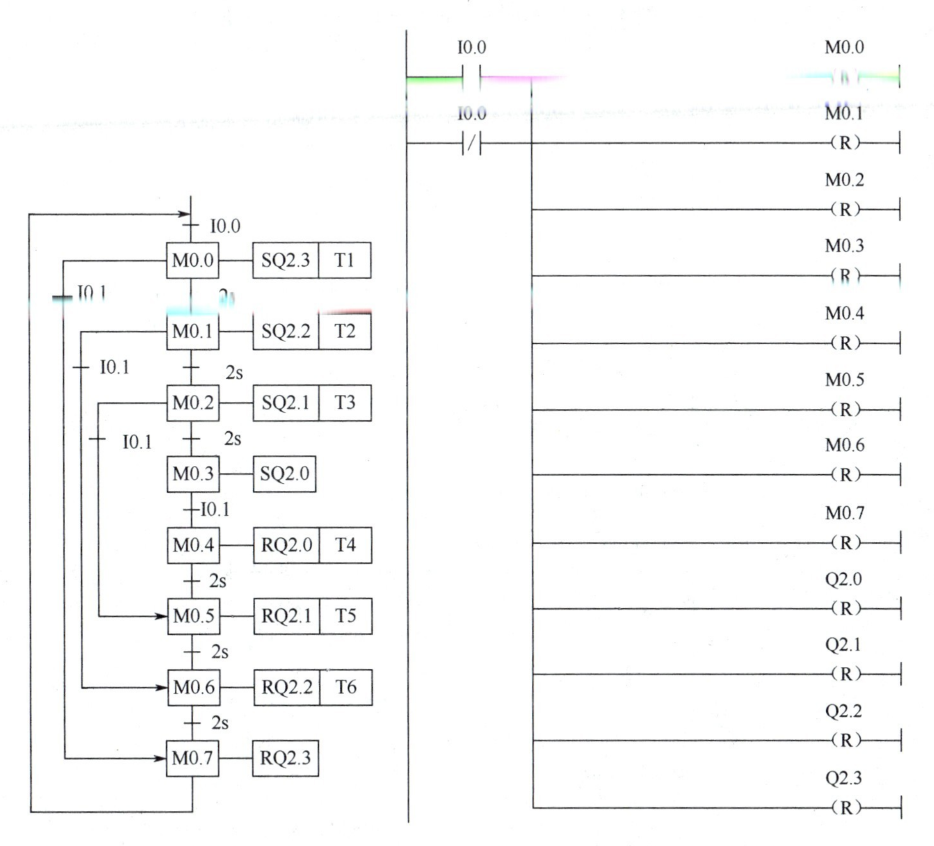


图 2-27　传送带的状态转换图　　图 2-28　初始化 OB100 梯形图

主程序 OB1 中，Network1～Network15 为完成状态转换和每一状态下的输出，Network16～Network18 为在停止过程中的状态转化，项目拓展梯形图如图 2-29 所示。

OB1: “Main Program Sweep (Cycle)”

Network 1:Title

I0.0　M0.0 (S)

图 2-29　项目拓展梯形图

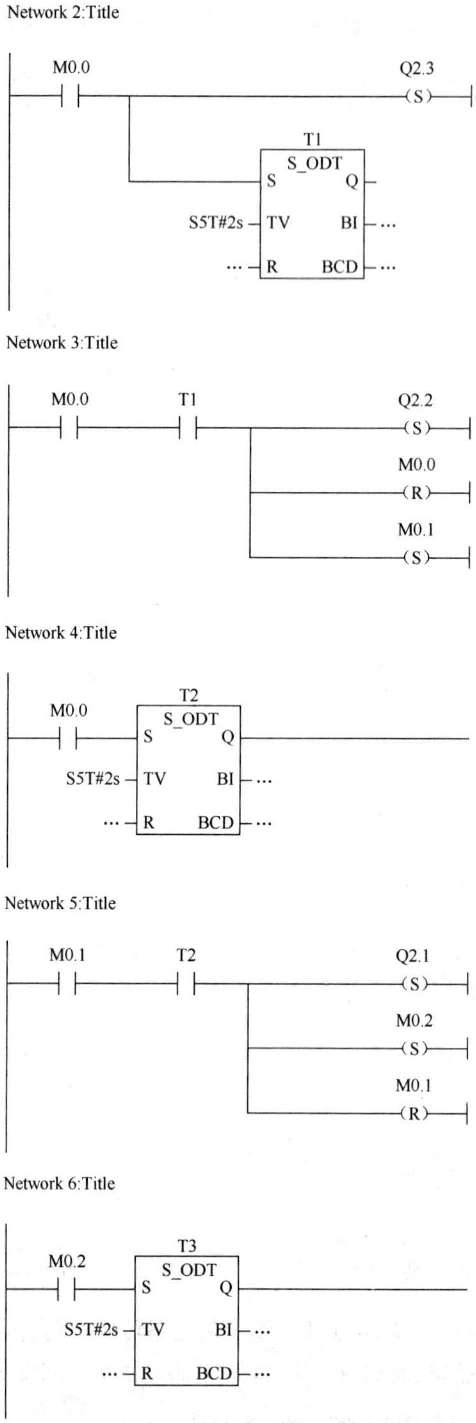

Network 2:Title

M0.0
Q2.3
(S)
T1
S_ODT
S Q
S5T#2s TV BI …
… R BCD …

Network 3:Title

M0.0 T1
Q2.2
(S)
M0.0
(R)
M0.1
(S)

Network 4:Title

T2
M0.0
S_ODT
S Q
S5T#2s TV BI …
… R BCD …

Network 5:Title

M0.1 T2
Q2.1
(S)
M0.2
(S)
M0.1
(R)

Network 6:Title

T3
M0.2
S_ODT
S Q
S5T#2s TV BI …
… R BCD …

图 2-29　项目拓展梯形图（续）

Network 7:Title

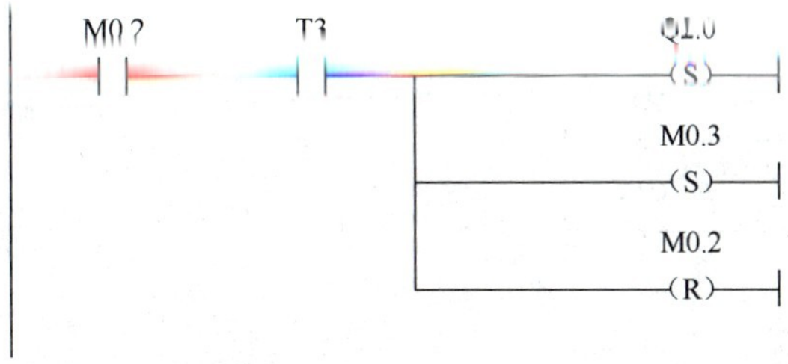

M0.2　T3　Q1.0 (S)　M0.3 (S)　M0.2 (R)

Network 8:Title

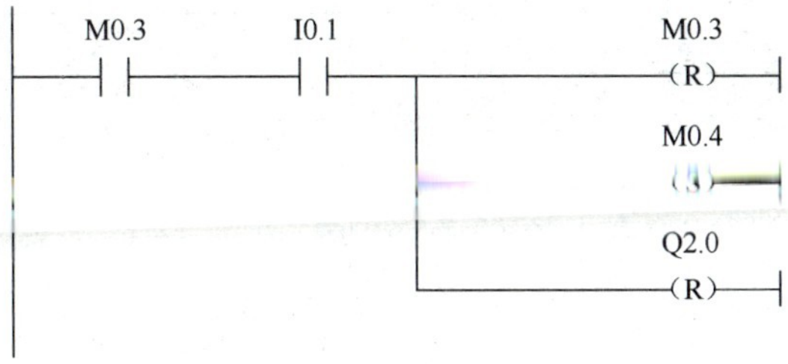

M0.3　I0.1　M0.3 (R)　M0.4 (S)　Q2.0 (R)

Network 9:Title

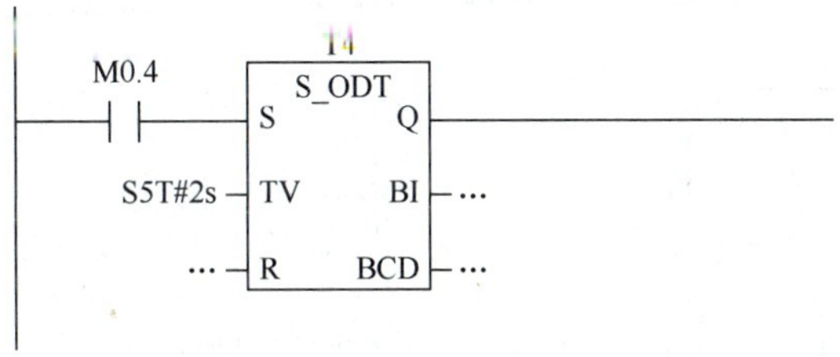

M0.4　T4　S_ODT　S　Q　S5T#2s　TV　BI　…　…　R　BCD　…

Network 10:Title

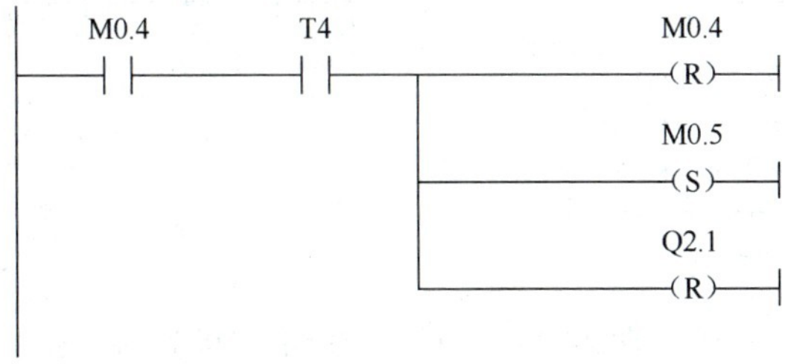

M0.4　T4　M0.4 (R)　M0.5 (S)　Q2.1 (R)

Network 11:Title

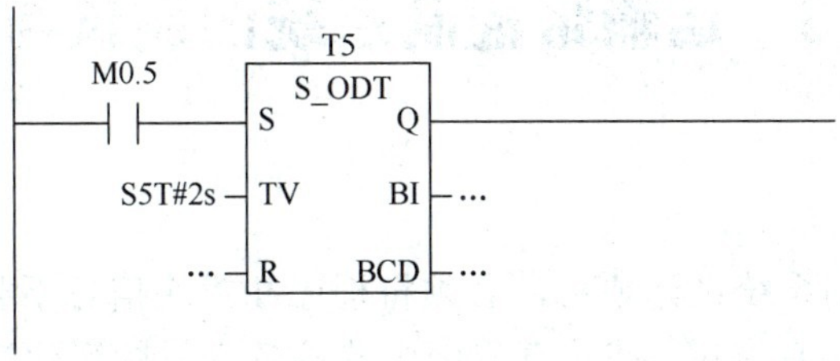

M0.5　T5　S_ODT　S　Q　S5T#2s　TV　BI　…　…　R　BCD　…

图 2-29　项目拓展梯形图（续）

Network 12:Title

M0.5 T5 M0.5 (R)
M0.6 (S)
Q2.2 (R)

Network 13:Title

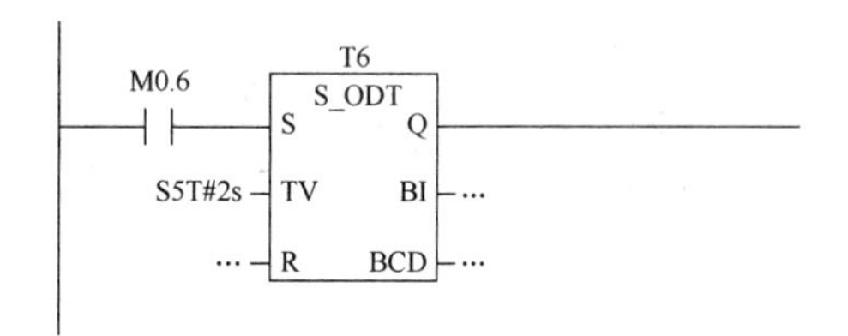


Network 14:Title

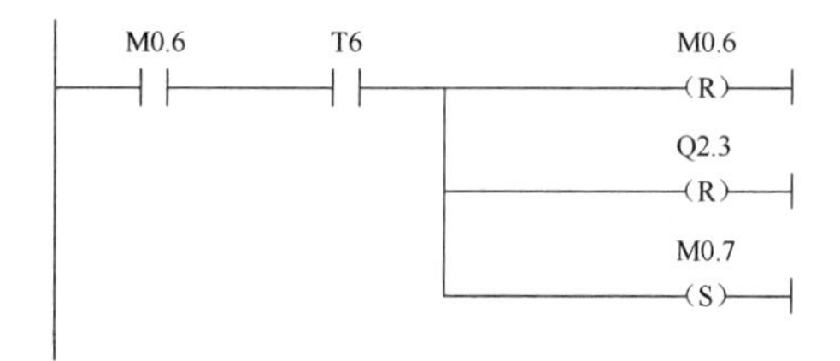


Network 15:Title

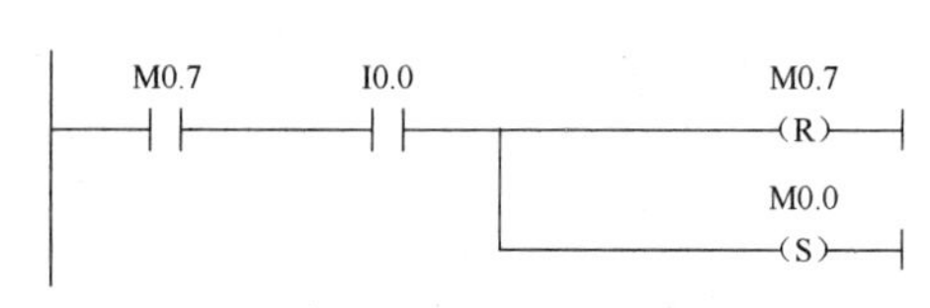


Network 16:Title

M0.0 I0.1 M0.0 (R)
M0.7 (S)
Q2.3 (R)

Network 17:Title

M0.1 I0.1 M0.1 (R)
Q2.2 (R)
M0.6 (S)

Network 18:Title

M0.2 I0.1 M0.2 (R)
M0.5 (S)
Q2.1 (R)

图 2-29　项目拓展梯形图（续）

# 任务 3　运输带控制系统的调试与运行

**【任务描述与分析】**

为了测试运输带控制系统设计项目，必须将程序和模块信息下载到 PLC 的 CPU 模块。在此介绍采用 PLCSIM 仿真调试，在仿真界面中监控各变量的变化情况，并跟踪程序的运行状态。

**【相关知识与技能】**

### 1　打开仿真软件

打开 S7-PLCSIM 后，自动建立了 STEP7 与仿真器的 MPI 连接。刚打开 PLCSIM 时，只有图 2-30 中的最左边被称为 CPU 的视图小方框。选中“STOP”、“RUN”、“RUN-P”复选框，可以令仿真 PLC 处于相应的运行模式。单击“MRES”按钮，可以清除仿真 PLC 中已下载的程序。

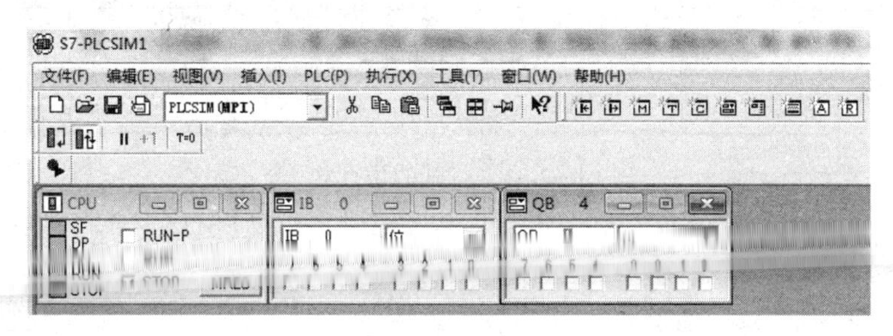


图 2-30　仿真器窗口

可以用鼠标调节 S7-PLCSIM 窗口的位置和大小，还可以执行“View”→“Status Bar”命令，关闭或打开下面的状态条，单击按钮后，打开仿真器

### 2．下载用户程序和组态信息

单击 S7-PLCSIM 工具栏上的按钮，生成 IB0 和 QB0 视图对象。将视图对象中的 QB0 更改为 QB4，按 Enter 键生效。

下载之前，应打开 PLCSIM。选中 SIMATIC 管理器左边窗口的“块”对象，单击工具栏上的按钮，将 OB 下载到仿真器中。

不能在“RUN”模式时下载，但可以在“RUN-P”模式时下载。在 RUN 模式下载时，将提醒模式更改为“STOP”模式，下载结束，更改为“RUN”模式仿真运行程序。

### 3．用 PLCSIM 的识图对象调试程序

将 CPU 切换到“RUN”或“RUN-P”模式，这两种模式都要执行用户程序。

（1）选中视图 IB0 的复选框，相应的位变为“1”状态，梯形图中的常开触点闭合，常闭触点断开，对应的视图 QB4 的相应位为“1”状态。

（2）取消选中相应位的复选框，相应位即变为“0”状态。

**【任务实施与拓展】**

在项目管理窗口，单击图标，打开仿真器，打开的仿真器如图 2-31～图 2-33 所示。然后单击图标下载，将程序下载到仿真器中仿真。并在仿真器的窗口中，插入输入 IB0 和输出 QB4 字节，并同时将定时器 T0、T1、T2、T3 插入仿真器中。然后将 CPU 的状态从 STOP 状态切换到 RUN 状态，即可进行仿真。

按下启动按钮，即选中 I0.0 的复选框，可以看到 Q4.0 为“1”，过 10s，Q4.1 为“1”，再过 10s，Q4.2 为“1”，并可以看到定时器 T2、T3 的工作状况。

按下停止按钮，即选中 I0.1 的复选框，可以看到 Q4.2 为“0”，过 10s，Q4.1 为“0”，再过 10s，Q4.0 为“0”，并可以看到定时器 T2、T3 的工作状况。

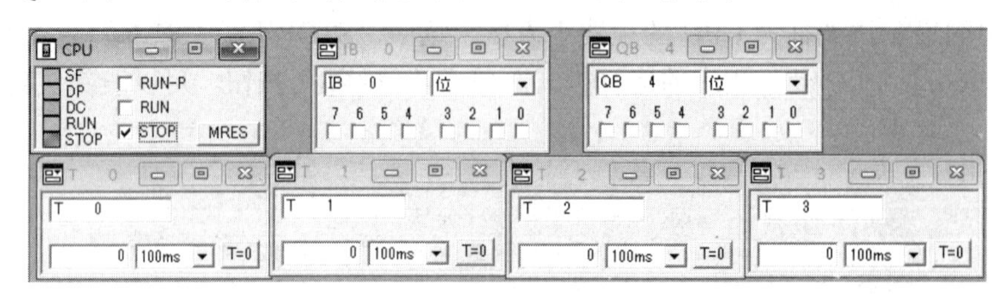


图 2-31　打开的仿真器

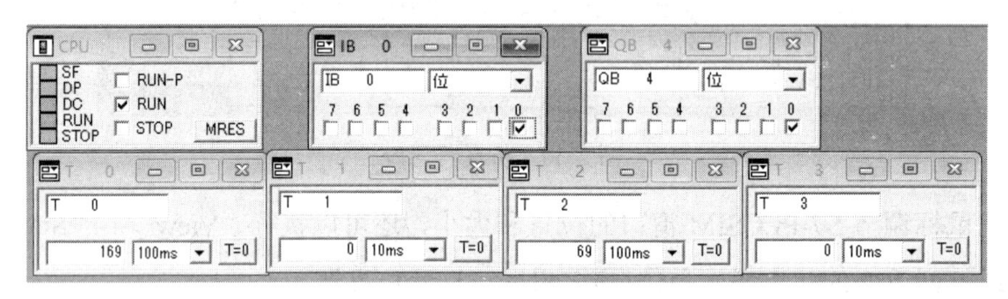


图 2-32　按下启动 3 台运输带顺序启动

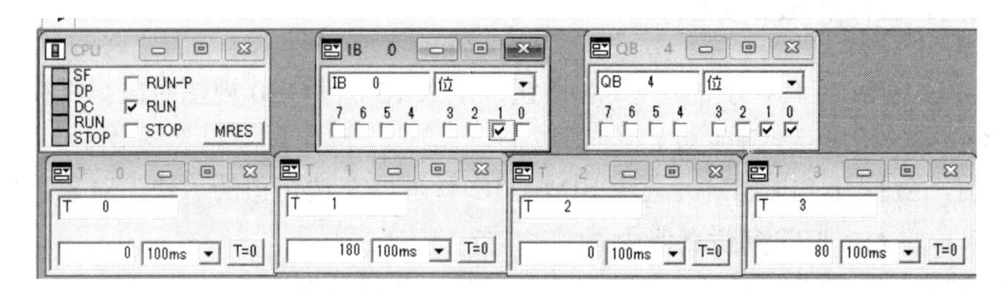


图 2-33　按下停止 3 台运输带逆序停止

## 【项目小结】

本项目通过运输带控制系统的设计与调试，介绍了 S7-300 的定时器指令及其应用。与之相关的关键知识点主要包括以下几部分。

（1）运输带控制系统的项目生成与硬件组态。

（2）运输带控制系统的控制程序编写。

（3）运输带控制系统的调试方法。

（4）S7-300 的定时器的使用方法。

（5）用仿真软件调试程序。

# 【能力测试】

（1）用新建项目向导生成项目，根据实验设备上的模块，打开 HW Config，设置模块，并编译下载到 CPU 中。

（2）生成运输带控制用户程序，并用仿真软件方法进行仿真调试。

（3）成绩评定参考标准如表 2-4 所示。

**表 2-4　《运输带控制系统》成绩评价表**

班级＿＿＿＿＿＿＿＿姓名＿＿＿＿＿＿＿＿组号＿＿＿＿＿＿＿＿

| 序号 | 主要内容 | 考核要求 | 评分标准 | 配分 | 扣分 | 得分 |
|---|---|---|---|---|---|---|
| 1 | 硬件设计 | 能根据任务要求完成硬件设计原理图 | ① 硬件设计不完善，每处扣 3 分<br>② 硬件设计不正确，扣 10 分 | 10 | | |
| 2 | 硬件组态 | 能根据任务要求完成硬件组态 | ① 硬件组态不完善，每处扣 3 分<br>② 硬件组态不正确，扣 10 分 | 10 | | |
| 3 | 梯形图设计 | 能根据任务要求完成梯形图设计 | ① 梯形图设计不完善，每项扣 8 分<br>② 梯形图设计不正确，扣 20 分 | 20 | | |
| 4 | 接线 | 能正确使用工具和仪表，按照电路图正确接线 | ① 接线不规范，每处扣 3 分<br>② 接线错误，每处扣 5 分 | 20 | | |
| 5 | 操作调试 | 操作调试过程正确 | ① 操作错误，扣 10 分<br>② 调试失败，扣 30 分 | 30 | | |
| 6 | 安全文明生产 | 操作安全规范、环境整洁 | 违反安全文明生产规程，扣 5～10 分 | 10 | | |
| 合计 | | | | 100 | | |

# 【思考练习】

## 1．填空题

（1）接通延时定时器的 SD 线圈＿＿＿＿＿时开始定时，定时时间到时剩余时间值为＿＿＿，其定时器位变为＿＿＿＿＿，其常开触点＿＿＿＿＿，常闭触点＿＿＿＿＿。定时期间如果 SD 线圈断电，定时器的剩余时间＿＿＿＿＿。线圈重新通电时，又从＿＿＿＿开始定时。复位输入信号为“1”时，定时器位变为＿＿＿＿＿。定时器位为“1”时，如果 SD 线圈断电，定时器的常开触点＿＿＿＿＿。

（2）S5T#5s 和 T#5s 两者中能用于梯形图的是＿＿＿＿＿。

## 2．操作题

（1）设计一个三相异步电动机的星形—三角形降压启动控制的程序。

控制要求如下：按下正转按钮，三相异步电动机做正转星形启动，10s 后，电动机作三角形正常运行，在整个过程中，按下反转按钮，不起作用，按下停止按钮后停止；若按下反转按钮，电动机做反转星形启动，10s 后三角形正常运行，在整个过程中，按下正转按钮，不起作用。任何时间按下停止按钮，电动机立即停止。

（2）设计一个小车的控制系统。

小车开始停在左边，左边的限位开关 SQ1 的常开触点闭合。要求按下列顺序控制。

① 按下启动按钮，小车右行。

② 右行到限位开关 SQ2 处停止运动，延时 8s 后开始左行。

③ 小车左行到左限位开关处停止运动，延时 10s 后右行。

④ 如此循环，按下停止按钮，小车停止。

（3）设计优先抢答器。

控制要求如下：参赛者要抢答主持人所提出问题时，需抢先按下桌上的按钮；指示灯亮后需待主持人按下“复位”键 R 后才熄灯；对初中班学生照顾，只需按下 SB11 和 SB12 中任一个按钮，指示灯 HL1 就亮；对高三班学生限制，只有 SB31 和 SB32 都按下时，指示灯 HL3 才亮；若在主持人按下“开始”按钮 S 后 10s 内有抢答按钮按下，则电磁铁 YC 得电，使彩球摇动，以示竞赛者得到一次幸运的机会；如果时间到仍没有抢答，则禁止继续抢答，如图 2-34 所示。

图 2-34　抢答器

# 项目 3　仓库存储控制系统

仓库存储控制系统是工业运料的主要控制系统之一，在企业的整个供应链中起着至关重要的作用。如果不能保证正确的进货、库存控制及发货，将会导致管理费用的增加，服务质量难以得到保证，从而影响企业的竞争力。传统简单、静态的仓库存储控制已无法保证企业各种资源的高效利用。本项目采用 S7-300 应用技术来实现仓库存储控制，其控制系统模型如图 3-1 所示。

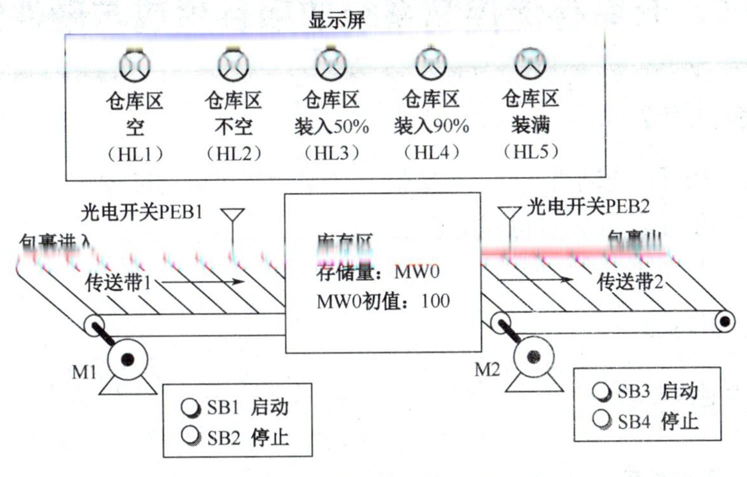


图 3-1　仓库存储控制模型示意图

在两台传送带之间有一个仓库区。传送带 1 将包裹运送至仓库区，由电动机 M1 驱动。传送带 2 将包裹运出仓库区，由电动机 M2 驱动。传送带 1 靠近仓库一端安装光电开关 PEB1 确定入库的包裹数，传送带 2 靠近库区一端安装光电开关 PEB2 确定出库的包裹数。控制要求如下。

（1）5 个指示灯（HL1～HL5）显示仓库区的占用程度，如图 3-1 所示。

（2）电机 M1 的启停由按钮 SB1 和 SB2 控制。若仓库装满，则传送带 1 自动停止。电动机 M2 的启停由按钮 SB3 和 SB4 控制。若仓库已空，则传送带 2 自动停止。

（3）库区存储量由 MW0 中的值决定，MW0 的初值为 100。MW0 中的内容最小不能少于 10，最大不能大于 200。只有当两台电动机都处于停止状态时才可修改 MW0 中的值。

（4）仓库内剩余空间的包裹存储数保存在 MW20 中。

**【学习任务】**

任务 1　仓库存储控制系统的项目生成与硬件组态。

任务 2　仓库存储控制系统的控制程序。

任务 3　仓库存储控制系统的调试与运行。

【学习目标】

1. 掌握仓库存储控制系统的项目生成与硬件组态。
2. 掌握仓库存储控制系统的控制程序编写。
3. 掌握仓库存储控制系统的调试方法。
4. 掌握 S7-300 的计数器指令的使用方法。
5. 掌握算术指令的使用方法。
6. 掌握转换指令的使用方法。
7. 掌握比较指令的使用方法。
8. 掌握用程序状态功能调试程序。

# 任务 1　仓库存储控制系统的项目生成与硬件组态

【任务描述与分析】

本任务中传送带采用电动机驱动，传送带 1、2 分别采用电动机 M1、M2 来控制。包裹的出库和入库采用光电开关 PEB1 和 PEB2 来检测，仓库区的占用程度用 5 个指示灯来指示。

首先进行仓库存储控制系统的项目生成与硬件组态。

【相关知识与技能】

## 3.1.1　光电开关

### 1. 光电开关工作原理

光电开关是光电接近开关的简称，它是利用被检测物体对光束的遮光或反射，由同步回路选通电路，从而检测物体的有无。其物体不限于金属，对所有能反射光线的物体均可被检测。光电开关是一种电量传感器，把电流或电压的变化以光电的方式传送出去，即进行电信号→光信号→电信号的转换，多数光电开关选用的是接近可见光的红外线。

光电开关是通过把光强度的变化转换成电信号的变化来实现控制的。光电开关在一般情况下，由发送器、接收器和检测电路三部分构成，如图 3-2 所示。

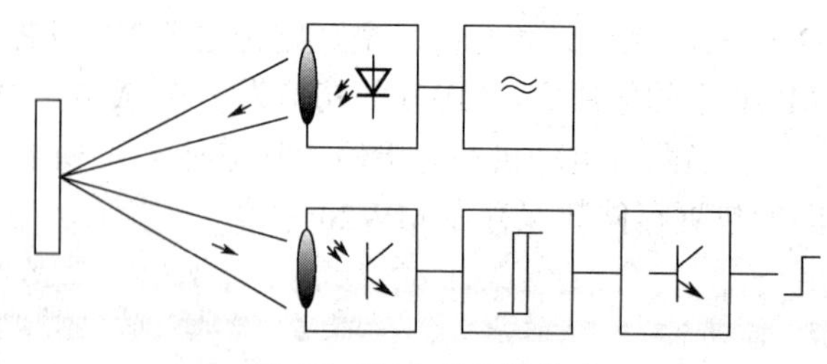

图 3-2　光电开关的构成

发送器对准目标发射光束，发射的光束一般来源于半导体光源，发光二极管（LED）、激光二极管及红外发射二极管。光束不间断地发射，或者改变脉冲宽度。接收器有光电二极管、

光电二极管、光电池组成。在接收器的前面，装有光学元件，如透镜和光圈等，在其后面是检测电路，它能滤出有效信号和应用该信号。

此外，光电开关的结构元件中还有发射板和光导纤维。

三角反射板是结构牢固的发射装置。它由很小的三角锥体反射材料组成，能够使光束准确地从反射板中返回，具有实用意义。它可以在与光轴 0～25 的范围改变发射角，使光束几乎是从一根发射线，经过反射后，还是从这根反射线返回。

### 2. 光电开关分类

光电开关分类和工作方式如下。

（1）槽型光电开关。把一个光发射器和一个接收器面对面地装在一个槽的两侧称为槽形光电。发光器能发出红外光或可见光，在无阻情况下光接收器能收到光。但当被检测物体从槽中通过时，光被遮挡，光电开关便动作。输出一个开关控制信号，切断或接通负载电流，从而完成一次控制动作。槽形开关的检测距离因为受整体结构的限制一般只有几厘米。

（2）对射型光电开关。若把发光器和收光器分离开，就可使检测距离加大。由一个发光器和一个收光器组成的光电开关称为对射分离式光电开关，简称对射式光电开关。它的检测距离可达几米乃至几十米。使用时把发光器和收光器分别装在检测物通过路径的两侧，检测物通过时阻挡光路，收光器就动作，输出一个开关控制信号。

（3）反光板型光电开关。把发光器和收光器装入同一个装置内，在它的前方装一块反光板，利用反射原理完成光电控制作用，称为反光板反射式（或反射镜反射式）光电开关。正常情况下，发光器发出的光被反光板反射回来被收光器收到；一旦光路被检测物挡住，收光器收不到光时，光电开关就动作，输出一个开关控制信号。

（4）扩散反射型光电开关。它的检测头里也装有一个发光器和一个收光器，但前方没有反光板。正常情况下发光器发出的光收光器是找不到的。当检测物通过时挡住了光，并把光部分反射回来，收光器就收到光信号，输出一个开关信号。

### 3. 光电开关典型产品

光电开关的典型产品： M18 漫反射型光电开关（NPN 三极管驱动输出）。

M18 漫反射型光电开关的外形如图 3-3 所示。

图 3-3　M18 漫反射型光电开关外形

检测距离：10～30cm。

被检测物最小直径：5mm。

指向角度：小于 5°。

工作电压：10～36V 直流。

工作电流：小于 10mA。

输出驱动电流：300mA。

温度范围：-25～70℃。

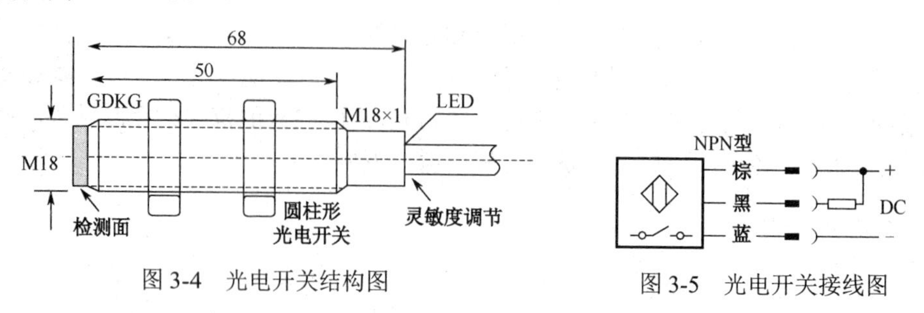


图 3-4　光电开关结构图

图 3-5　光电开关接线图

M18 漫反射型光电开关是一种应用最为广泛的光电开关，其结构图如图 3-4 所示，接线图如图 3-5 所示。它的直径为 18mm，固定时只要在设备外壳上打一个 18mm 的圆孔就能轻松固定，长度约 75mm，背后有工作指示灯，当检测到物体时红色 LED 灯点亮，平时处于熄灭状态，非常直观，引线长度为 100mm。

【任务实施与拓展】

## 3.1.2　控制系统的硬件电路

### 1. 系统硬件配置表

分析仓库存储控制系统的控制要求，得出系统硬件配置如表 3-1 所示，由于负载是三相异步电动机，建议优先选用继电器的输出模块，如 8 点继电器输出的 SM322 模块，型号可选择 6ES7 322-1HF01-0AA0。继电器输出模块的负载电压范围宽，导通压降小，承受瞬时过电压和瞬时过电流的能力较强（硬件可根据实际情况作相应替换）。

表 3-1　仓库存储控制系统的硬件配置表

| 序号 | 名称 | 型号说明 | 数量 |
|---|---|---|---|
| 1 | CPU | CPU315-2DP | 1 |
| 2 | 电源模块 | PS307 | 1 |
| 3 | 开关量输入模块 | SM321 | 1 |
| 4 | 开关量输出模块 | SM322 | 1 |
| 5 | 前连接器 | 20 针 | 2 |

### 2. I/O 地址分配表

分析仓库存储控制系统的控制要求，进行控制系统的 I/O 地址分配如表 3-2 所示。

表 3-2　仓库存储 I/O 地址分配表

| 信号类型 | 信号名称 | 地址 |
|---|---|---|
| 输入信号 | M1 开始按钮 SB1 | I0.0 |
| | M1 停止按钮 SB2 | I0.1 |
| | M2 开始按钮 SB3 | I0.2 |
| | M2 停止按钮 SB4 | I0.3 |
| | 光电开关 PEB1 | I0.4 |
| | 光电开关 PEB2 | I0.5 |
| 输出信号 | 仓库区空指示灯 HL1 | Q4.0 |
| | 仓库区不空指示灯 HL2 | Q4.1 |
| | 仓库区装入 50%指示灯 HL3 | Q4.2 |
| | 仓库区装入 90%指示灯 HL4 | Q4.3 |
| | 仓库区装满指示灯 HL5 | Q4.4 |
| | M1 接触器 KM1 | Q4.5 |
| | M2 接触器 KM2 | Q4.6 |

3．I/O 接线图

PLC 的外部接线图如图 3-6 所示。

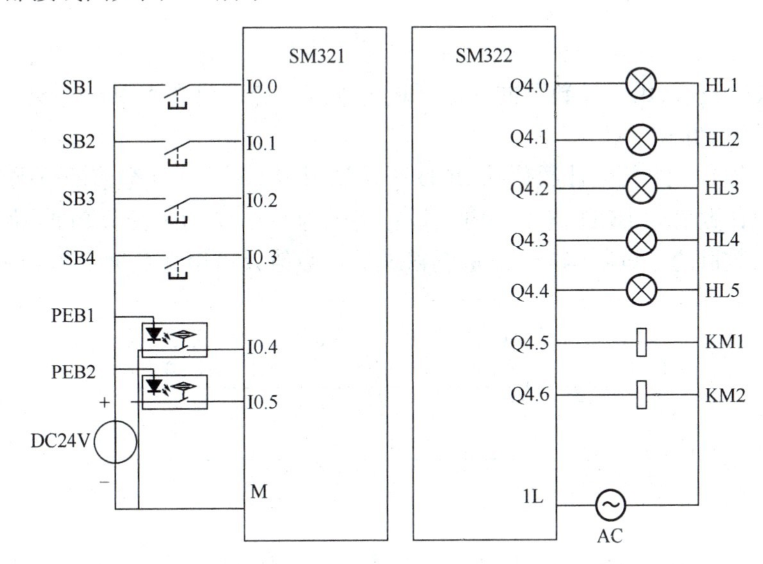


图 3-6　仓库存储控制系统 PLC 的外部接线图

## 3.1.3　控制系统的项目生成与硬件组态

用“新建项目”向导生成一个名为“仓库存储控制”的项目，进行硬件组态，组态完成如图 3-7 所示。

| S... | Module | Order number | F... | M... | I... | Q... | Comment |
|---|---|---|---|---|---|---|---|
| 1 | PS 307 10A | 6ES7 307-1KA00-0AA0 | | | | | |
| 2 | **CPU 315-2 DP** | **6ES7 315-2AG10-0AB0** | **V2.6** | **2** | | | |
| X2 | *DP* | | | | *2047** | | |
| 3 | | | | | | | |
| 4 | DI8xAC120/230V | 6ES7 321-1FF10-0AA0 | | | 0 | | |
| 5 | DO8xRelay | 6ES7 322-1HF01-0AA0 | | | | 4 | |

图 3-7　仓库存储控制系统的硬件组态

# 任务 2　仓库存储控制系统的控制程序

**【任务描述与分析】**

仓库存储控制系统的硬件组态完成后，还需进行相应的控制程序的编写，才能达到相应的控制功能。

该控制程序的编写主要涉及计数器指令、转换指令、算术指令、比较指令的应用。

**【相关知识与技能】**

## 3.2.1　计数器指令

S7-300 的计数器都是 16 位的，因此每个计数器占用该区域 2 个字节空间，用来存储计数值。不同的 CPU 模板，用于计数器的存储区域也不同，最多允许使用 64～512 个计数器。计数器的地址编号为 C0～C511。

计数器字的位 0～11 位为计数值的 BCD 码，如图 3-8 所示，计数值的范围为 0～999。例如，计数器字的计数值为 BCD 码 127 时，设定格式为 C#127。C#表示 BCD 格式（四位一组表示一位十进制数值的二进制码）。二进制格式的计数值只占用计数器字的 0～9 位。

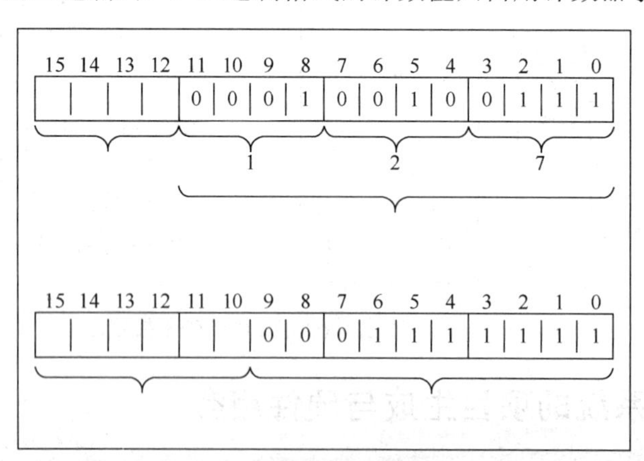


图 3-8　计数器字

通过使用以下计数器指令，可以在这一范围内改变计数值。

（1）S_CUD：加-减计数器。

（2）S_CU：加计数器。

（3）S_CD：减计数器。
（4）---（SC）：计数器置初值。
（5）---（CU）：加计数器线圈。
（6）---（CD）：减计数器线圈。

### 1. 加-减计数器（S_CUD）

加-减计数器符号如图 3-9 所示，加-减计数器相关参数说明如表 3-3 所示。

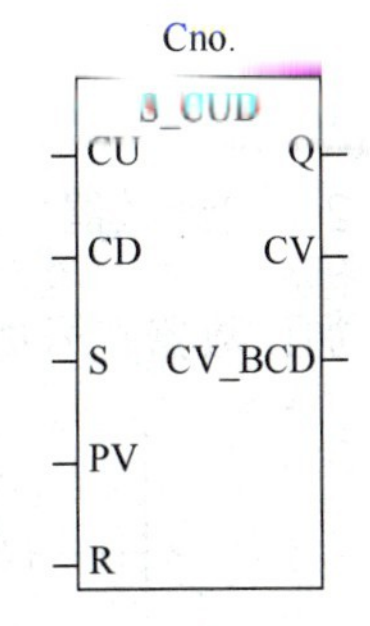


图 3-9　加-减计数器符号

表 3-3　加-减计数器相关参数说明

| 参数 | 数据类型 | 存储区域 | 说明 |
|---|---|---|---|
| C no. | COUNT ER | C | 计数器标识号，范围与 CPU 有关 |
| CU | BOOL | I、Q、M、L、D | 加计数输入端 |
| CD | BOOL | I、Q、M、L、D | 减计数输入端 |
| S | BOOL | I、Q、M、L、D | 计数器预置输入端 |
| PV | WORD | I、Q、M、L、D 或常数 | 计数器预置值的范围为 0～999，以 C#<值>形式表示 |
| R | BOOL | I、Q、M、L、D | 复位输入端 |
| CV | WORD | I、Q、M、L、D | 当前计数器值，十六进制数值 |
| CV_BCD | WORD | I、Q、M、L、D | 当前计数器值，BCD 码 |
| Q | BOOL | I、Q、M、L、D | 计数器的状态 |

说明：S_CUD（加－减计数器）在 S 输入端出现上升沿时使用 PV 输入端的数值预置。如果 R 输入端为“1”，则计数器复位，计数值被置为“0”。

如果输入端 CU 上的信号状态从“0” 变为“1”，并且计数器的值小于“999”，则计数器加“1”。如果在输入端 CD 出现上升沿，并且计数器的值大于“0”，则计数器减“1”。

如果在两个计数输入端都有上升沿的话，则两种操作都执行，并且计数值保持不变。 如果计数器被置位，并且输入端 CU/CD 上的 RLO = 1，计数器将相应地在下一扫描循环计数，即使没有从上升沿到下降沿的变化或从下降沿到上升沿的变化。

如果计数值大于“0”，则输出 Q 上的信号状态为“1”；如果计数值等于“0”，则输出 Q 上的信号状态为“0”。

**注意：**应避免在几个程序点使用一个计数器（否则会出现计数错误）。

#### 加-减计数器的应用举例

例 1：分析如图 3-10 所示的梯形图。

如果 I0.2 从“0”变为“1”，计数器使用 MW10 的值预置。如果 I0.0 的信号状态从“0”变为“1”，计数器 C10 的值将加“1”，C10 的值等于“999”除外。如果 I0.1 从“0”变为

“1”，C10 的值将减“1”，C10 的值等于“0”除外。如果 C10 的值不等于“0”，则 Q4.0 为“1”。

### 2. 加计数器（S_CU）

加计数器符号如图 3-11 所示，加计数器相关参数说明如表 3-4 所示。

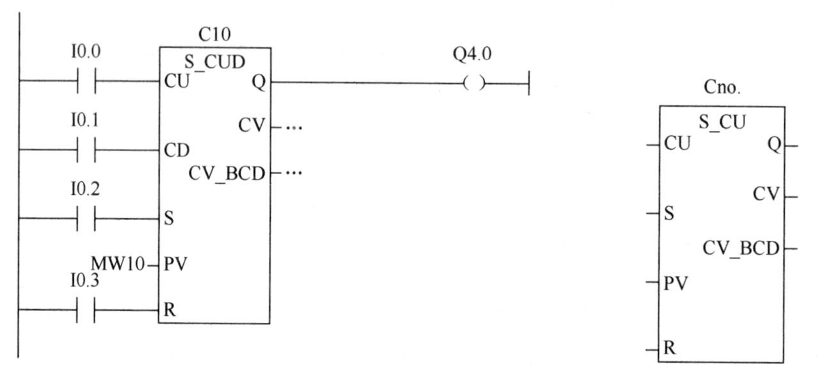


图 3-10　加-减计数器的应用　　　图 3-11　加计数器符号

**表 3-4　加计数器相关参数说明**

| 参数 | 数据类型 | 存储区域 | 说明 |
|---|---|---|---|
| Cno. | COUNT ER | C | 计数器标识号，范围与 CPU 有关 |
| CU | BOOL | I、Q、M、L、D | 加计数输入端 |
| S | BOOL | I、Q、M、L、D | 计数器预置输入端 |
| PV | WORD | I、Q、M、L、D 或常数 | 计数器预置值的范围为 0～999，以 C#<值> 形式表示 |
| R | BOOL | I、Q、M、L、D | 复位输入端 |
| CV | WORD | I、Q、M、L、D | 当前计数器值，十六进制数值 |
| CV_BCD | WORD | I、Q、M、L、D | 当前计数器值，BCD 码 |
| Q | BOOL | I、Q、M、L、D | 计数器的状态 |

说明：S_CU（加计数器）在输入端 S 出现上升沿时使用输入端 PV 上的数值预置。如果在输入端 R 上的信号状态为“1”，则计数器复位，计数值被置为“0”。

如果输入端 CU 上的信号状态从“0”变为“1”，并且计数器的值小于“999”，则计数器加“1”。

如果计数器被置位，并且输入端 CU 上的 RLO = 1，计数器将相应地在下一扫描循环计数，即使没有从上升沿到下降沿的变化或从下降沿到上升沿的变化。

如果计数值大于“0”，则输出 Q 上的信号状态为“1”；如果计数值等于“0”，则输出 Q 上的信号状态为“0”。

**注意**：应避免在几个程序点使用一个计数器（否则会出现计数错误）。

加计数器的应用举例

例 2：分析如图 3-12 所示的梯形图。

如果 I0.2 从“0”变为“1”，计数器使用 MW10 的值预置。如果 I0.0 的信号状态从“0”变为“1”，计数器 C10 的值将加“1”，C10 的值等于“999”除外。如果 C10 的值不等于“0”，则 Q4.0 为“1”。

3．减计数器（S_CD）

减计数器符号如图 3-13 所示，减计数器相关参数说明如表 3-5 所示。

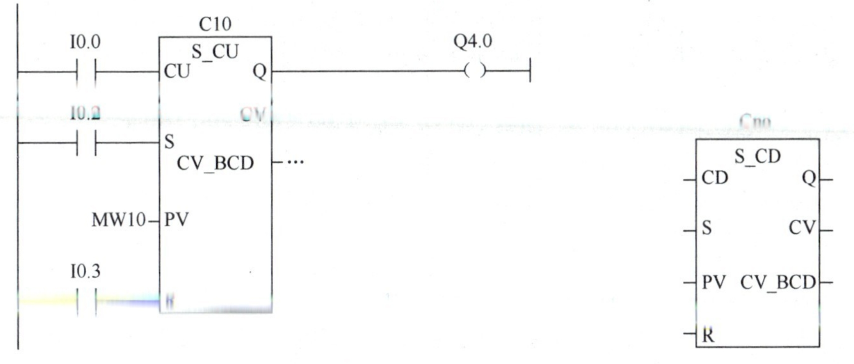


图 3-12　加计数器的应用　　　　图 3-13　减计数器符号

**表 3-5　减计数器相关参数说明**

| 参数 | 数据类型 | 存储区域 | 说明 |
|---|---|---|---|
| C no. | COUNT ER | C | 计数器标识号，范围与 CPU 有关 |
| CD | BOOL | I、Q、M、L、D | 减计数输入端 |
| S | BOOL | I、Q、M、L、D | 计数器预置输入端 |
| PV | WORD | I、Q、M、L、D 或常数 | 计数器预置值的范围为 0～999，以 C#<值>形式表示 |
| R | BOOL | I、Q、M、L、D | 复位输入端 |
| CV | WORD | I、Q、M、L、D | 当前计数器值，十六进制数值 |
| CV_BCD | WORD | I、Q、M、L、D | 当前计数器值，BCD 码 |
| Q | BOOL | I、Q、M、L、D | 计数器的状态 |

说明：S_CD（减计数器）在输入端 S 出现上升沿时使用输入端 PV 上的数值预置。如果在输入端 R 上的信号状态为“1”，则计数器复位，计数值被复位为“0”。如果输入端 CD 上的信号状态从“0”变为“1”，并且计数器的值大于“0”，则计数器减“1”。

如果计数器被置位，并且输入端 CD 上的 RLO =1，计数器将相应地在下一扫描循环计数，即使没有从上升沿到下降沿的变化或从下降沿到上升沿的变化。

如果计数值大于“0”，则输出 Q 上的信号状态为“1”；如果计数值等于“0”，则输出 Q 上的信号状态为“0”。

**注意**：应避免在几个程序点使用一个计数器（否则会出现计数错误）。

**减计数器的应用举例**

例 3：分析如图 3-14 所示的梯形图。

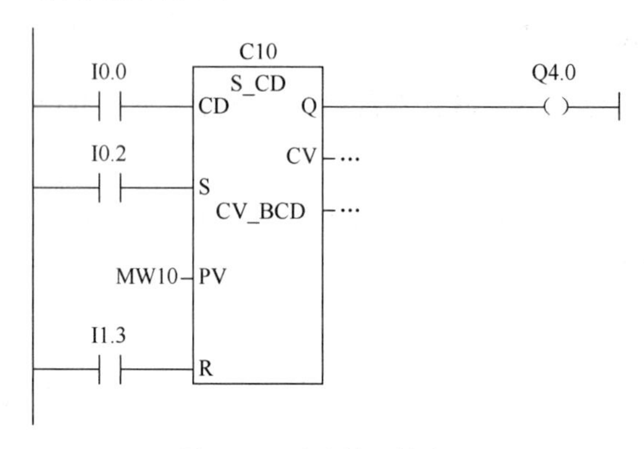


图 3-14 减计数器的应用

如果 I0.2 从“0”变为“1”，计数器使用 MW10 的值预置。如果 I0.0 的信号状态从“0”变为“1”，计数器 C10 的值将减“1”，C10 的值等于“0”除外。如果 C10 的值不等于“0”，则 Q4.0 为“1”。

## 4. 计数器置初值( SC )

计数器置初值符号：

```
<C no.>
---( SC )
<预置值>
```

计数器置初值相关参数说明如表 3-6 所示。

**表 3-6 计数器置初值相关参数说明**

| 参数 | 数据类型 | 存储区域 | 说明 |
|---|---|---|---|
| <C no.> | COUNT ER | C | 要预置数值的计数器编号 |
| <预置值> | WORD | I、Q、M、L、D 或常数 | 预置 BCD 码值（0~999） |

说明：---（SC）（计数器置初值指令）只有在 RLO 出现上升沿时才执行。同时，将预置值传送到指定的计数器。

**计数器置初值的应用举例**

例 4：分析如图 3-15 所示的梯形图。

如果在输入端 I0.0（从“0”变为“1”）出现上升沿，则计数器 C5 预置数值为“100”。如果没有出现上升沿，则计数器 C5 的值保持不变。

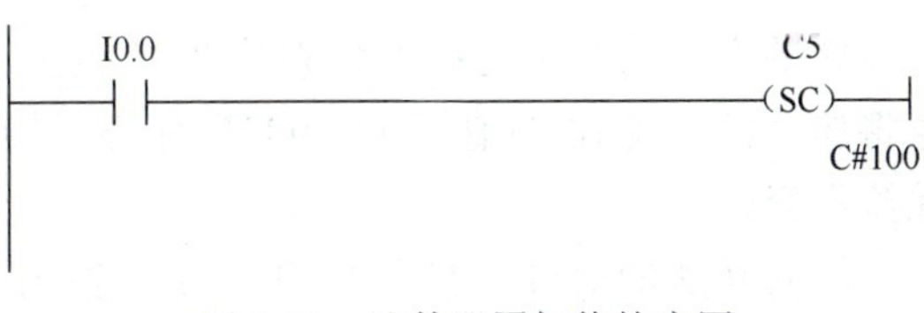


图 3-15　计数器置初值的应用

## 5. 加计数器线圈（CU）

加计数器线圈符号：

```
<C no.>
   (CU)
```

加计数器线圈相关参数说明如表 3-7 所示。

**表 3-7　加计数器线圈相关参数说明**

| 参数 | 数据类型 | 存储区域 | 说明 |
|---|---|---|---|
| <C no.> | COUNTER | C | 计数器标识号，范围与 CPU 有关 |

说明：---（CU）（加计数器线圈指令）在 RLO 出现上升沿并且计数器的值小于“999”时，则使指定计数器的值加“1”。如果在 RLO 没有出现上升沿，或者计数器的值已经为“999”，则计数器的值保持不变。

**加计数器线圈指令的应用举例**

例 5：分析如图 3-16 所示的梯形图。

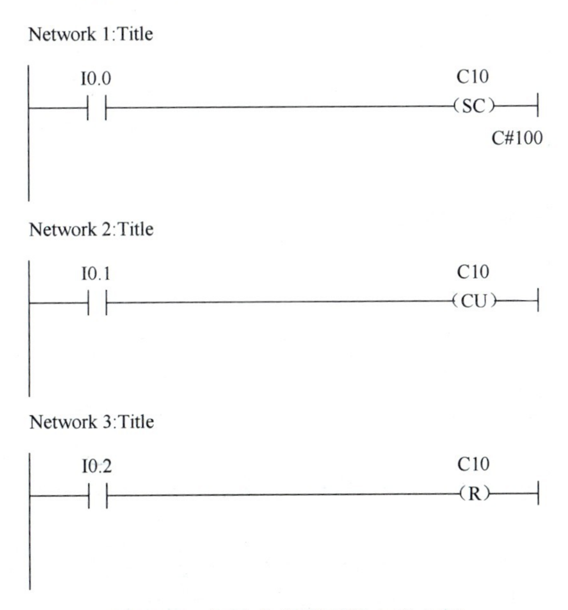


图 3-16　加计数器线圈指令的应用

如果输入端I0.0 的信号状态从“0”变为“1”（RLO 出现上升沿），则预置值“100”装入计数器 C10。

如果输入端I0.1的信号状态从“0”变为“1”（在RLO出现上升沿），则计数器C10的值将加“1”。C10的值等于“999”除外。如果在RLO没有出现上升沿，则计数器C10的值保持不变。

如果I0.2的信号状态为“1”，则计数器 C10 复位为“0”。

### 6. 减计数器线圈( CD )

减计数器线圈符号：

```
<C no.>
---(CD)
```

减计数器线圈相关参数说明如表3-8 所示。

表3-8　减计数器线圈相关参数说明

| 参数 | 数据类型 | 存储区域 | 说明 |
| --- | --- | --- | --- |
| <C no.> | COUNT ER | C | 计数器标识号，范围与CPU有关 |

说明：---（CD）（减计数器线圈指令）在RLO出现上升沿并且计数器的值大于“0”时，则使指定计数器的值减“1”。如果在RLO没有出现上升沿，或者计数器的值已经为“0”，则计数器的值保持不变。

#### 减计数器线圈指令的应用举例

例6：分析如图3-17所示的梯形图。

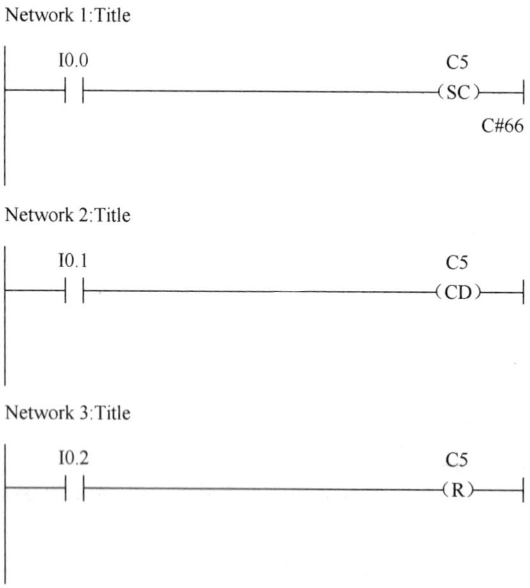

Network 1:Title

I0.0　C5　(SC)　C#66

Network 2:Title

I0.1　C5　(CD)

Network 3:Title

I0.2　C5　(R)

图3-17　减计数器线圈指令的应用

如果输入端 I0.0 的信号状态从“0”变为“1”（RLO 出现上升沿），则预置值“100”装入计数器 C5。

如果输入端 I0.1 的信号状态从“0”变为“1”（在 RLO 出现上升沿），则计数器 C5 的值将减“1”。C5 的值等于“0”除外。如果在 RLO 没有出现上升沿，则计数器 C5 的值保持不变。

如果 I0.2 的信号状态为“1”，则计数器 C5 复位为“0”。

## 3.2.2　转换指令

转换指令可以读取参数 IN 的内容，并进行转换或更改符号。其结果可以在参数 OUT 中查询

下述转换指令可供使用。

（1）BCD_I:　　BCD 码转换为整数。
（2）I_BCD:　　整数转换为 BCD 码。
（3）I_DI:　　整数转换为双整数。
（4）BCD_DI:　　BCD 码转换为双整数。
（5）DI_BCD:　　双整数转换为 BCD 码。
（6）DI_R:　　双整数转换为浮点数。
（7）INV_I:　　整数的二进制反码。
（8）INV_DI:　　双整数的二进制反码。
（9）NEG_I:　　整数的二进制补码。
（10）NEG_DI:　　双整数的二进制补码。
（11）NEG_R:　　浮点数求反。
（12）ROUND:　　舍入为双整数。
（13）TRUNC:　　舍去小数取整为双整数。
（14）CEIL:　　上取整。
（15）FLOOR:　　下取整。

### 1. BCD_I（BCD 码转换为整数）

BCD_I 符号如图 3-18 所示；BCD_I 相关参数说明如表 3-9 所示。

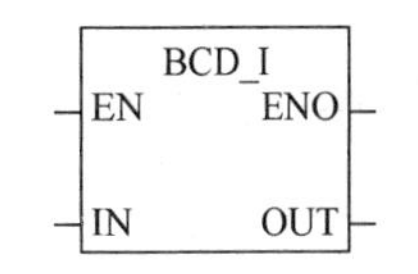


图 3-18　BCD_I 符号

表 3-9　BCD_I 相关参数说明

| 参数 | 数据类型 | 存储区域 | 说明 |
|---|---|---|---|
| EN | BOOL | I、Q、M、L、D | 使能输入 |
| ENO | BOOL | I、Q、M、L、D | 使能输出 |
| IN | WORD | I、Q、M、L、D | BCD 码 |
| OUT | INT | I、Q、M、L、D | BCD 码转换的整数 |

说明：BCD_I（BCD 码转换为整数指令）可以将输入参数 IN 的内容以三位数 BCD 代码（+/−999）读入，并将这个数转换成整数（16 位）。其整数结果可以由参数 OUT 输出。ENO 和 EN 总是具有相同的信号状态。

### BCD_I 指令的应用举例

例 7：分析如图 3-19 所示的梯形图。

如果输入 I0.0 的值为“1”，则 MW10 的内容作为三位 BCD 代码（+/− 999）读取，并转换为一个整数。其结果保存在 MW12 中。如果不执行转换（ENO =EN= 0），则输出 Q4.0 为“1”。

### 2．I_BCD（整数转换为 BCD 码）

I_BCD 符号如图 3-20 所示。

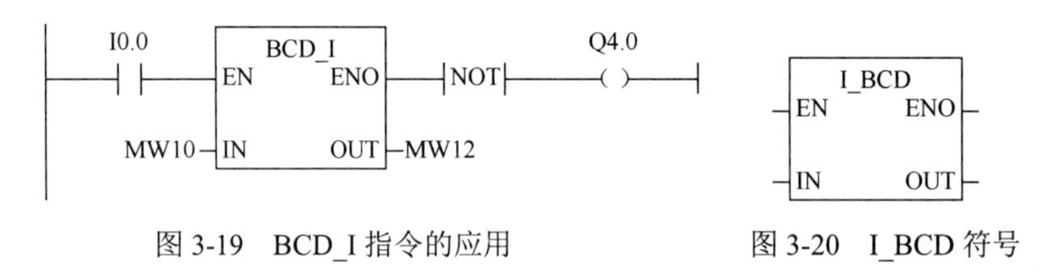


图 3-19　BCD_I 指令的应用　　图 3-20　I_BCD 符号

I_BCD 相关参数说明如表 3-10 所示。

**表 3-10　I_BCD 相关参数说明**

| 参数 | 数据类型 | 存储区域 | 说明 |
|---|---|---|---|
| EN | BOOL | I、Q、M、L、D | 使能输入 |
| ENO | BOOL | I、Q、M、L、D | 使能输出 |
| IN | INT | I、Q、M、L、D | 整数 |
| OUT | WORD | I、Q、M、L、D | 整数的 BCD 码 |

说明：I_BCD（整数转换为 BCD 码指令）可以将输入参数 IN 的内容以整数（16 位）读出，并转换为一个三位数 BCD 代码（+/−999）。其结果可以由参数 OUT 输出。如果产生上溢，则 ENO 为“0”。

### I_BCD 指令的应用举例

例 8：分析如图 3-21 所示的梯形图。

如果输入端 I0.0 的值为“1”，则 MW10 的内容作为整数读入，并转换为一个三位 BCD 码。其结果保存在 MW12 中。若产生上溢或没有执行指令（I0.0 = 0），则输出 Q4.0 为“1”。

### 3．I_DI（整数转换为双整数）

I_DI 符号如图 3-22 所示。

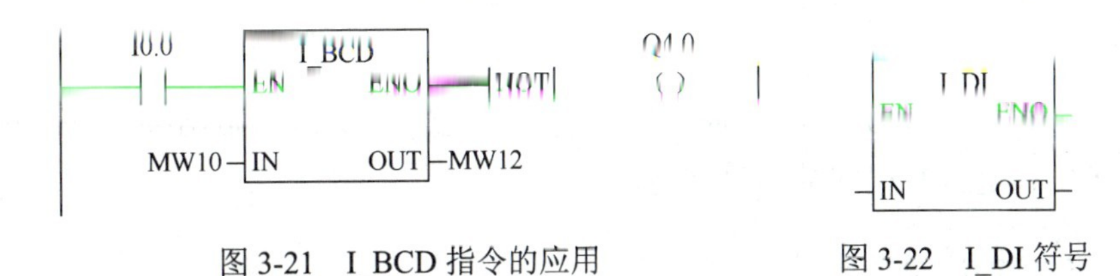


图 3-21　I_BCD 指令的应用　　图 3-22　I_DI 符号

I_DI 相关参数说明如表 3-11 所示。

**表 3-11　I_DI 相关参数说明**

| 参数 | 数据类型 | 存储区域 | 说明 |
|---|---|---|---|
| EN | BOOL | I、Q、M、L、D | 使能输入 |
| ENO | BOOL | I、Q、M、L、D | 使能输出 |
| IN | INT | I、Q、M、L、D | 要转换的整数 |
| OUT | DINT | I、Q、M、L、D | 双整数结果 |

说明：I_DI（整数转换为双整数指令）可以将输入参数 IN 的内容以整数（16 位）读出，并转换为一个双整数（32 位）。其结果可以由参数 OUT 输出。ENO 和 EN 总是具有相同的信号状态。

### I_DI 指令的应用举例

例 9：分析如图 3-23 所示的梯形图。

如果 I0.0 的值为“1”，则 MW10 的内容作为整数读入，并转换为一个双整数。其结果保存在 MD12 中。如果不执行转换（ENO = EN = 0），则输出 Q4.0 为“1”。

### 4．BCD_DI（BCD 码转换为双整数）

BCD_DI 符号如图 3-24 所示。

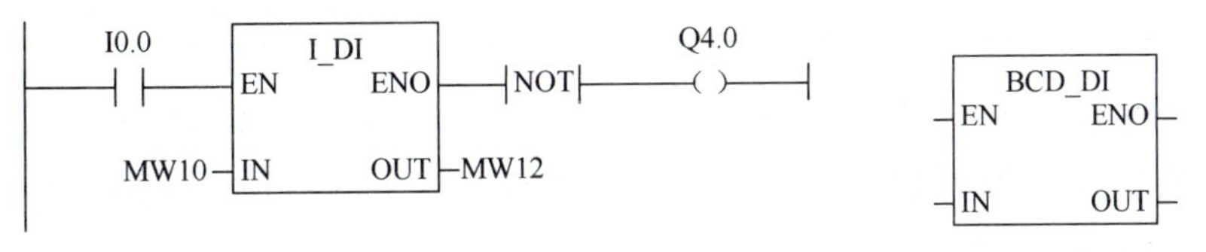


图 3-23　I_DI 指令的应用　　图 3-24　BCD_DI 符号

BCD_DI 相关参数说明如表 3-12 所示。

**表 3-12　BCD_DI 相关参数说明**

| 参数 | 数据类型 | 存储区域 | 说明 |
|---|---|---|---|
| EN | BOOL | I、Q、M、L、D | 使能输入 |
| ENO | BOOL | I、Q、M、L、D | 使能输出 |
| IN | DWORD | I、Q、M、L、D | BCD 码 |
| OUT | DINT | I、Q、M、L、D | 由 BCD 码转换的双整数 |

说明：BCD_DI（BCD 码转换为双整数指令）可以将输入参数 IN 的内容以 7 位数 BCD 代码（+/−9999999）读入，并将它转换为双整数（32 位）。其双整数结果可以由参数 OUT 输出。ENO 和 EN 总是具有相同的信号状态。

### BCD_DI 指令的应用举例

例 10：分析如图 3-25 所示的梯形图。

如果 I0.0 的值为“1”，则 MD8 的内容作为 7 位 BCD 代码读取，并转换为一个双整数。其结果保存在 MD12 中。如果不执行转换（ENO = EN = 0），则输出 Q4.0 为“1”。

### 5. DI_BCD（双整数转换为 BCD 码）

DI_BCD 符号如图 3-26 所示。

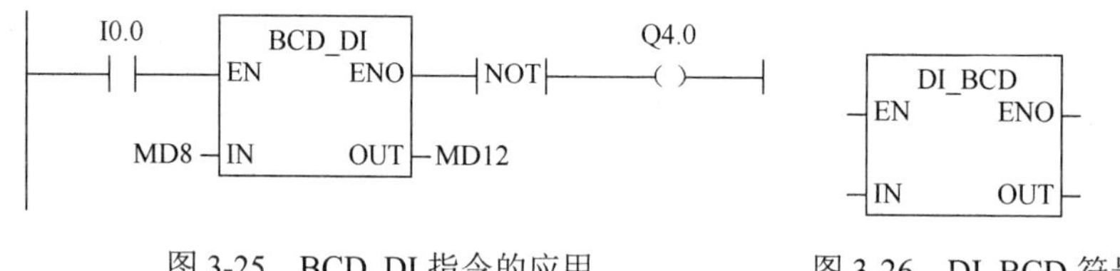


图 3-25 BCD_DI 指令的应用　　图 3-26 DI_BCD 符号

DI_BCD 相关参数说明如表 3-13 所示。

表 3-13 DI_BCD 相关参数说明

| 参数 | 数据类型 | 存储区域 | 说明 |
|---|---|---|---|
| EN | BOOL | I、Q、M、L、D | 使能输入 |
| ENO | BOOL | I、Q、M、L、D | 使能输出 |
| IN | DINT | I、Q、M、L、D | 双整数 |
| OUT | DWORD | I、Q、M、L、D | 双整数的 BCD 码 |

说明：DI_BCD（双整数转换为 BCD 码指令）可以将输入参数 IN 的内容以双整数（32 位）读出，并转换为一个 7 位数 BCD 代码（+/−9999999）。其结果可以由参数 OUT 输出。如果产生上溢，则 ENO 为“0”。

### DI_BCD 指令的应用举例

例 11：分析如图 3-27 所示的梯形图。

如果 I0.0 的值为“1”，则 MD8 的内容作为双整数读取，并转换成一个 7 位 BCD 码。其结果保存在 MD12 中。若产生上溢或没有执行指令（I0.0 = 0），则输出 Q4.0 为“1”。

### 6. DI_R（双整数转换为浮点数）

DI_R 符号如图 3-28 所示。

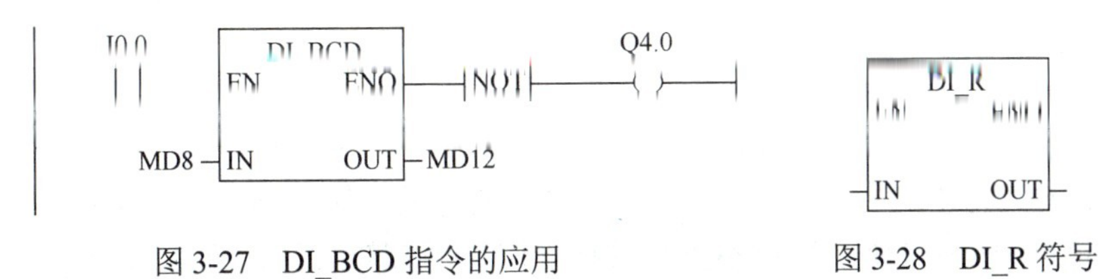


图 3-27　DI_BCD 指令的应用　　　　图 3-28　DI_R 符号

DI_R 相关参数说明如表 3-14 所示。

表 3-14　DI_R 相关参数说明

| 参数 | 数据类型 | 存储区域 | 说明 |
|---|---|---|---|
| EN | BOOL | I、Q、M、L、D | 使能输入 |
| ENO | BOOL | I、Q、M、L、D | 使能输出 |
| IN | DINT | I、Q、M、L、D | 要转换的双整数 |
| OUT | REAL | I、Q、M、L、D | 浮点数结果 |

说明：DI_R（双整数转换为浮点数指令）可以将输入参数 IN 的内容以双整数读出，并将它转换为一个浮点数。其结果可以由参数 OUT 输出。ENO 和 EN 总是具有相同的信号状态。

**DI_R 指令的应用举例**

例 12：分析如图 3-29 所示的梯形图。

如果 I0.0 的值为“1”，则 MD8 的内容作为双整数读取，并转换为一个浮点数。其结果保存在 MD12 中。如果不执行转换（ENO = EN = 0），则输出 Q4.0 为“1”。

### 7. INV_I（整数的二进制反码）

INV_I 符号如图 3-30 所示。

图 3-29　DI_R 指令的应用　　　　图 3-30　INV_I 符号

INV_I 相关参数说明如表 3-15 所示。

表 3-15　INV_I 相关参数说明

| 参数 | 数据类型 | 存储区域 | 说明 |
|---|---|---|---|
| EN | BOOL | I、Q、M、L、D | 使能输入 |
| ENO | BOOL | I、Q、M、L、D | 使能输出 |
| IN | INT | I、Q、M、L、D | 整数输入值 |
| OUT | INT | I、Q、M、L、D | 整数 IN 的二进制反码 |

说明：INV_I（整数的二进制反码指令）可以读取输入参数 IN 中的内容，并使用十六进制掩码 W#16#FFFF 执行布尔逻辑异或 XOR 功能。因此，该指令每一位均变为相反值。ENO 和 EN 总是具有相同的信号状态。

### INV_I 指令的应用举例

例 13：分析如图 3-31 所示的梯形图。

如果 I0.0 的值为“1”，则 MW8 的每一位均被取反，如 MW8 = 01000001 10000001 → MW10 = 10111110 01111110。如果不执行转换（ENO = EN = 0），则输出 Q4.0 为“1”。

### 8. INV_DI（双整数的二进制反码）

INV_DI 符号如图 3-32 所示。

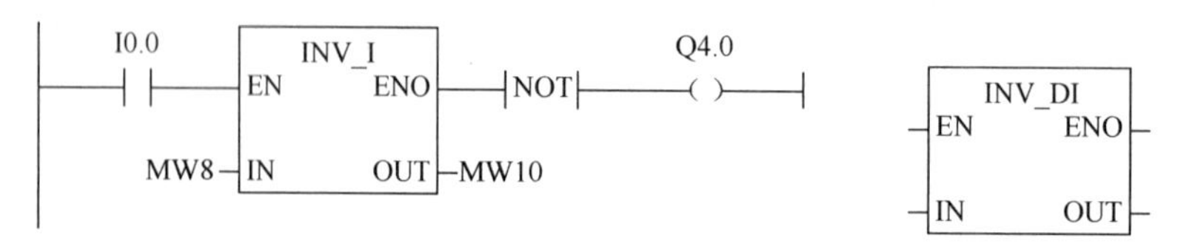


图 3-31　INV_I 指令的应用　　　　图 3-32　INV_DI 符号

INV_DI 相关参数说明如表 3-16 所示。

表 3-16　INV_DI 相关参数说明

| 参数 | 数据类型 | 存储区域 | 说明 |
| --- | --- | --- | --- |
| EN | BOOL | I、Q、M、L、D | 使能输入 |
| ENO | BOOL | I、Q、M，L、D | 使能输出 |
| IN | DINT | I、Q、M、L、D | 双整数输入值 |
| OUT | DINT | I、Q、M、L、D | 双整数 IN 的二进制反码 |

说明：INV_DI（双整数的二进制反码指令）可以读取输入参数 IN 中的内容，并使用十六进制掩码 W#16#FFFF 执行布尔逻辑异或（XOR）功能。因此，该指令每一位均变为相反值。ENO 和 EN 总是具有相同的信号状态。

### INV_DI 指令的应用举例

例 14：分析如图 3-33 所示的梯形图。

如果 I0.0 的值为“1”，则 MD8 的每一位均被取反，如 MD8 = F0FF FFF0→MD12 = 0F00 000F。如果不执行转换（ENO = EN = 0），则输出 Q4.0 为“1”。

### 9. NEG_I（整数的二进制补码）

NEG_I 符号如图 3-34 所示。

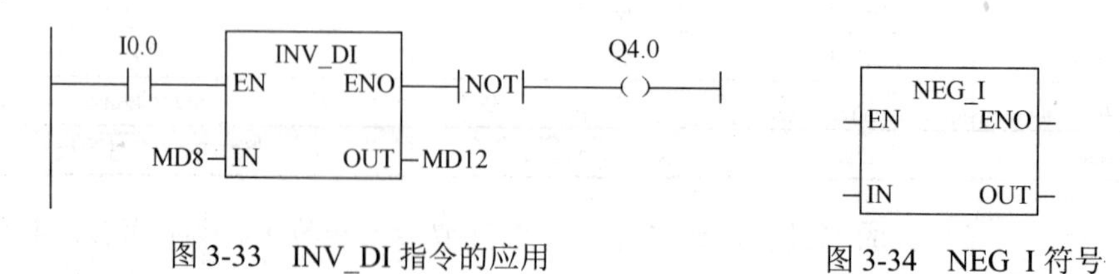


图 3-33　INV_DI 指令的应用　　　　图 3-34　NEG_I 符号

NEG_I 相关参数说明如表 3-17 所示。

表 3-17　NEG_I 相关参数说明

| 参数 | 数据类型 | 存储区域 | 说明 |
|---|---|---|---|
| EN | BOOL | I、Q、M、L、D | 使能输入 |
| ENO | BOOL | I、Q、M、L、D | 使能输出 |
| IN | INT | I、Q、M、L、D | 整数输入值 |
| OUT | INT | I、Q、M、L、D | 整数 IN 的二进制补码 |

说明：NEG_I（整数的二进制补码指令）可以读取输入参数 IN 中的内容，并执行二进制补码操作。二进制补码指令相当于乘以（-1），并改变其符号（如从一个正值变为负值）。ENO 和 EN 总是具有相同的信号状态，以下例外：如果 EN 的信号状态为“1”，并发生上溢，则 ENO 的信号状态为“0”。

### NEG_I 指令的应用举例

例 15：分析如图 3-35 所示的梯形图。

如果 I0.0 的值为“1”，则 MW8 的数值连同相反符号由 OUT 参数输出到 MW10，如 MW8 = +10，则 MW10 = -10。如果不执行转换（ENO = EN = 0），则输出 Q4.0 为“1”。如果 EN 的信号状态为“1”，并发生上溢，则 ENO 的信号状态为“0”。

### 10. NEG_DI（双整数的二进制补码）

NEG_DI 符号如图 3-36 所示。

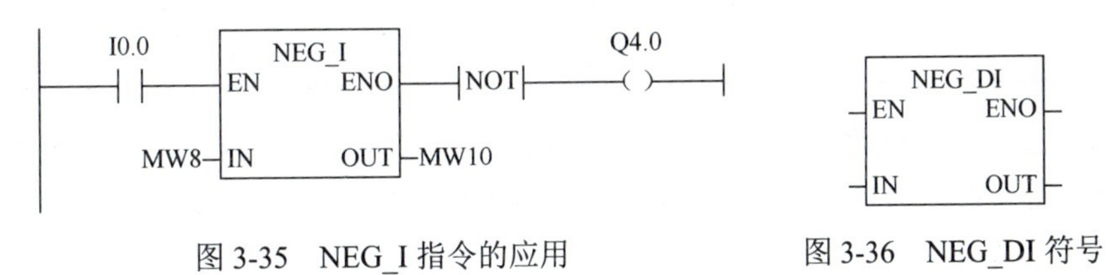


图 3-35　NEG_I 指令的应用　　图 3-36　NEG_DI 符号

NEG_DI 相关参数说明如表 3-18 所示。

表 3-18　NEG_DI 相关参数说明

| 参数 | 数据类型 | 存储区域 | 说明 |
|---|---|---|---|
| EN | BOOL | I、Q、M、L、D | 使能输入 |
| ENO | BOOL | I、Q、M、L、D | 使能输出 |
| IN | DINT | I、Q、M、L、D | 双整数输入值 |
| OUT | DINT | I、Q、M、L、D | 双整数 IN 的二进制补码 |

说明：NEG_DI（双整数的二进制补码指令）可以读取输入参数 IN 中的内容，并执行二进制补码操作。二进制补码指令相当于乘以（-1），并改变其符号（如从一个正值变为负值）。ENO 和 EN 总是具有相同的信号状态，以下例外：如果 EN 的信号状态为“1”，并发生上溢，则 ENO 的信号状态为“0”。

### NEG_DI 指令的应用举例

例 16：分析如图 3-37 所示的梯形图。

如果 I0.0 的值为“1”，则 MD8 的数值连同相反符号由 OUT 参数输出到 MD12，如 MD8 = + 1000→MD12 = −1000。如果不执行转换（ENO = EN = 0），则输出 Q4.0 为“1”。如果 EN 的信号状态为“1”，并发生上溢，则 ENO 的信号状态为“0”。

### 11. NEG_R（浮点数求反）

NEG_R 符号如图 3-38 所示。

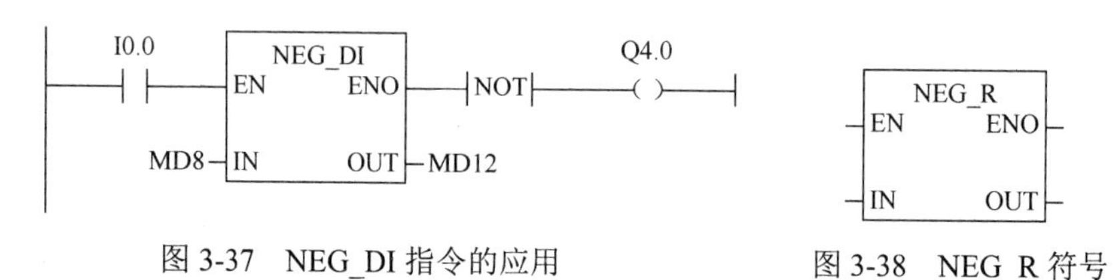


图 3-37　NEG_DI 指令的应用　　　图 3-38　NEG_R 符号

NEG_R 相关参数说明如表 3-19 所示。

表 3-19　NEG_R 相关参数说明

| 参数 | 数据类型 | 存储区域 | 说明 |
|---|---|---|---|
| EN | BOOL | I、Q、M、L、D | 使能输入 |
| ENO | BOOL | I、Q、M、L、D | 使能输出 |
| IN | REAL | I、Q、M、L、D | 浮点数输入值 |
| OUT | REAL | I、Q、M、L、D | 带有负号的浮点数 IN |

说明：NEG_R（浮点数求反指令）可以读取输入参数 IN 中的内容，并改变其符号。浮点数求反指令相当于乘以（−1），并改变其符号（如从一个正值变为负值）。ENO 和 EN 总是具有相同的信号状态。

### NEG_R 指令的应用举例

例 17：分析如图 3-39 所示的梯形图。

如果 I0.0 的值为“1”，则 MD8 的数值连同相反符号由 OUT 参数输出到 MD12，如 MD8 = +6.234 →MD12 =−6.234。

如果不执行转换（ENO = EN = 0），则输出 Q4.0 为“1”。

### 12. ROUND（舍入为双整数）

ROUND 符号如图 3-40 所示。

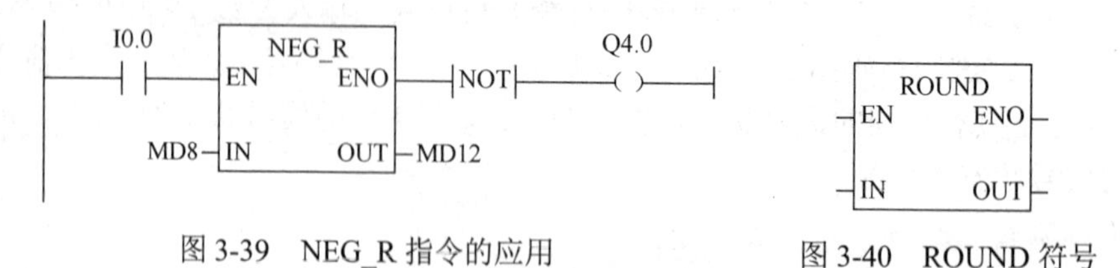


图 3-39　NEG_R 指令的应用　　　图 3-40　ROUND 符号

ROUND 相关参数说明如表 3-20 所示。

表 3-20　ROUND 相关参数说明

| 参数 | 数据类型 | 存储区域 | 说明 |
| --- | --- | --- | --- |
| EN | BOOL | I、Q、M、L、D | 使能输入 |
| ENO | BOOL | I、Q、M、L、D | 使能输出 |
| IN | REAL | I、Q、M、L、D | 要舍入的值 |
| OUT | DINT | I、Q、M、L、D | 将 IN 舍入为最接近的整数 |

说明：ROUND（舍入为双整数指令）可以将输入参数 IN 的内容以浮点数读入，并将它转换为一个双整数（32 位）。其结果为与输入数据最接近的整数（“最接近舍入”）。如果浮点数介于两个整数之间，则返回偶数。其结果可以由参数 OUT 输出。如果产生上溢，则 ENO 为“0”。

ROUND 指令的应用举例

例 18：分析如图 3-41 所示的梯形图。

如果 I0.0 的值为“1”，则 MD8 的内容作为浮点数读取，并转换为最接近的双整数。该“最接近舍入”的结果保存在 MD12 中。若产生上溢或没有执行指令（I0.0＝0），则输出 Q4.0 为“1”。

13. TRUNC（舍去小数取整为双整数）

TRUNC 符号如图 3-42 所示。

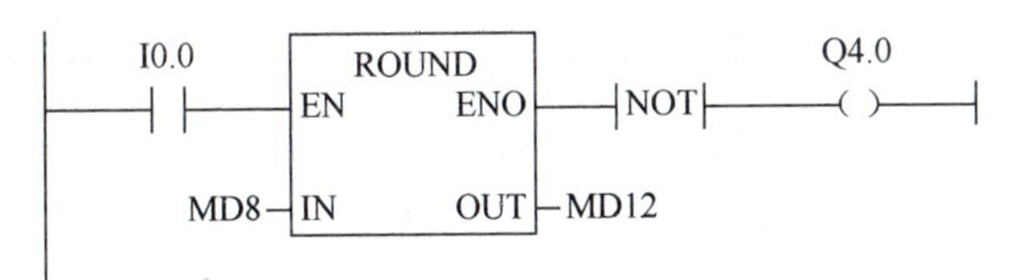


图 3-41　ROUND 指令的应用

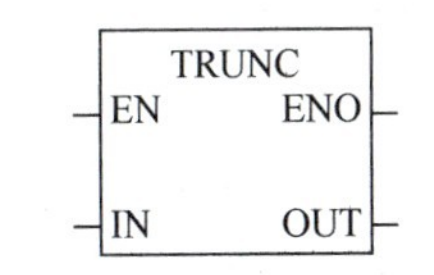


图 3-42　TRUNC 符号

TRUNC 相关参数说明如表 3-21 所示。

表 3-21　TRUNC 相关参数说明

| 参数 | 数据类型 | 存储区域 | 说明 |
| --- | --- | --- | --- |
| EN | BOOL | I、Q、M、L、D | 使能输入 |
| ENO | BOOL | I、Q、M、L、D | 使能输出 |
| IN | REAL | I、Q、M、L、D | 要转换的浮点数 |
| OUT | DINT | I、Q、M、L、D | IN 值的整数部分 |

说明：TRUNC（舍去小数取整为双整数指令）可以将输入参数 IN 的内容以浮点数读入，并将它转换为一个双整数（32 位）。（“舍入到零方式”）其双整数结果可以由参数 OUT 输出。如果产生溢出，则 ENO 为“0”。

### TRUNC 指令的应用举例

例 19：分析如图 3-43 所示的梯形图。

如果 I0.0 的值为“1”，则 MD8 的内容作为实数读取，并转换为一个双整数。结果是浮点数的整数部分，并保存在 MD12 中。若产生上溢或没有执行指令（I0.0 = 0），则输出 Q4.0 为“1”。

### 14. CEIL（上取整）

CEIL 符号如图 3-44 所示。

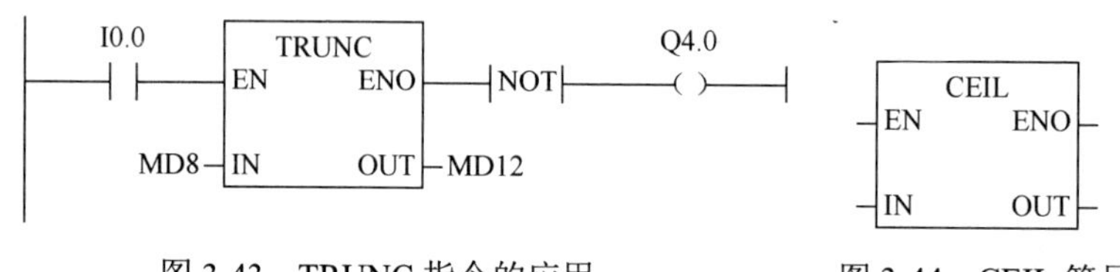


图 3-43　TRUNC 指令的应用　　图 3-44　CEIL 符号

CEIL 相关参数说明如表 3-22 所示。

表 3-22　CEIL 相关参数说明

| 参数 | 数据类型 | 存储区域 | 说明 |
|---|---|---|---|
| EN | BOOL | I、Q、M、L、D | 使能输入 |
| ENO | BOOL | I、Q、M、L、D | 使能输出 |
| IN | REAL | I、Q、M、L、D | 要转换的浮点数 |
| OUT | DINT | I、Q、M、L、D | 最接近的较大双整数 |

说明：CEIL（上取整指令）可以将输入参数 IN 的内容以浮点数读入，并将它转换为一个双整数（32 位）。其结果为与输入数据最接近、大于浮点数的整数（“向正无穷大舍入”）。如果产生上溢，则 ENO 为“0”。

### CEIL 指令的应用举例

例 20：分析如图 3-45 所示的梯形图。

如果 I0.0 的值为“1”，则 MD8 的内容作为浮点数读入，并使用 Round 功能转换为一个双整数。其结果保存在 MD12 中。若产生上溢或没有执行指令（I0.0 = 0），则输出 Q4.0 为“1”。

### 15. FLOOR（下取整）

FLOOR 符号如图 3-46 所示。

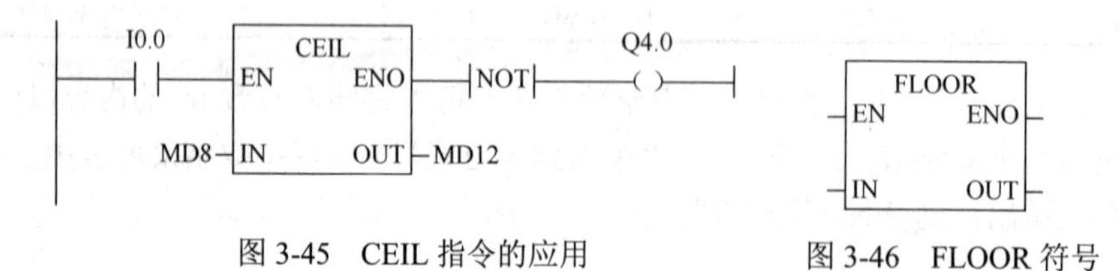


图 3-45　CEIL 指令的应用　　图 3-46　FLOOR 符号

FLOOR 相关参数说明如表 3-23 所示。

表 3-23　FLOOR 相关参数说明

| 参数 | 数据类型 | 存储区域 | 说明 |
| --- | --- | --- | --- |
| EN | BOOL | I、Q、M、L、D | 使能输入 |
| ENO | BOOL | I、Q、M、L、D | 使能输出 |
| IN | REAL | I、Q、M、L、D | 要转换的浮点数 |
| OUT | DINT | I、Q、M、L、D | 最接近的较小双整数 |

说明：FLOOR（下取整指令）可以将输入参数 IN 的内容以浮点数读入，并将它转换为一个双整数（32 位）。其结果为与输入数据的整数部分最接近、小于浮点数的整数（"向负无穷大舍入"）。如果产生上溢，则 ENO 为"0"。

FLOOR 指令的应用举例

例 21：分析如图 3-47 所示的梯形图。

如果 I0.0 的值为"1"，则 MD8 的内容作为浮点数读取，并通过向负无穷大舍入方式转换为一个双整数。其结果保存在 MD12 中。若产生上溢或没有执行指令（I0.0 = 0），则输出 Q4.0 为"1"。

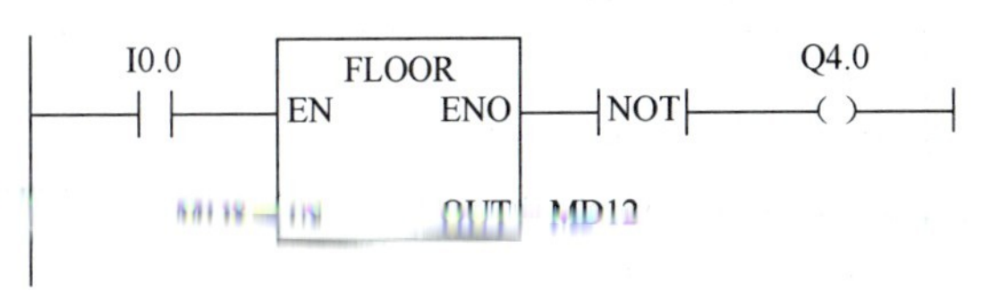


图 3-47　FLOOR 指令的应用

## 3.2.3　算术指令

### 1. 整数算术运算指令

使用整数算术运算指令，可以进行以下两个整数（16 位和 32 位）之间的运算。

（1）ADD_I：整数加法。

（2）SUB_I：整数减法。

（3）MUL_I：整数乘法。

（4）DIV_I：整数除法。

（5）ADD_DI：双整数加法。

（6）SUB_DI：双整数减法。

（7）MUL_DI：双整数乘法。

（8）DIV_DI：双整数除法。

（9）MOD_DI：回送余数的双整数。

整数算术运算指令可以影响以下状态字中的位：CC1 和 CC0，OV 和 OS。表 3-24～表 3-26 所示的是使用了整数（16 位和 32 位）运算指令结果的状态字中各位的信号状态。

表 3-24　使用了整数（16 位和 32 位）运算指令结果的状态字中各位的信号状态表 1

| 有效的结果范围 | CC1 | CC0 | OV | OS |
|---|---|---|---|---|
| 0（零） | 0 | 0 | 0 | * |
| 16 位：-32768 ≤结果< 0（负数）<br>32 位：-2147483648 ≤结果< 0（负数） | 0 | 1 | 0 | * |
| 16 位：32767　≥结果> 0（正数）<br>32 位：2147483647 ≥结果> 0（正数） | 1 | 0 | 0 | * |

*.OS 位不受指令结果的影响。

表 3-25　使用了整数（16 位和 32 位）运算指令结果的状态字中各位的信号状态表 2

| 无效的结果范围 | A1 | A0 | OV | OS |
|---|---|---|---|---|
| 上溢（加法）<br>16 位：结果=-65536<br>32 位：结果=-4294967296 | 0 | 0 | 1 | 1 |
| 上溢（乘法）<br>16 位：结果<-32768（负数）<br>32 位：结果<-2147483648（负数） | 0 | 1 | 1 | 1 |
| 上溢（加法，减法）<br>16 位：结果>32767（正数）<br>32 位：结果>2147483647（正数） | 0 | 1 | 1 | 1 |
| 上溢（乘法、除法）<br>16 位：结果>32767（正数）<br>32 位：结果>2147483647（正数） | 1 | 0 | 1 | 1 |
| 下溢（加法、减法）<br>16 位：结果<-32768（负数）<br>32 位：结果<-2147483648（负数） | 1 | 0 | 1 | 1 |
| 被 0 除 | 1 | 1 | 1 | 1 |

表 3-26　使用了整数（16 位和 32 位）运算指令结果的状态字中各位的信号状态表 3

| 运算 | A1 | A0 | OV | OS |
|---|---|---|---|---|
| +D：结果=-4294967296 | 0 | 0 | 1 | 1 |
| /D 或 MOD：被 0 除 | 1 | 1 | 1 | 1 |

（1）ADD_I（整数加法）

ADD_I 符号如图 3-48 所示，ADD_I 整数加法相关参数说明如表 3-27 所示。

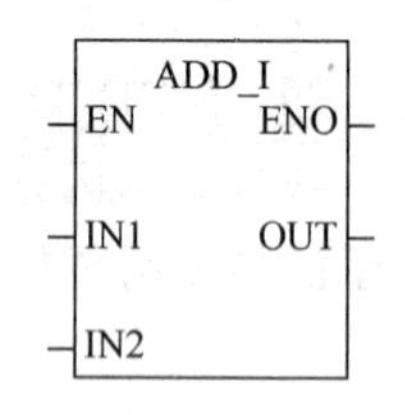


图 3-48　ADD_I 符号

**表 3-27　ADD_I 整数加法相关参数说明**

| 参数 | 数据类型 | 存储区域 | 说明 |
|---|---|---|---|
| EN | BOOL | I、Q、M、L、D | 使能输入 |
| ENO | BOOL | I、Q、M、L、D | 使能输出 |
| IN1 | INT | I、Q、M、L、D 或常数 | 相加的第一个值 |
| IN2 | INT | I、Q、M、L、D 或常数 | 相加的第二个值 |
| OUT | INT | I、Q、M、L、D | 相加的结果 |

说明：ADD_I（整数加法指令）可以由使能（EN）输入端的逻辑“1”信号激活。该指令可以使输入 IN1 和 IN2 相加，并在 OUT 扫描运算结果。如果结果在整数（16 位）的允许范围之外，则 OV 位和 OS 位为“1”，并且 ENO 为逻辑“0”，以防止执行通过 ENO 相连（级联布置）的该算术运算方块之后的其他功能。

**ADD_I 指令的应用举例**

例 22：分析如图 3-49 所示的梯形图。

如果 I0.0 的值为“1”，则 ADD_I 方块激活。MW0+MW2 的结果放入 MW10 中。如果结果在整数的允许范围之外，则输出 Q4.0 置位。

（2）SUB_I（整数减法）

SUB_I 符号如图 3-50 所示。

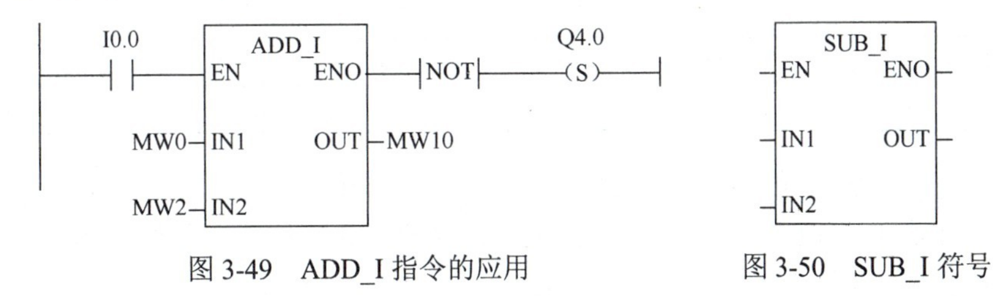


图 3-49　ADD_I 指令的应用　　　图 3-50　SUB_I 符号

SUB_I 整数减法相关参数说明如表 3-28 所示。

**表 3-28　SUB_I 整数减法相关参数说明表**

| 参数 | 数据类型 | 存储区域 | 说明 |
|---|---|---|---|
| EN | BOOL | I、Q、M、L、D | 使能输入 |
| ENO | BOOL | I、Q、M、L、D | 使能输出 |
| IN1 | INT | I、Q、M、L、D 或常数 | 被减数 |
| IN2 | INT | I、Q、M、L、D 或常数 | 减数 |
| OUT | INT | I、Q、M、L、D | 相减的结果 |

说明：SUB_I（整数减法指令）可以由使能（EN）输入端的逻辑“1”信号激活。该指令可以使输入 IN1 减去 IN2，并在 OUT 扫描运算结果。如果结果在整数（16 位）的允许范围之外，则 OV 位和 OS 位为“1”，并且 ENO 为逻辑“0”，以防止执行通过 ENO 相连（级联布置）的该算术运算方块之后的其他功能。

### SUB_I 指令的应用举例

例 23：分析如图 3-51 所示的梯形图。

如果 I0.0 的值为“1”，则 SUB_I 方块激活。MW0 – MW2 的结果放入 MW10 中。如果结果在整数的允许范围之外或输入 I0.0 的值为“0”，则输出 Q4.0 置位。

（3）MUL_I（整数乘法）

MUL_I 符号如图 3-52 所示。

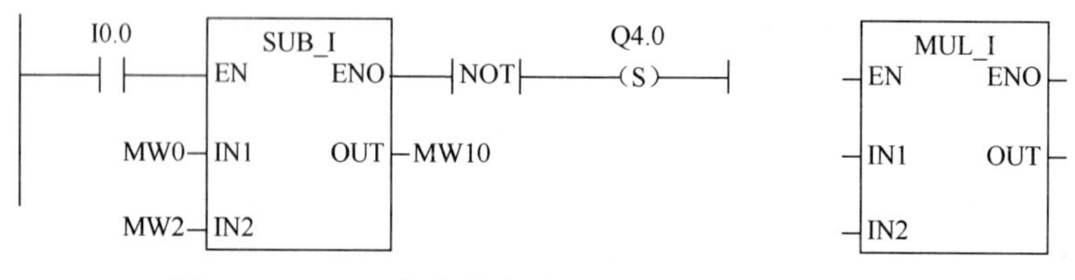


图 3-51　SUB_I 指令的应用　　　　图 3-52　MUL_I 符号

MUL_I 整数乘法相关参数说明如表 3-29 所示。

**表 3-29　MUL_I 整数乘法相关参数说明**

| 参数 | 数据类型 | 存储区域 | 说明 |
|---|---|---|---|
| EN | BOOL | I、Q、M、L、D | 使能输入 |
| ENO | BOOL | I、Q、M、L、D | 使能输出 |
| IN1 | INT | I、Q、M、L、D 或常数 | 被乘数 |
| IN2 | INT | I、Q、M、L、D 或常数 | 乘数 |
| OUT | INT | I、Q、M、L、D | 相乘的结果 |

说明：MUL_I（整数乘法指令）可以由使能（EN）输入端的逻辑“1”信号激活。该指令可以使输入 IN1 和 IN2 相乘，并在 OUT 扫描运算结果。如果结果在整数（16 位）的允许范围之外，则 OV 位和 OS 位为“1”，并且 ENO 为逻辑“0”，以防止执行通过 ENO 相连（级联布置）的该算术运算方块之后的其他功能。

### MUL_I 指令的应用举例

例 24：分析如图 3-53 所示的梯形图。

如果 I0.0 的值为“1”，则 MUL_I 方块激活。MW0×MW2 的结果放入 MD10 中。如果结果在整数的允许范围之外，则输出 Q4.0 置位。

（4）DIV_I（整数除法）

DIV_I 符号如图 3-54 所示。

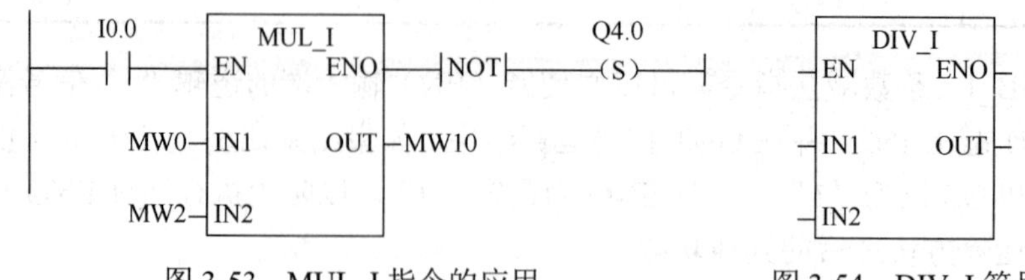


图 3-53　MUL_I 指令的应用　　　　图 3-54　DIV_I 符号

DIV_I 整数除法相关参数说明如表 3-30 所示。

表 3-30　DIV_I 整数除法相关参数说明

| 参数 | 数据类型 | 存储区域 | 说明 |
| --- | --- | --- | --- |
| EN | BOOL | I、Q、M、L、D | 使能输入 |
| ENO | BOOL | I、Q、M、L、D | 使能输出 |
| IN1 | INT | I、Q、M、L、D 或常数 | 被除数 |
| IN2 | INT | I、Q、M、L、D 或常数 | 除数 |
| OUT | INT | I、Q、M、L、D | 相除的结果 |

说明：DIV_I（整数除法指令）可以由使能（EN）输入端的逻辑“1”信号激活。该指令可以使输入 IN1 被 IN2 除，并在 OUT 扫描运算结果。如果结果在整数（16 位）的允许范围之外，则 OV 位和 OS 位为“1”，并且 ENO 为逻辑“0”，以防止执行通过 ENO 相连（级联布置）的该算术运算方块之后的其他功能。

DIV_I 指令的应用举例

例 15：分析如图 3-55 所示的梯形图。

如果 I0.0 的值为“1”，则 DIV_I 方块激活。MW0 被 MW2 除的结果放入 MW10 中。如果结果在整数的允许范围之外，则输出 Q4.0 置位。

（5）ADD_DI（双整数加法）

ADD_DI 符号如图 3-56 所示。

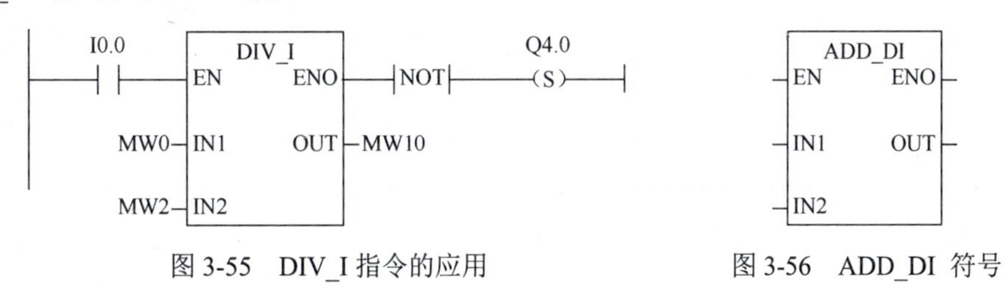


图 3-55　DIV_I 指令的应用　　　图 3-56　ADD_DI 符号

ADD_DI 双整数加法相关参数说明如表 3-31 所示。

表 3-31　ADD_DI 双整数加法相关参数说明

| 参数 | 数据类型 | 存储区域 | 说明 |
| --- | --- | --- | --- |
| EN | BOOL | I、Q、M、L、D | 使能输入 |
| ENO | BOOL | I、Q、M、L、D | 使能输出 |
| IN1 | DINT | I、Q、M、L、D 或常数 | 相加的第一个值 |
| IN2 | DINT | I、Q、M、L、D 或常数 | 相加的第二个值 |
| OUT | DINT | I、Q、M、L、D | 相加的结果 |

说明：ADD_DI（双整数加法指令）可以由使能（EN）输入端的逻辑“1”信号激活。该指令可以使输入 IN1 和 IN2 相加，并在 OUT 扫描运算结果。如果结果在双整数（32 位）的

允许范围之外，则 OV 位和 OS 位为“1”，并且 ENO 为逻辑“0”，以防止执行通过 ENO 相连（级联布置）的该算术运算方块之后的其他功能。

### ADD_DI 指令的应用举例

例 26：分析如图 3-57 所示的梯形图。

如果 I0.0 的值为“1”，则 ADD_DI 方块激活。MD0 + MD4 的结果放入 MD10 中。如果结果在双整数的允许范围之外，则输出 Q4.0 置位。

（6）SUB_DI（双整数减法）

SUB_DI 符号如图 3-58 所示。

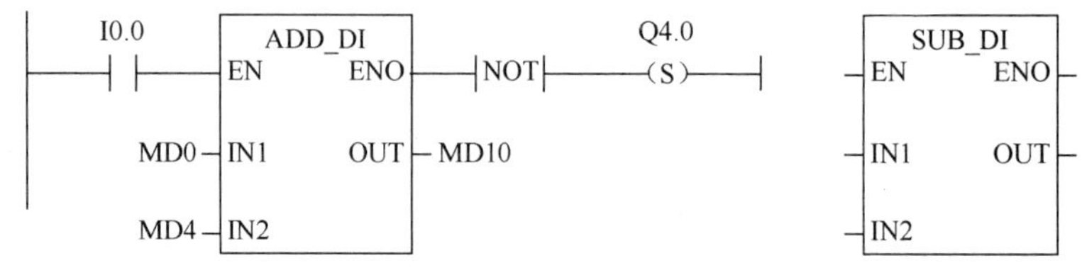


图 3-57　ADD_DI 指令的应用　　　图 3-58　SUB_DI 符号

SUB_DI 双整数减法相关参数说明如表 3-32 所示。

表 3-32　SUB_DI 双整数减法相关参数说明

| 参数 | 数据类型 | 存储区域 | 说明 |
|---|---|---|---|
| EN | BOOL | I、Q、M、L、D | 使能输入 |
| ENO | BOOL | I、Q、M、L、D | 使能输出 |
| IN1 | DINT | I、Q、M、L、D 或常数 | 被减数 |
| IN2 | DINT | I、Q、M、L、D 或常数 | 减数 |
| OUT | DINT | I、Q、M、L、D | 相减的结果 |

说明：SUB_DI（双整数减法指令）可以由使能（EN）输入端的逻辑“1”信号激活。该指令可以使输入 IN1 减去 IN2，并在 OUT 扫描运算结果。如果结果在双整数（32 位）的允许范围之外，则 OV 位和 OS 位为“1”，并且 ENO 为逻辑“0”，以防止执行通过 ENO 相连（级联布置）的该算术运算方块之后的其他功能。

### SUB_DI 指令的应用举例

例 27：分析如图 3-59 所示的梯形图。

如果 I0.0 的值为“1”，则 SUB_DI 方块激活。MD0 – MD4 的结果放入 MD10 中。如果结果在双整数的允许范围之外，则输出 Q4.0 置位。

（7）MUL_DI（双整数乘法）

MUL_DI 符号如图 3-60 所示。

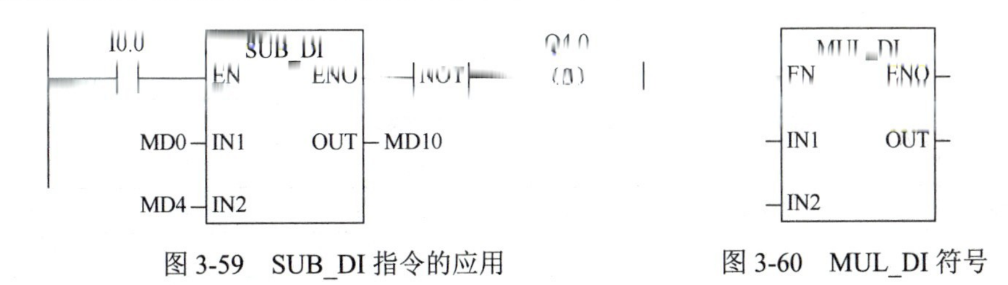


图3-59　SUB_DI指令的应用　　　　图3-60　MUL_DI符号

MUL_DI双整数乘法相关参数说明如表3-33所示。

**表3-33　MUL_DI双整数乘法相关参数说明**

| 参数 | 数据类型 | 存储区域 | 说明 |
|---|---|---|---|
| EN | BOOL | I、Q、M、L、D | 使能输入 |
| ENO | BOOL | I、Q、M、L、D | 使能输出 |
| IN1 | DINT | I、Q、M、L、D或常数 | 被乘数 |
| IN2 | DINT | I、Q、M、L、D或常数 | 乘数 |
| OUT | DINT | I、Q、M、L、D | 相乘的结果 |

说明：MUL_DI（双整数乘法指令）可以由使能（EN）输入端的逻辑“1”信号激活。该指令可以使输IN1和IN2相乘，并在OUT扫描运算结果。如果结果在双整数（32位）的允许范围之外，则OV位和OS位为“1”，并且ENO为逻辑“0”，以防止执行通过ENO相连（级联布置）的该算术运算方块之后的其他功能。

**MUL_DI指令的应用举例**

例28：分析如图3-61所示的梯形图。

如果I0.0的值为“1”，则MUL_DI方块激活。MD0×MD4的结果放入MD10中。如果结果在双整数的允许范围之外，则输出Q4.0置位。

（8）DIV_DI（双整数除法）

DIV_DI符号如图3-62所示。

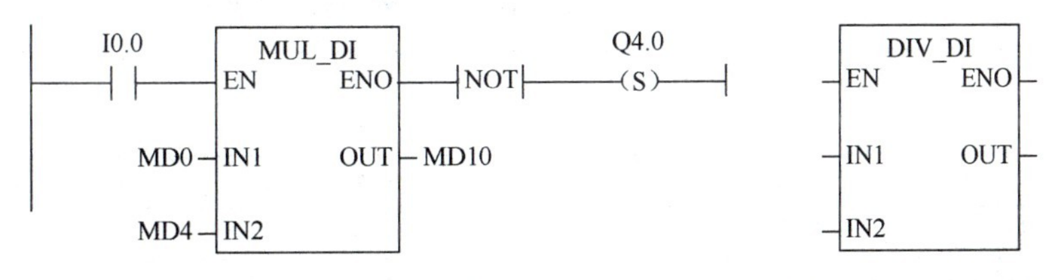


图3-61　MUL_DI指令的应用　　　　图3-62　DIV_DI符号

DIV_DI双整数除法相关参数说明如表3-34所示。

表 3-34　DIV_DI 双整数除法相关参数说明

| 参数 | 数据类型 | 存储区域 | 说明 |
|---|---|---|---|
| EN | BOOL | I、Q、M、L、D | 使能输入 |
| ENO | BOOL | I、Q、M、L、D | 使能输出 |
| IN1 | DINT | I、Q、M、L、D 或常数 | 被除数 |
| IN2 | DINT | I、Q、M、L、D 或常数 | 除数 |
| OUT | DINT | I、Q、M、L、D | 相除的整数结果 |

说明：DIV_DI（双整数除法指令）可以由使能（EN）输入端的逻辑“1”信号激活。该指令可以使输入 IN1 被 IN2 除，并在 OUT 扫描运算结果。双整数除法元素不产生余数。如果结果在双整数（32 位）的允许范围之外，则 OV 位和 OS 位为“1”，并且 ENO 为逻辑“0”，以防止执行通过 ENO 相连（级联布置）的该算术运算方块之后的其他功能。

DIV_DI 指令的应用举例

例 29：分析如图 3-63 所示的梯形图。

如果 I0.0 的值为“1”，则 DIV_DI 方块激活。MD0：MD4 的结果输出到 MD10 中。如果结果在双整数的允许范围之外，则输出 Q4.0 置位。

（9）MOD_DI（回送余数的双整数）

MOD_DI 符号如图 3-64 所示。

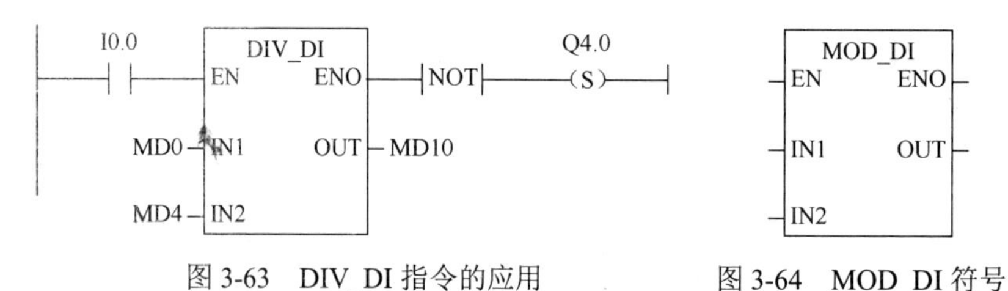


图 3-63　DIV_DI 指令的应用　　图 3-64　MOD_DI 符号

MOD_DI 回送余数的双整数相关参数说明如表 3-35 所示。

表 3-35　MOD_DI 回送余数的双整数相关参数说明

| 参数 | 数据类型 | 存储区域 | 说明 |
|---|---|---|---|
| EN | BOOL | I、Q、M、L、D | 使能输入 |
| ENO | BOOL | I、Q、M、L、D | 使能输出 |
| IN1 | DINT | I、Q、M、L、D 或常数 | 被除数 |
| IN2 | DINT | I、Q、M、L、D 或常数 | 除数 |
| OUT | DINT | I、Q、M、L、D | 相除的余数 |

说明：MOD_DI（回送余数的双整数指令）可以由使能（EN）输入端的逻辑“1”信号激活。该指令可以使输入 IN1 被 IN2 除，并在 OUT 扫描运算余数（小数）。如果结果在双整数（32 位）的允许范围之外，则 OV 位和 OS 位为“1”，并且 ENO 为逻辑“0”，以防止执行通过 ENO 相连（级联布置）的该算术运算方块之后的其他功能。

MOD_DI 指令的应用举例

例 30：分析如图 3-65 所示的梯形图。

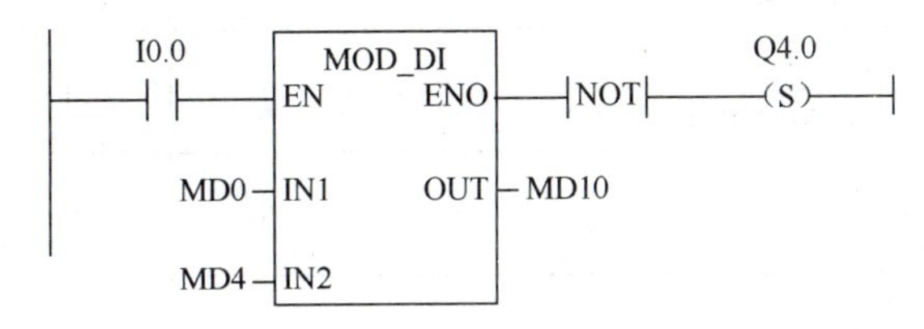


图 3-65　MOD_DI 指令的应用

如果 I0.0 的值为“1”，则 MOD_DI 方块激活。MD0：MD4 相除的余数放入 MD10 中。如果余数在双整数的允许范围之外，则输出 Q4.0 置位。

### 2. 浮点算术运算指令

标准 IEEE 32 位浮点数所属的数据类型称为 REAL。应用浮点算术运算指令，可以对于两个 32 位标准 IEEE 浮点数完成以下算术运算。

（1）ADD_R：实数加法。

（2）SUB_R：实数减法。

（3）MUL_R：实数乘法。

（4）DIV_R：实数除法。

应用浮点算术运算指令，可以对于一个 32 位标准 IEEE 浮点数完成以下算术运算。

（1）完成一个浮点数的绝对值运算（ABS）。

（2）完成一个浮点数的平方（SQR）和平方根（SQRT）运算。

（3）完成一个浮点数的自然对数（LN）运算。

（4）完成一个浮点数的基于 e 的指数运算（EXP），其中 e = 2.71828。

（5）完成一个用 32 位标准 IEEE 浮点数表示的角度的以下三角函数运算。

① 正弦（SIN）和反正弦（ASIN）运算。

② 余弦（COS）和反余弦（ACOS）运算。

③ 正切（TAN）和反正切（ATAN）运算。

参见“判断浮点算术运算指令后状态字的位”。

浮点算术运算指令可以影响以下状态字中的位：CC1 和 CC0，OV 和 OS。表 3-36 和表 3-37 所示的是使用了浮点数（32 位）运算指令结果的状态字中各位的信号状态。

表 3-36　使用了浮点数（32 位）运算指令结果的状态字中各位的信号状态 1

| 有效的结果范围 | CC 1 | CC 0 | OV | OS |
| --- | --- | --- | --- | --- |
| +0，-0 | 0 | 0 | 0 | * |
| -3.402823E+38 <结果< -1.175494E-38（负数） | 0 | 1 | 0 | * |
| +1.175494E-38 <结果< 3.402824E+38（正数） | 1 | 0 | 0 | * |

*.OS 位不受指令结果的影响。

表 3-37　使用了浮点数（32 位）运算指令结果的状态字中各位的信号状态 2

| 无效的结果范围 | CC 1 | CC 0 | OV | OS |
|---|---|---|---|---|
| 下溢<br>-1.175494E-38 <结果< -1.401298E-45（负数） | 0 | 0 | 1 | 1 |
| 下溢<br>+1.401298E-45 <结果< +1.175494E-38（正数） | 0 | 0 | 1 | 1 |
| 上溢<br>结果< -3.402823E+38（负数） | 0 | 1 | 1 | 1 |
| 上溢<br>结果> 3.402823E+38（正数） | 1 | 0 | 1 | 1 |
| 不是有效的浮点数或非法指令（输入值在有效范围之外） | 1 | 1 | 1 | 1 |

（1）ADD_R（实数加法）

ADD_R 符号如图 3-66 所示，ADD_R 实数加法相关参数说明如表 3-38 所示。

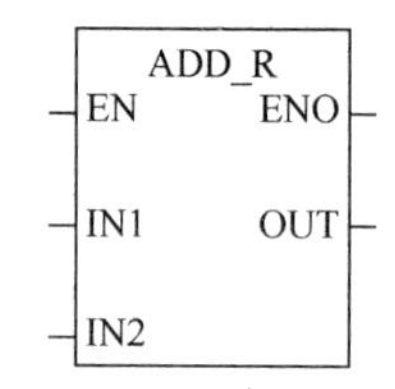


图 3-66　ADD_R 符号

表 3-38　ADD_R 实数加法相关参数说明

| 参数 | 数据类型 | 存储区域 | 说明 |
|---|---|---|---|
| EN | BOOL | I、Q、M、L、D | 使能输入 |
| ENO | BOOL | I、Q、M、L、D | 使能输出 |
| IN1 | REAL | I、Q、M、L、D 或常数 | 相加的第一个值 |
| IN2 | REAL | I、Q、M、L、D 或常数 | 相加的第二个值 |
| OUT | REAL | I、Q、M、L、D | 相加的结果 |

说明：ADD_R（实数加法指令）可以由使能（EN）输入端的逻辑“1”信号激活。该指令可以使输入 IN1 和 IN2 相加，并在 OUT 扫描运算结果。如果结果在浮点数的允许范围之外（上溢或下溢），则 OV 位和 OS 位为“1”，并且 ENO 为逻辑“0”，以防止执行通过 ENO 相连（级联布置）的该算术运算方块之后的其他功能。

### ADD_R 指令的应用举例

例 31：分析如图 3-67 所示的梯形图。

如果 I0.0 的值为“1”，则 ADD_R 方块激活。MD0 + MD4 的结果放入 MD10 中。如果结果在浮点数的允许范围之外或程序语句没有执行（I0.0 = “0”），则输出 Q4.0 置位。

（2）SUB_R（实数减法）

SUB_R 符号如图 3-68 所示。

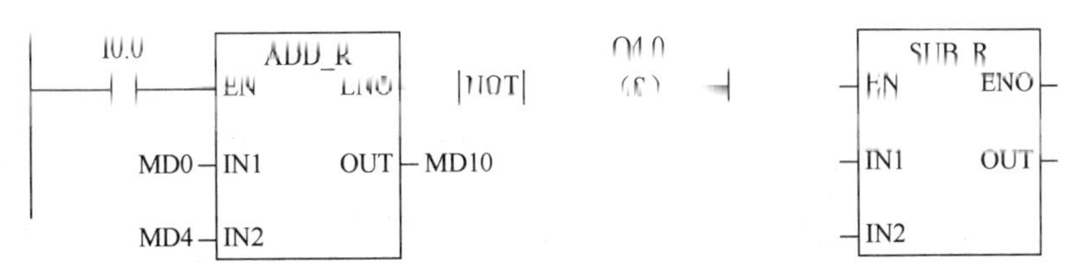


图 3-67　ADD_R 指令的应用　　　　图 3-68　SUB_R 符号

SUB_R 实数减法相关参数说明如表 3-39 所示。

表 3-39　SUB_R 实数减法相关参数说明

| 参数 | 数据类型 | 存储区域 | 说明 |
|---|---|---|---|
| EN | BOOL | I、Q、M、L、D | 使能输入 |
| ENO | BOOL | I、Q、M、L、D | 使能输出 |
| IN1 | REAL | I、Q、M、L、D 或常数 | 被减数 |
| IN2 | REAL | I、Q、M、L、D 或常数 | 减数 |
| OUT | REAL | I、Q、M、L、D | 相减的结果 |

说明：SUB_R（实数减法指令）可以由使能（EN）输入端的逻辑“1”信号激活。该指令可以使输入 IN1 减去 IN2，并在 OUT 扫描运算结果。如果结果在浮点数的允许范围之外（上溢或下溢），则 OV 位和 OS 位为“1”，并且 ENO 为逻辑“0”，以防止执行通过 ENO 相连（级联布置）的该算术运算方块之后的其他功能。

**SUB_R 指令的应用举例**

例 32：分析如图 3-69 所示的梯形图。

如果 I0.0 的值为“1”，则 SUB_R 方块激活。MD0 – MD4 的结果放入 MD10 中。如果结果在浮点数的允许范围之外或程序语句没有执行，则输出 Q4.0 置位。

（3）MUL_R（实数乘法）

MUL_R 符号如图 3-70 所示。

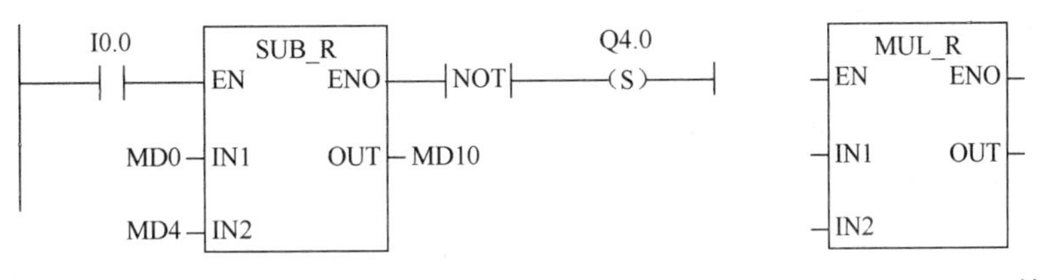


图 3-69　SUB_R 指令的应用　　　　图 3-70　MUL_R 符号

MUL_R 实数乘法相关参数说明如表 3-40 所示。

表 3-40　MUL_R 实数乘法相关参数说明

| 参数 | 数据类型 | 存储区域 | 说明 |
|---|---|---|---|
| EN | BOOL | I、Q、M、L、D | 使能输入 |
| ENO | BOOL | I、Q、M、L、D | 使能输出 |

续表

| 参数 | 数据类型 | 存储区域 | 说明 |
|---|---|---|---|
| IN1 | REAL | I、Q、M、L、D 或常数 | 被乘数 |
| IN2 | REAL | I、Q、M、L、D 或常数 | 乘数 |
| OUT | REAL | I、Q、M、L、D | 相乘的结果 |

说明：MUL_R（实数乘法指令）可以由使能（EN）输入端的逻辑“1”信号激活。该指令可以使输入 IN1 和 IN2 相乘，并在 OUT 扫描运算结果。如果结果在浮点数的允许范围之外（上溢或下溢），则 OV 位和 OS 位为“1”，并且 ENO 为逻辑“0”，以防止执行通过 ENO 相连（级联布置）的该算术运算方块之后的其他功能。

### MUL_R 指令的应用举例

例 33：分析如图 3-71 所示的梯形图。

如果 I0.0 的值为“1”，则 MUL_R 方块激活。MD0×MD4 的结果放入 MD10 中。如果结果在浮点数的允许范围之外或程序语句没有执行，则输出 Q4.0 置位。

（4）DIV_R（实数除法）

DIV_R 符号如图 3-72 所示。

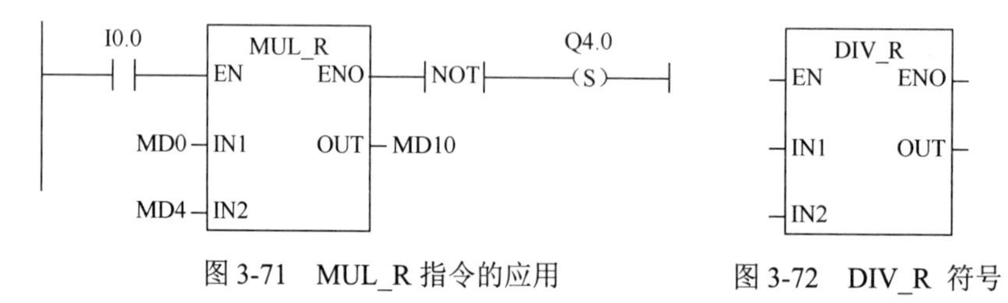


图 3-71　MUL_R 指令的应用　　图 3-72　DIV_R 符号

DIV_R 实数除法相关参数说明如表 3-41 所示。

**表 3-41　DIV_R 实数除法相关参数说明**

| 参数 | 数据类型 | 存储区域 | 说明 |
|---|---|---|---|
| EN | BOOL | I、Q、M、L、D | 使能输入 |
| ENO | BOOL | I、Q、M、L、D | 使能输出 |
| IN1 | REAL | I、Q、M、L、D 或常数 | 被除数 |
| IN2 | REAL | I、Q、M、L、D 或常数 | 除数 |
| OUT | REAL | I、Q、M、L、D | 相除的结果 |

说明：DIV_R（实数除法指令）可以由使能（EN）输入端的逻辑“1”信号激活。该指令可以使输入 IN1 被 IN2 除，并在 OUT 扫描运算结果。如果结果在浮点数的允许范围之外（上溢或下溢），则 OV 位和 OS 位为“1”，并且 ENO 为逻辑“0”，以防止执行通过 ENO 相连（级联布置）的该算术运算方块之后的其他功能。

### DIV_R 指令的应用举例

例 34：分析如图 3-73 所示的梯形图。

如果 I0.0 的值为"1"，则 DIV_R 方块激活，MD0：MD4 的结果放入 MD10 中。如果结果在浮点数的允许范围之外或程序语句没有执行，则输出 Q4.0 置位。

（5）ABS（浮点数绝对值运算）

ABS 符号如图 3-74 所示。

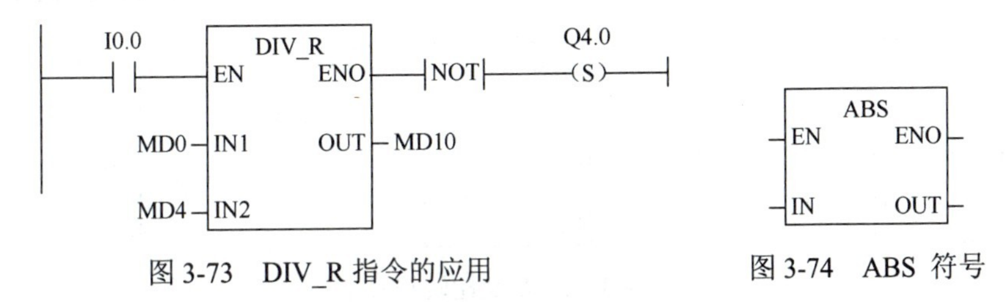


图 3-73　DIV_R 指令的应用　　　　图 3-74　ABS 符号

ABS 浮点数绝对值运算相关参数说明如表 3-42 所示。

表 3-42　ABS 浮点数绝对值运算相关参数说明

| 参数 | 数据类型 | 存储区域 | 说明 |
| --- | --- | --- | --- |
| EN | BOOL | I、Q、M、L、D | 使能输入 |
| ENO | BOOL | I、Q、M、L、D | 使能输出 |
| IN | REAL | I、Q、M、L、D 或常数 | 输入值：浮点数 |
| OUT | REAL | I、Q、M、L、D | 输出值：浮点数的绝对值 |

说明：ABS 可以完成一个浮点数的绝对值运算。

**ABS 指令的应用举例**

例 35：分析如图 3-75 所示的梯形图。

如果 I0.0 的值为"1"，则 MD8 的绝对值在 MD12 端输出，如 MD8 = +6.234 的结果为 MD12 = 6.234。如果不执行转换（ENO = EN = 0），则输出 Q4.0 为"1"。

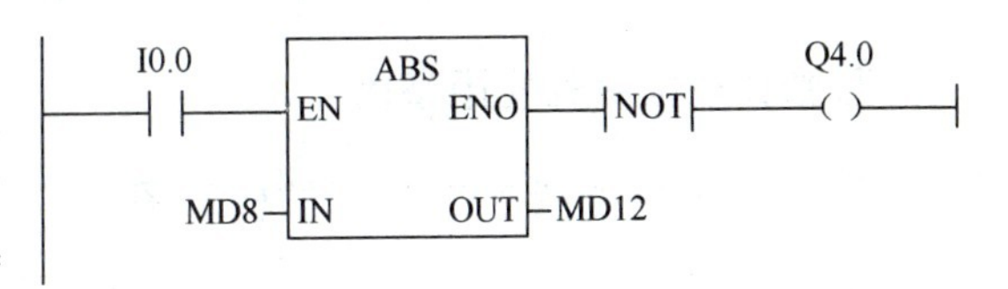


图 3-75　ABS 指令的应用

## 3.2.4　比较指令

可完成整数、长整数或 32 位浮点数（实数）的相等、不等、大于、小于、大于或等于、小于或等于的比较。

（1）整数比较指令。

（2）双整数比较指令。

（3）实数比较指令。

### 1．整数比较

整数比较符号如图 3-76 所示。

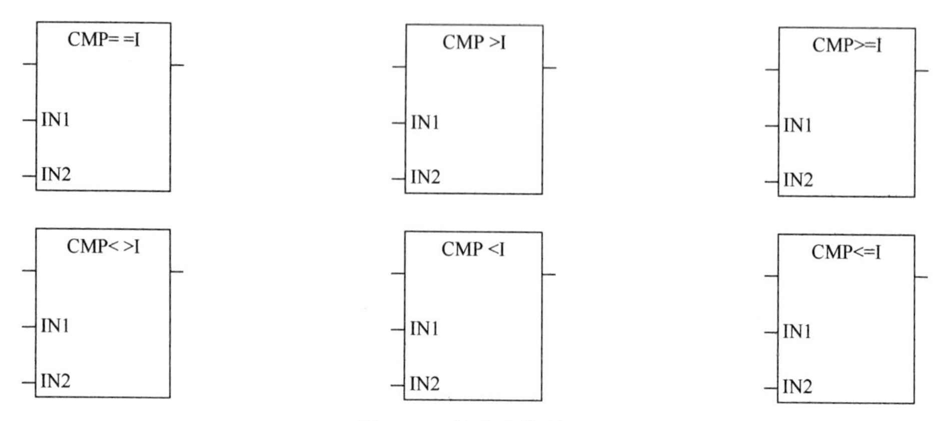


图 3-76　整数比较符号

整数比较相关参数说明如表 3-43 所示。

**表 3-43　整数比较相关参数说明**

| 参数 | 数据类型 | 存储区域 | 说明 |
| --- | --- | --- | --- |
| 方块图输入 | BOOL | I、Q、M、L、D | 先前逻辑运算的结果 |
| 方块图输出 | BOOL | I、Q、M、L、D | 只有在方块图输入的 RLO 为“1”时才能处理比较结果 |
| IN1 | INT | I、Q、M、L、D 或常数 | 第一个参与比较的数值 |
| IN2 | INT | I、Q、M、L、D 或常数 | 第二个参与比较的数值 |

说明：整数比较指令可以像一般的接点一样使用。它可以放在一般接点可以放的任何位置。根据所选比较类型，对 IN1 和 IN2 进行比较。如果比较结果为真，则功能的 RLO 为“1”。

**整数比较指令的应用举例**

例 36：分析如图 3-77 所示的梯形图。

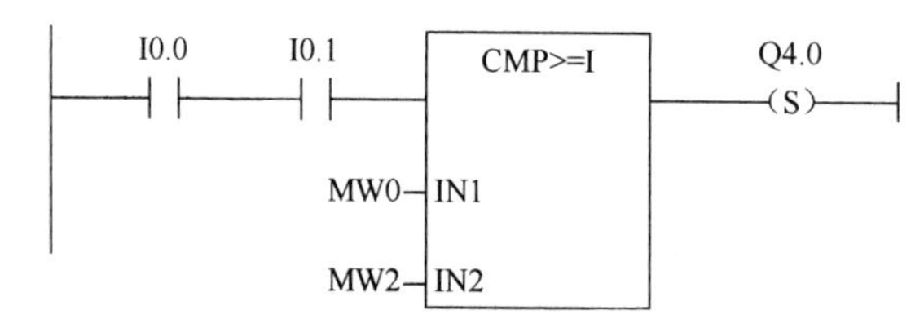


图 3-77　整数比较指令的应用

如果下列条件成立，则输出 Q4.0 置位：

（1）在输入 I0.0 和 I0.1 的信号状态为“1”；

（2）并且 MW0>=MW2。

## 2．双整数比较

双整数比较符号如图 3-78 所示。

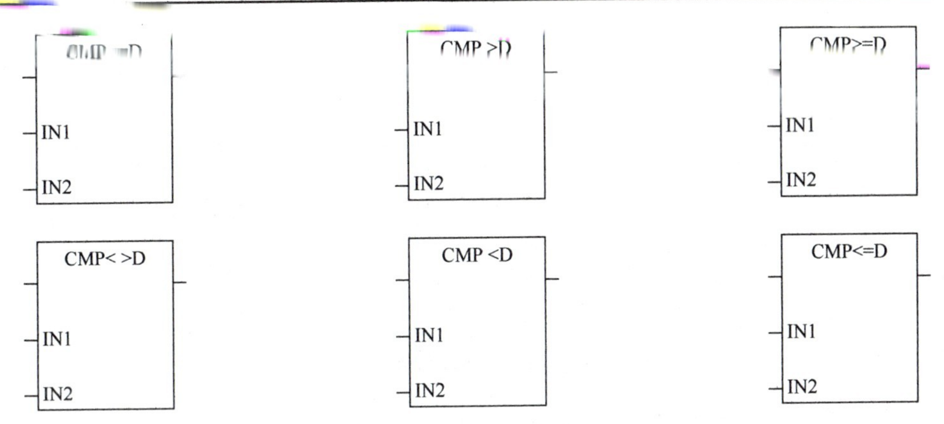


图 3-78　双整数比较符号

双整数比较相关参数说明如表 3-44 所示。

表 3-44　双整数比较相关参数说明

| 参数 | 数据类型 | 存储区域 | 说明 |
|---|---|---|---|
| 方块图输入 | BOOL | I、Q、M、L、D | 先前逻辑运算的结果 |
| 方块图输出 | BOOL | I、Q、M、L、D | 只有在方块图输入的 RLO 为“1”时才能处理比较结果 |
| IN1 | DINT | I、Q、M、L、D 或常数 | 第一个参与比较的数值 |
| IN2 | DINT | I、Q、M、L、D 或常数 | 第二个参与比较的数值 |

说明：双整数比较指令可以像一般的接点一样使用。它可以放在一般接点可以放的任何位置。根据所选比较类型，对 IN1 和 IN2 进行比较。如果比较结果为真，则功能的 RLO 为“1”。

**双整数比较指令的应用举例**

例 37：分析如图 3-79 所示的梯形图。

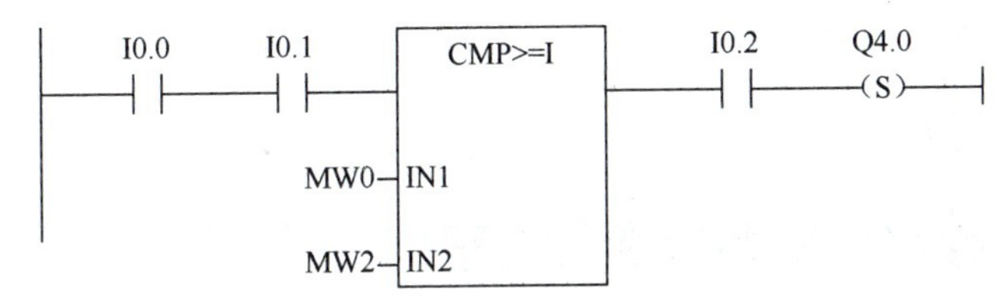


图 3-79　双整数比较指令的应用

如果下列条件成立，则输出 Q4.0 置位：

（1）在输入 I0.0 和 I0.1 的信号状态为“1”；

（2）并且 MD0 >= MD4；

（3）并且输入 I0.2 的信号状态为“1”。

### 3．实数比较

实数比较符号如图 3-80 所示。

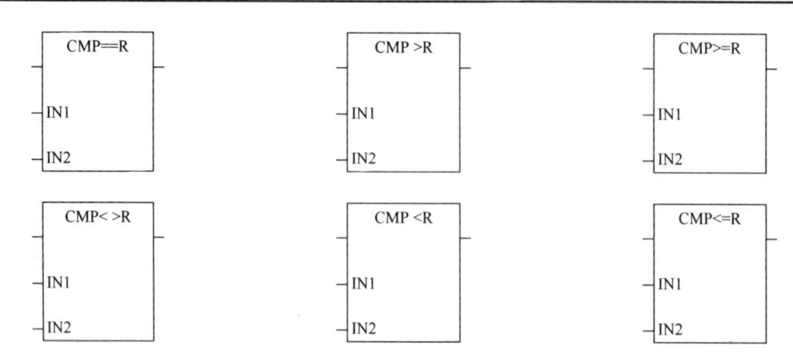


图 3-80　实数比较符号

实数比较相关参数说明如表 3-45 所示。

**表 3-45　实数比较相关参数说明**

| 参数 | 数据类型 | 存储区域 | 说明 |
| --- | --- | --- | --- |
| 方块图输入 | BOOL | I、Q、M、L、D | 先前逻辑运算的结果 |
| 方块图输出 | BOOL | I、Q、M、L、D | 只有在方块图输入的 RLO 为“1”时才能处理比较结果 |
| IN1 | INT | I、Q、M、L、D 或常数 | 第一个参与比较的数值 |
| IN2 | INT | I、Q、M、L、D 或常数 | 第二个参与比较的数值 |

说明：实数比较指令可以像一般的接点一样使用。它可以放在一般接点可以放的任何位置。根据所选比较类型，对 IN1 和 IN2 进行比较。如果比较结果为真，则功能的 RLO 为“1”。

**实数比较指令的应用举例**

例38：分析如图3-81所示的梯形图。

如果下列条件成立，则输出 Q4.0 置位：

（1）在输入 I0.0 和 I0.1 的信号状态为“1”；

（2）并且 MD0 >= MD4；

（3）并且输入 I0.2 的信号状态为“1”。

I0.0　I0.1　CMP>=R　I0.2　Q4.0　(S)

MD0 — IN1

MD4 — IN2

图 3-81　实数比较指令的应用

**【任务实施与拓展】**

## 3.2.5　仓库存储控制系统梯形图程序

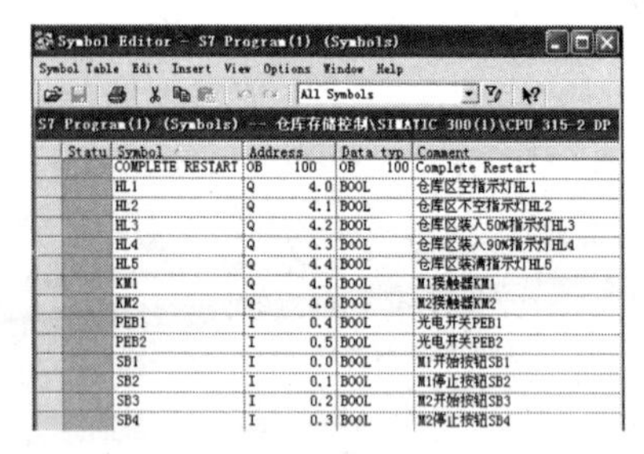
Symbol Editor - S7 Program(1) (Symbols)

S7 Program(1) (Symbols) -- 仓库存储控制\SIMATIC 300(1)\CPU 315-2 DP

| Statu | Symbol | Address | | Data typ | Comment |
| --- | --- | --- | --- | --- | --- |
| | COMPLETE RESTART | OB | 100 | OB 100 | Complete Restart |
| | HL1 | Q | 4.0 | BOOL | 仓库区空指示灯HL1 |
| | HL2 | Q | 4.1 | BOOL | 仓库区不空指示灯HL2 |
| | HL3 | Q | 4.2 | BOOL | 仓库区装入50%指示灯HL3 |
| | HL4 | Q | 4.3 | BOOL | 仓库区装入90%指示灯HL4 |
| | HL5 | Q | 4.4 | BOOL | 仓库区装满指示灯HL5 |
| | KM1 | Q | 4.5 | BOOL | M1接触器KM1 |
| | KM2 | Q | 4.6 | BOOL | M2接触器KM2 |
| | PEB1 | I | 0.4 | BOOL | 光电开关PEB1 |
| | PEB2 | I | 0.5 | BOOL | 光电开关PEB2 |
| | SB1 | I | 0.0 | BOOL | M1开始按钮SB1 |
| | SB2 | I | 0.1 | BOOL | M1停止按钮SB2 |
| | SB3 | I | 0.2 | BOOL | M2开始按钮SB3 |
| | SB4 | I | 0.3 | BOOL | M2停止按钮SB4 |

图 3-82　仓库存储控制系统符号表

### 1．定义符号地址

为了使程序更容易阅读和理解，可用符号地址访问变量，用符号表定义的符号可供所有的逻辑块使用。选中 SIMATIC 管理器左边窗口的“S7 程序”，双击右边窗口出现的“符号”，打开符号编辑器，仓库存储控制系统的符号表如图 3-82 所示。

### 2．生成梯形图

分析控制要求，设计出满足控制要求的仓库存储控制

系统的梯形图，如图 3-83 和图 3-84 所示。图 3-83 所示的是仓库存储控制系统主程序 OB1，图 3-84 所示的是系统初始化程序 OB100。当传送带 1 将包裹运送至仓库区，传送带 1 由电动机 M1 驱动。传送带 2 将包裹运出仓库区，传送带 2 由电动机 M2 驱动。传送带 1 靠近仓库一端安装光电开关 PEB1 确定入库的包裹数，传送带 2 靠近库区一端安装光电开关 PEB2 确定出库的包裹数。

电动机 M1 的启停由按钮 SB1 和 SB2 控制。若仓库装满，则传送带 1 自动停止。电动机 M2 的启停由按钮 SB3 和 SB4 控制。若仓库已空，则传送带 2 自动停止。仓库区的占用程度通过比较指令的输出 Q4.0～Q4.4 表示，输出 0 表示仓库空，用 HL1 表示；输出为 0～50%表示仓库不空，用 HL2 表示；输出为 50%～90%用 HL3 表示；输出为 90%用 HL4 表示；输出为 100%表示仓满，用 HL5 表示。

库区存储量由 MW0 中的值决定，MW0 的初值为 100。MW0 中的内容最小不能少于 10，最大不能大于 200。只有当两台电动机都处于停止状态时才可修改 MW0 中的值。仓库内剩余空间的包裹存储数保存在 MW20 中。

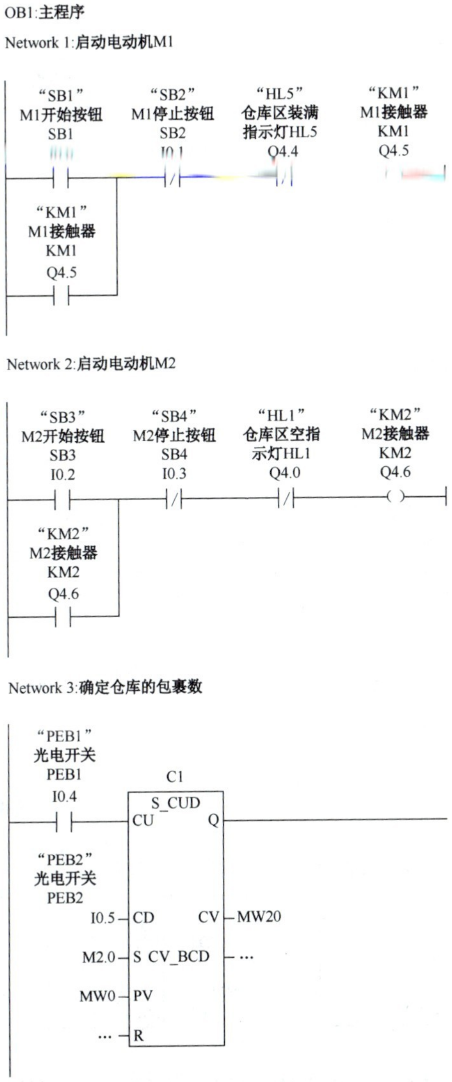

OB1:主程序

Network 1:启动电动机M1

"SB1" M1开始按钮 SB1 I0.0
"SB2" M1停止按钮 SB2 I0.1
"HL5" 仓库区装满指示灯HL5 Q4.4
"KM1" M1接触器 KM1 Q4.5
"KM1" M1接触器 KM1 Q4.5

Network 2:启动电动机M2

"SB3" M2开始按钮 SB3 I0.2
"SB4" M2停止按钮 SB4 I0.3
"HL1" 仓库区空指示灯HL1 Q4.0
"KM2" M2接触器 KM2 Q4.6
"KM2" M2接触器 KM2 Q4.6

Network 3:确定仓库的包裹数

"PEB1" 光电开关 PEB1 I0.4
C1
S_CUD
CU Q
"PEB2" 光电开关 PEB2
I0.5 CD CV MW20
M2.0 S CV_BCD …
MW0 PV
… R

图 3-83　仓库存储控制系统主程序 OB1

Network 4:把MW20中的数值由整数转换为实数

I_DI: EN, ENO; MW20 — IN, OUT — MD24

DI_R: EN, ENO; MD24 — IN, OUT — MD30

Network 5:把仓库中的包裹数转化为仓库区装满的百分比

DIV_R: EN, ENO; MD30 — IN1, OUT — MD40; 2.000000e+002 — IN2

Network 6:仓库区空

CMP==R: MD40 — IN1; 0.000000e+000 — IN2

"HL1" 仓库区空指示灯HL1 Q4.0 ( )

Network 7:仓库区不空

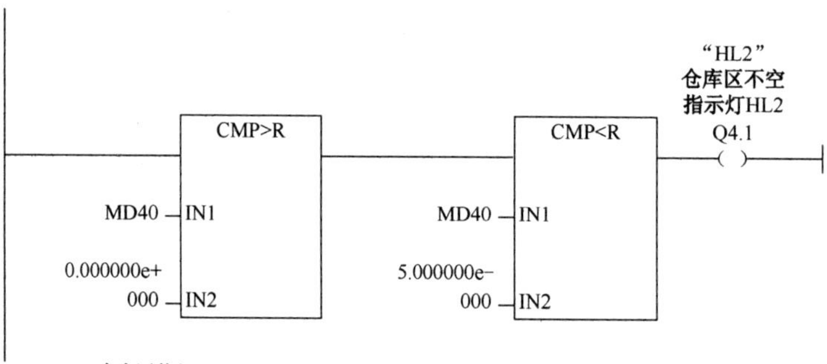


Network 8:仓库区装入50%

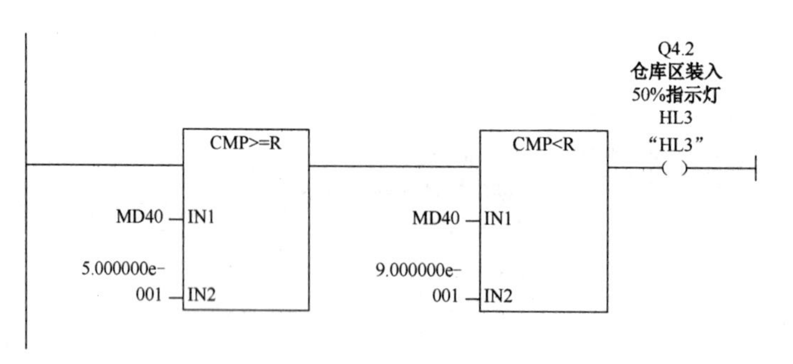


图 3-83　仓库存储控制系统主程序 OB1（续）

Network 9:仓库区装入90%

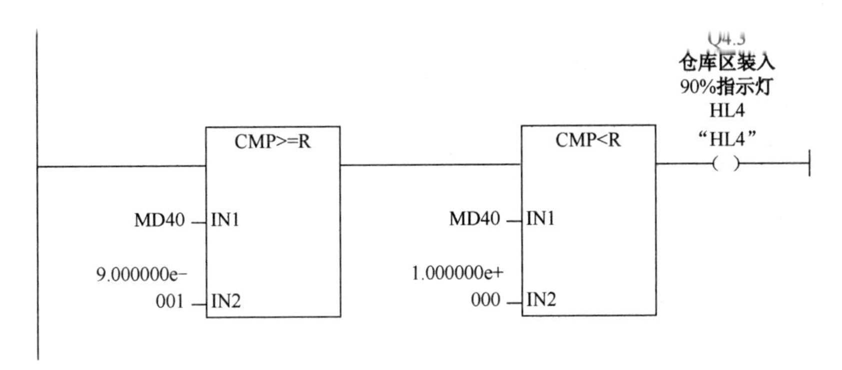


Network 10:仓库区装入100%

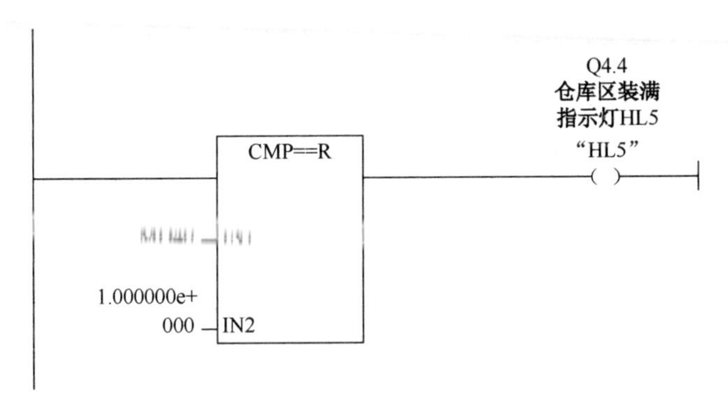


图 3-83　仓库存储控制系统主程序 OB1（续）

OB100:“Complete Restart”

Network 1:Title

Q4.5
M1接触器
KM1
“KM1”

Q4.6
M2接触器
KM2
“KM2”

MOVE
EN　ENO
100 IN　OUT MW0

Network 2:Title

I0.0
M1开始按钮
SB1
“SB1”

M2.0

图 3-84　系统初始化程序 OB100

若计数值由 CV-BCD 端口输出的话，可把 Network3～Network4 修改为如图 3-85 所示的程序段，先把 MW20 中的数据由 BCD 码转化为整数后存放在 MW22 中，再把 MW22 中的数据转化为双整数后存放在 MD24 中，再把 MD24 中的数据转化为实数后存放在 MD30 中。

其他部分的程序不变。

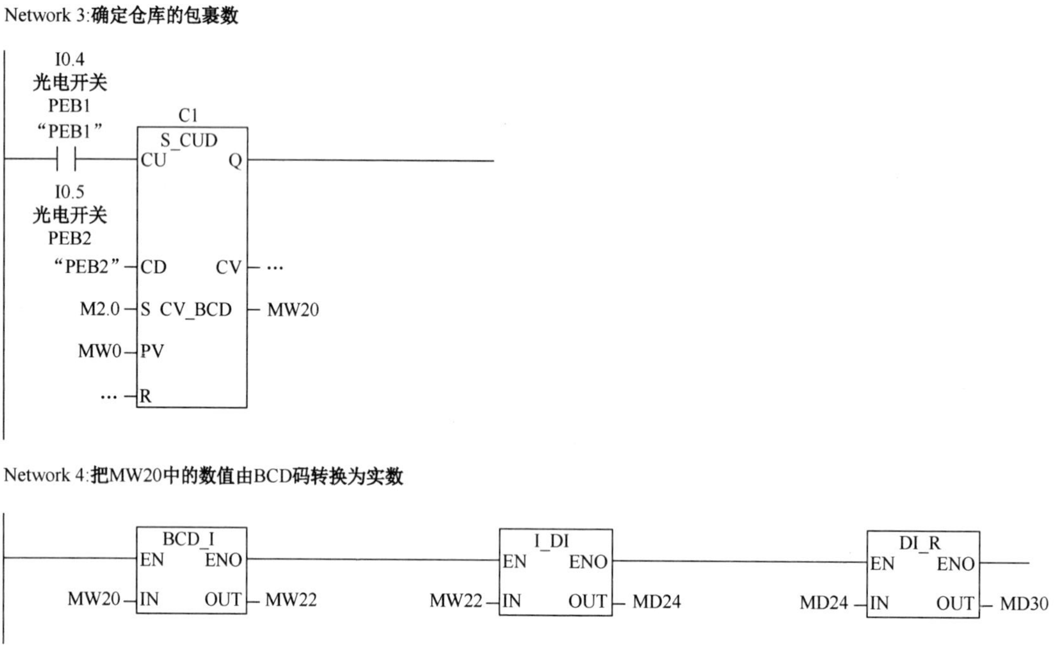

Network 3:确定仓库的包裹数

I0.4 光电开关 PEB1 "PEB1" —CU；C1 S_CUD；Q —；I0.5 光电开关 PEB2 "PEB2" —CD；CV —…；M2.0 —S；CV_BCD — MW20；MW0 —PV；… —R

Network 4:把MW20中的数值由BCD码转换为实数

BCD_I：EN ENO；MW20 —IN OUT— MW22

I_DI：EN ENO；MW22 —IN OUT— MD24

DI_R：EN ENO；MD24 —IN OUT— MD30

图 3-85　仓库存储控制系统中 CV-BCD 端口输出时的程序段修改

## 3.2.6　任务拓展

### 1．定时器与计数器联用扩大延时范围

S7-300CPU 可定时的最大时间值为 9990s，用计数器和定时器配合增加延时时间，如图 3-86 所示。以下程序中实际延时为 3000×10=30000s 后，C0 位输出为“1”。

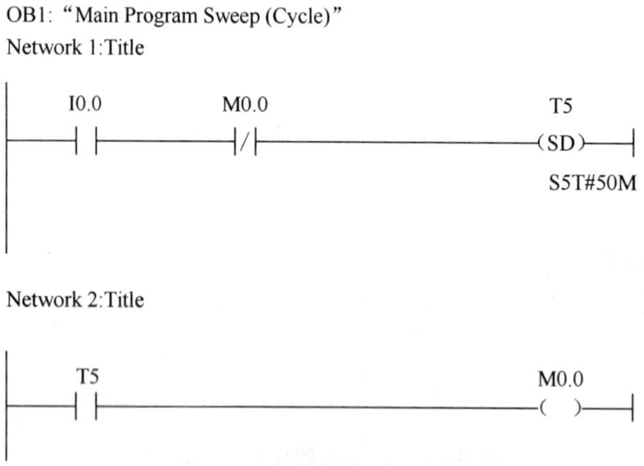

OB1: "Main Program Sweep (Cycle)"

Network 1:Title

I0.0 —| |— M0.0 —|/|— T5 (SD) S5T#50M

Network 2:Title

T5 —| |— M0.0 ( )

图 3-86　定时器与计数器联用扩大延时范围

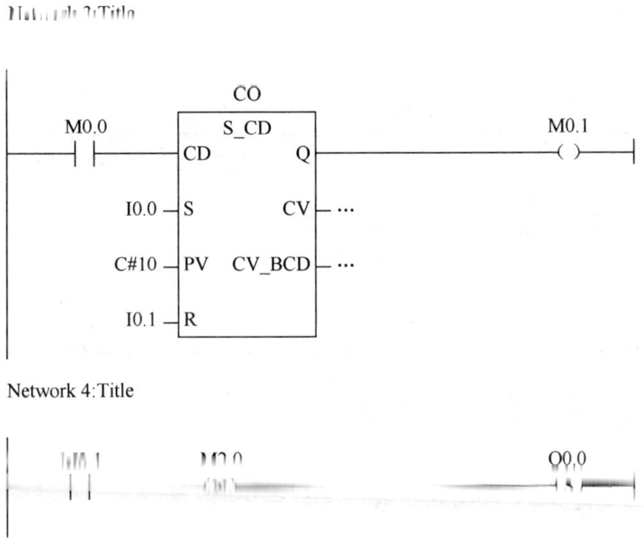

Network 3:Title

CO
M0.0　S_CD　M0.1
CD　Q　( )
I0.0　S　CV　…
C#10　PV　CV_BCD　…
I0.1　R

Network 4:Title

M0.1　M2.0　Q0.0
(N)　(S)

图 3-86　定时器与计数器联用扩大延时范围（续）

### 2. 计数器串联使用扩大计数范围

S7-300CPU 最大的计数值为 999，若需要更大的计数范围可以将多个计数器串联扩展计数范围。如图 3-87 所示，若输入信号 I0.1 是一个光电脉冲（用来计工件），从第一个工件产生的光电脉冲，到输出线圈 Q0.0 有输出，共计数 N=300×300 个工件。可用于产量达规定值后，由输出线圈发出信号。在梯形图 3-87 中，I0.0 为带自锁的启动开关。

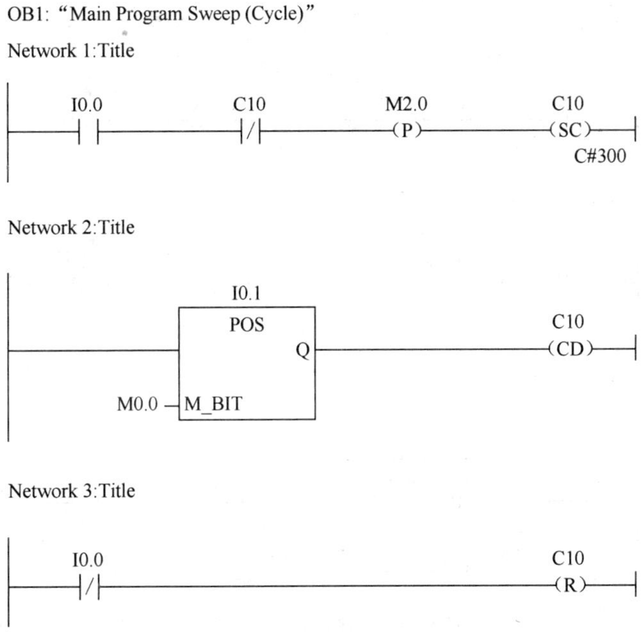

OB1: “Main Program Sweep (Cycle)”

Network 1:Title

I0.0　C10　M2.0　C10
(P)　(SC)
C#300

Network 2:Title

I0.1
POS　C10
Q　(CD)
M0.0　M_BIT

Network 3:Title

I0.0　C10
(R)

图 3-87　计数器串联使用扩大计数范围

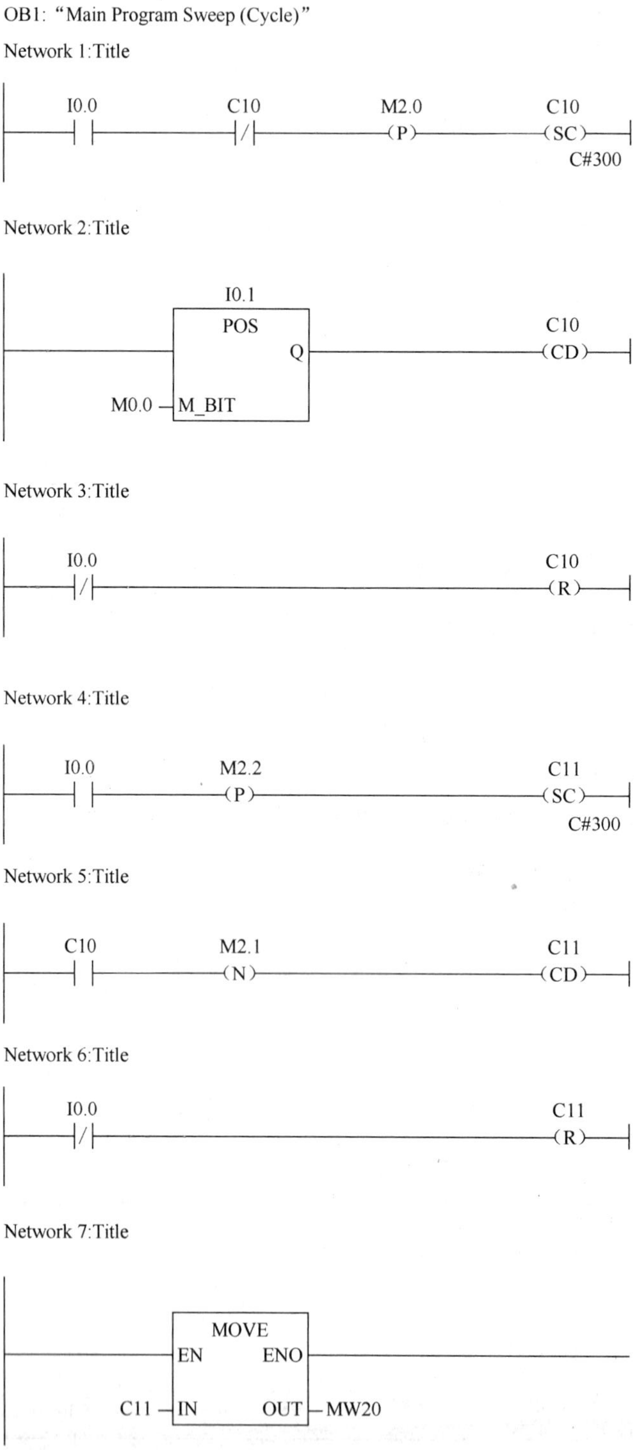

OB1: “Main Program Sweep (Cycle)”

Network 1:Title

I0.0 C10 M2.0 C10
(P) (SC)
C#300

Network 2:Title

I0.1
POS
Q
C10
(CD)
M0.0 M_BIT

Network 3:Title

I0.0 C10
(R)

Network 4:Title

I0.0 M2.2 C11
(P) (SC)
C#300

Network 5:Title

C10 M2.1 C11
(N) (CD)

Network 6:Title

I0.0 C11
(R)

Network 7:Title

MOVE
EN ENO
C11 IN OUT MW20

图 3-87　计数器串联使用扩大计数范围（续）

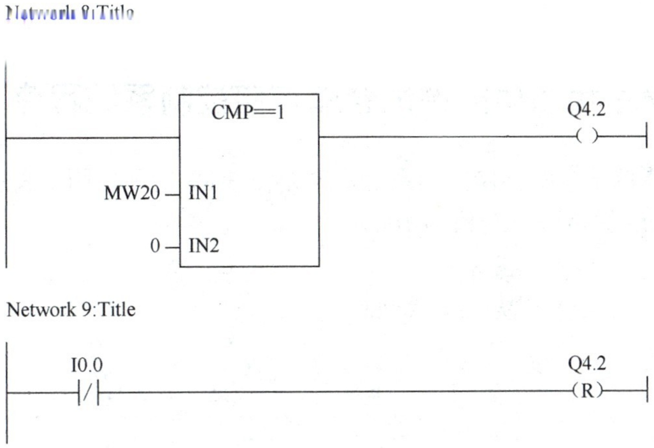

Network 8:Title

CMP==1

MW20 — IN1

0 — IN2

Q4.2 ( )

Network 9:Title

I0.0 —|/|— Q4.2 (R)

图3-87　计数器串联使用扩大计数范围（续）

# 任务 3　仓库存储控制系统的调试与运行

【任务描述与分析】

为了测试前面所完成的仓库存储控制系统设计项目，必须将程序和模块信息下载到 PLC 的 CPU 模块。在项目 1 和项目 2 中介绍了采用 PLCSIM 仿真调试和采用硬件 PLC 的在线调试，在此基础上，本项目介绍一种用程序状态功能调试程序的方法。

【相关知识与技能】

## 3.3.1　程序状态功能的启动与显示

### 1．启动程序状态

进入程序状态的条件：经过编译的程序下载到 CPU；打开逻辑块，执行“Debug→Monitor”命令进入在线监控状态；将 CPU 切换到 RUN 或 RUN-P 模式。

### 2．梯形图程序状态的显示

LAD 和 FBD 中用绿色连续线来表示状态满足，即有“能流”流过（见图 3-88 左边较粗的线）；用蓝色点状线表示状态不满足，没有“能流”流过；用黑色连续线表示状态未知。

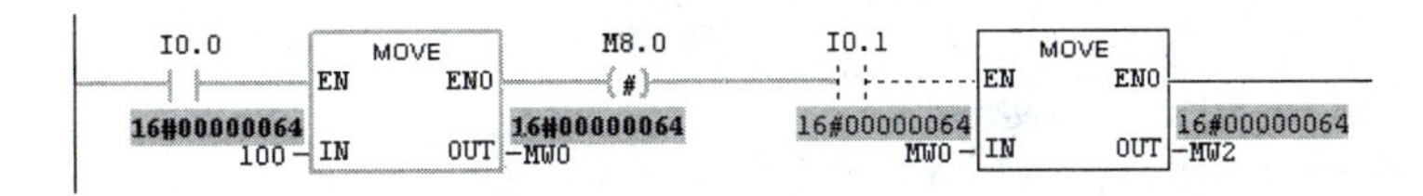


图 3-88　梯形图程序状态的显示

梯形图中加粗的字体显示的参数值是当前值，细体字显示的参数值来自以前的循环。

【任务实施与拓展】

## 3.3.2 用程序状态功能调试仓库存储控制系统程序

用程序状态功能调试仓库存储控制系统程序如图 3-89 所示，图中表示启动传送带 1，有 50 个包裹入库时的状况（MW0 初值为 100）。

OB1 : 主程序

Network 1 : 启动电动机M1

I0.0 M1开始按钮SB1 "SB1"　I0.1 M1停止按钮SB2 "SB2"　Q4.4 仓库区装满指示灯HL5 "HL5"　Q4.5 M1接触器KM1 "KM1"

Q4.5 M1接触器KM1 "KM1"

Network 2 : 启动电动机M2

I0.2 M2开始按钮SB3 "SB3"　I0.3 M2停止按钮SB4 "SB4"　Q4.0 仓库区空指示灯HL1 "HL1"　Q4.6 M2接触器KM2 "KM2"

Q4.6 M2接触器KM2 "KM2"

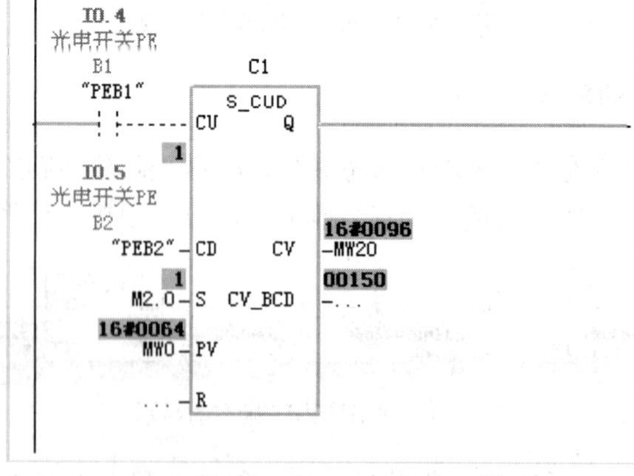


图 3-89　仓库存储控制系统梯形图程序状态的显示

**Network 4**：把MW20中的数值由整数转换为实数

I_DI
EN ENO
150
MW20 - IN OUT - MD24
00000000150
DI_R
EN ENO
00000000150
MD24 - IN OUT - MD30
000000000150

**Network 5**：把仓库中的包裹数转化为仓库区装满的百分比

DIV_R
EN ENO
000000000150
MD30 - IN1 OUT - MD40
000000000. 75
000000000200
2. 000000e+
002 - IN2

**Network 6**：仓库区空

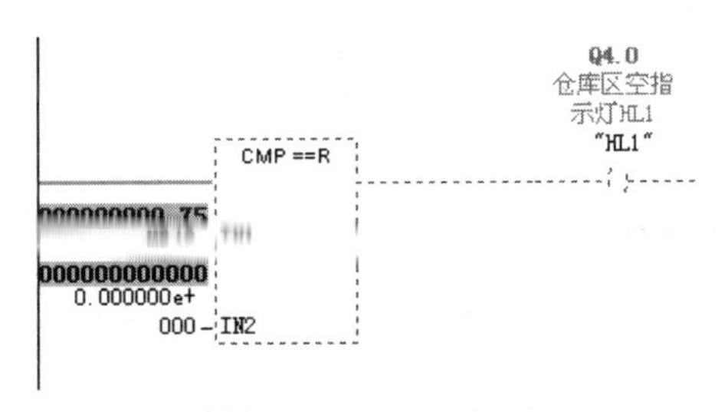


**Network 7**：仓库区不空

Q4. 1
仓库区不空
指示灯HL2
"HL2"
CMP >R
000000000. 75
MD40 - IN1
000000000000
0. 000000e+
000 - IN2
CMP <R
000000000. 75
MD40 - IN1
0000000000. 5
5. 000000e-
001 - IN2

**Network 8**：仓库区装入50%

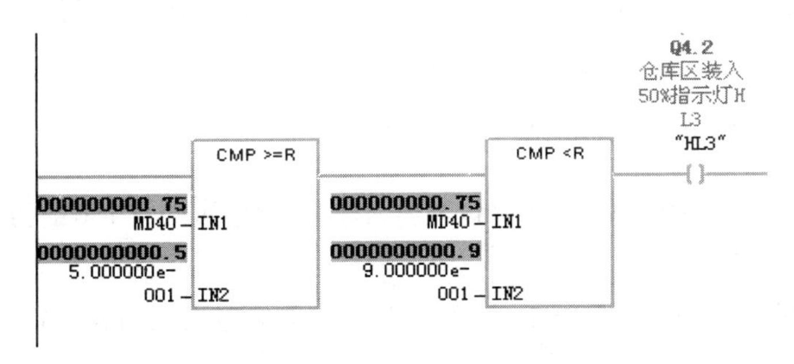


图 3-89　仓库存储控制系统梯形图程序状态的显示（续）

Network 9：仓库区装入90%

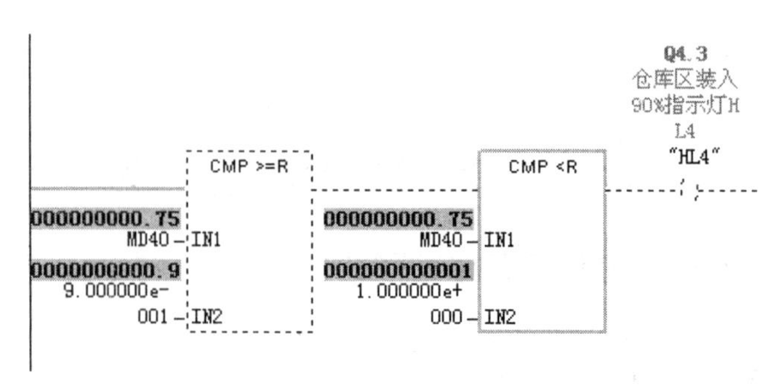


Network 10：仓库区装满

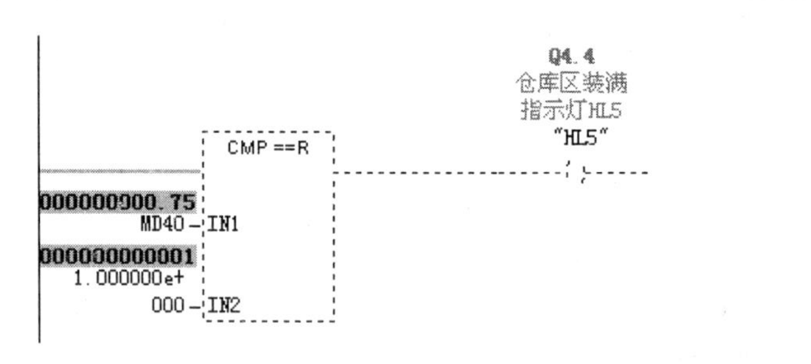


图 3-89　仓库存储控制系统梯形图程序状态的显示（续）

## 3.3.3　用仿真软件调试仓库存储控制系统程序

### 1．将整个 S7-300 站下载到 PLC

（1）启动 SIMATIC Manager，并打开需要测试的 PLC 项目；

（2）单击仿真工具按钮，启动 S7-PLCSIM 仿真程序；

（3）将 CPU 工作模式开关切换到 STOP 模式；

（4）在项目窗口内选中要下载的工作站；

（5）执行“PLC”→“Download”命令，或者右击，再出现的快捷菜单中执行“PLC”→“Download”命令将整个 S7-300 站下载到 PLC。

### 2．用仿真软件调试仓库存储控制系统程序

图 3-90 所示的是启动传送带 1、2，有包裹出入库，剩余包裹数为 150 的仿真调试窗口（MW0 初值为 100）。

图 3-91 所示的是启动传送带 1、2，有包裹出入库，剩余包裹数为 80 的仿真调试窗口（MW0 初值为 100）。

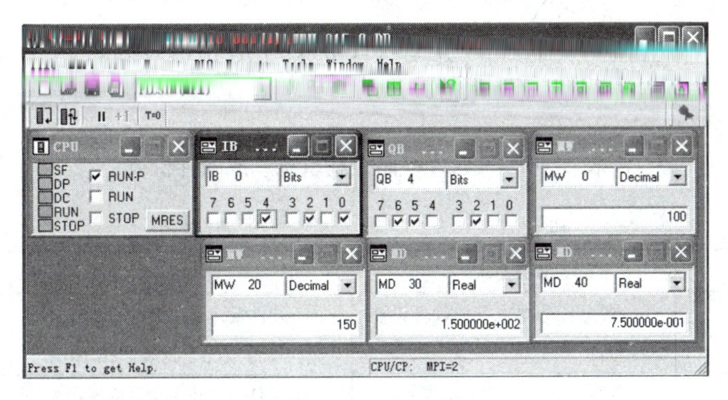


图 3-90　调试窗口（1）

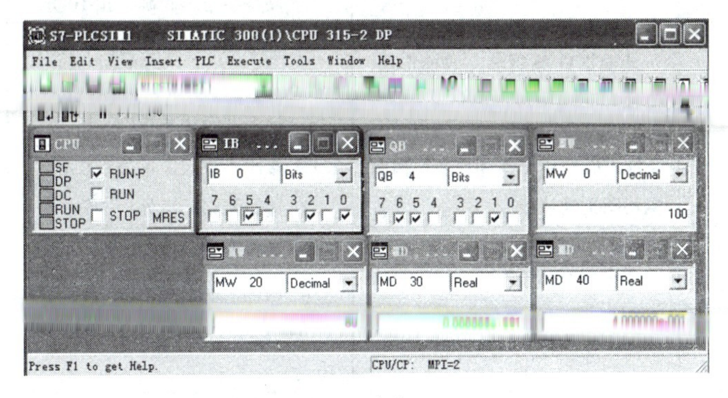


图 3-91　调试窗口（2）

# 【项目小结】

本项目通过仓库存储控制系统的设计与调试，介绍了 S7-300 的计数器指令、算术指令、转换指令。与之相关的关键知识点主要包括以下几部分：

（1）仓库存储控制系统的项目生成与硬件组态。

（2）仓库存储控制系统的控制程序编写。

（3）仓库存储控制系统的调试方法。

（4）S7-300 的计数器指令的使用方法。

（5）算术指令的使用方法。

（6）转换指令的使用方法。

（7）比较指令的使用方法。

（8）用程序状态功能调试程序。

# 【能力测试】

（1）用新建项目向导生成项目，根据实验设备上的模块，打开 HW Config，设置模块，并编译下载到 CPU 中。

（2）生成仓库存储控制用户程序，并用程序状态功能和仿真软件两种方法进行调试。

（3）成绩评定参考标准如表 3-46 所示。

**表 3-46　《仓库存储控制系统》成绩评价表**

班级＿＿＿＿＿＿＿＿　姓名＿＿＿＿＿＿＿＿　组号＿＿＿＿＿＿＿＿

| 序号 | 主要内容 | 考核要求 | 评分标准 | 配分 | 扣分 | 得分 |
|---|---|---|---|---|---|---|
| 1 | 硬件设计 | 能根据任务要求完成硬件设计原理图 | ① 硬件设计不完善，每处扣 3 分<br>② 硬件设计不正确，扣 10 分 | 10 | | |
| 2 | 硬件组态 | 能根据任务要求完成硬件组态 | ① 硬件组态不完善，每处扣 3 分<br>② 硬件组态不正确，扣 10 分 | 10 | | |
| 3 | 梯形图设计 | 能根据任务要求完成梯形图设计 | ① 梯形图设计不完善，每项扣 8 分<br>② 梯形图设计不正确，扣 20 分 | 20 | | |
| 4 | 接线 | 能正确使用工具和仪表，按照电路图正确接线 | ① 接线不规范，每处扣 3 分<br>② 接线错误，每处扣 5 分 | 20 | | |
| 5 | 操作调试 | 操作调试过程正确 | ① 操作错误，扣 10 分<br>② 调试失败，扣 30 分 | 30 | | |
| 6 | 安全文明生产 | 操作安全规范、环境整洁 | 违反安全文明生产规程，扣 5～10 分 | 10 | | |
| 合计 | | | | 100 | | |

## 【思考练习】

### 1．填空题

（1）加计数器在输入端 S 上出现＿＿＿＿＿沿，将预置值 PV 指定的值送入计数器字。加计数器脉冲输入信号 CU 上出现＿＿＿＿＿沿，如果计数值小于＿＿＿＿＿，计数值加 1。复位输入信号 R 为“1”时，计数值被＿＿＿＿＿。计数值大于“0”时计数器位（即输出 Q）为＿＿＿＿＿；计数值为“0”时，计数器位为＿＿＿＿＿。

（2）减计数器在输入端 S 上出现＿＿＿＿＿沿，将预置值 PV 指定的值送入计数器字。减计数器脉冲输入信号 CD 上出现＿＿＿＿＿沿，如果计数值大于＿＿＿＿＿，计数值减“1”。复位输入信号 R 为“1”时，计数值被＿＿＿＿＿。计数值大于“0”时计数器位（即输出 Q）为＿＿＿＿＿；计数值为“0”时，计数器位为＿＿＿＿＿。

（3）加减计数器在输入端 S 出现＿＿＿＿＿沿，将预置值 PV 指定的值送入计数器字。如果输入端 R 为＿＿＿＿＿，计数器则复位，计数值被置为＿＿＿＿＿。如果输入端 CU 上的信号状态从＿＿＿＿＿变为＿＿＿＿＿，并且计数器的值小于＿＿＿＿＿，则计数器加 1。如果在输入端 CD 出现＿＿＿＿＿沿，并且计数器的值大于＿＿＿＿＿，则计数器减 1。如果计数值大于“0”，则输出 Q 上的信号状态为＿＿＿＿＿；如果计数值等于“0”，则输出 Q 上的信号状态为＿＿＿＿＿。

### 2. 问答题

当计数器到达最大值（999）时，下一个加计数信号对计数器有何影响？当计数器到达最小值（0）时，下一个减计数信号对计数器有何影响？如果加计数和减计数信号同时发生，则计数值如何变化？

### 3. 操作题

（1）试设计一个牛奶打包控制系统。

要求：用光电开关检测传送带上通过的产品并计数，每24盒产生一个打包信号Q0.1。有产品通过时I0.0为ON，如果在10s内没有产品通过，由Q0.0发出报警信号，用I0.1输入端外接的开关解除报警信号。

（2）试设计一个会议大厅入口人数统计报警控制系统。

要求：会议大厅入口处安装光电检测装置I0.0，进入一人发出一高电平信号；会议大厅出口处安装光电检测装置I0.1，退出一人发出一高电平信号；会议大厅只能容纳800人。当厅内达到800人时，发出报警信号Q0.0，并自动关闭入口（电动机拖动Q0.1）。有人退出，不足800人时，则打开大门（电动机反向拖动Q0.2）。设开门到位用行程开关SQ1，关门到位用行程开关SQ2。

# 项目 4　工业机械手顺序控制系统

为了满足生产的需要，很多设备要求设置多种工作方式，如手动方式和自动方式，自动方式包括连续、单周期、步进、自动回原点集中方式。手动程序一般用经验法设计，自动程序一般根据系统的顺序功能图用顺序设计法设计。本项目采用S7-300PLC应用技术来实现工业机械手顺序控制系统，控制要求如下。

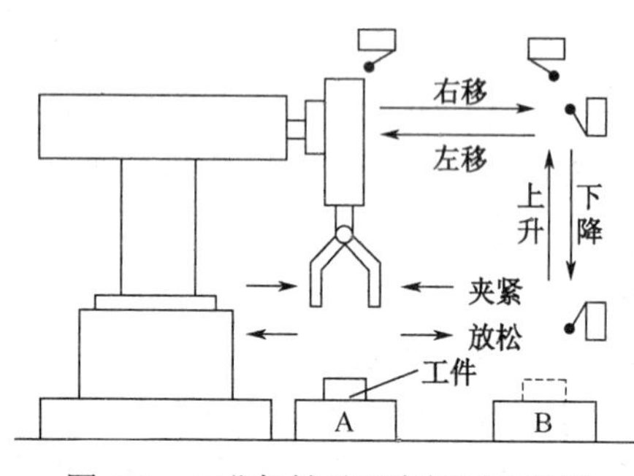


图 4-1　工业机械手顺序控制示意图

（1）机械手顺序控制系统示意图如图 4-1 所示，上电机械手停于原位，当系统设为自动模式时，按启动信号 SB1 后，机械手按下降—夹紧—上升—右移—下降—放松—上升—左移—原位，自动循环运行；且任何时候按下停止按钮 SB2 信号后，机械手回到原位方可停止。

（2）当系统设为手动模式时，按相应手动按钮，机械手能手动控制。

【学习任务】

任务 1　工业机械手顺序控制系统的项目生成与硬件组态。
任务 2　工业机械手顺序控制系统的控制程序。
任务 3　工业机械手顺序控制系统的调试与运行。

【学习目标】

1. 掌握工业机械手顺序控制系统的项目生成与硬件组态。
2. 掌握工业机械手顺序控制系统的控制程序编写。
3. 掌握工业机械手顺序控制系统的调试方法。
4. 掌握 S7-300 的顺序控制设计法。
5. 掌握监视修改变量表调试程序的方法。

## 任务 1　工业机械手顺序控制系统的项目生成与硬件组态

【任务描述与分析】

本任务中的工业机械手是由西门子 S7-300、传感器、电磁阀等器件组成。根据设计要求，工业机械手的各动作是按顺序进行的，因此，采用顺序控制，是最常用的设计方法。首先进行工业机械手控制系统的项目生成与硬件组态。

【相关知识与技能】

## 4.1.1　电磁阀

电磁阀（Electromagnetic Valve）是用电磁控制的工业设备，是用来控制流体的自动化基础元件，属于执行器，并不限于液压、气动。用在工业控制系统中调整介质的方向、流量、速度和其他的参数。电磁阀可以配合不同的电路来实现预期的控制，而控制的精度和灵活性都能够保证。电磁阀有很多种，不同的电磁阀在控制系统的不同位置发挥作用，最常用的是单向阀、安全阀、方向控制阀、速度调节阀等。电磁阀的外形如图 4-2 所示。

图 4-2　电磁阀外形

电磁阀里有密闭的腔，在不同位置开有通孔，每个孔连接不同的油管，腔中间是活塞，两边是两块电磁铁，哪边的磁铁线圈通电，阀体就会被吸引到哪边，通过控制阀体的移动来开启或关闭不同的排油孔，而进油孔是常开的，液压油就会进入不同的排油管，然后通过油的压力来推动油缸的活塞，活塞又带动活塞杆，活塞杆带动机械装置。这样通过控制电磁铁的电流通断就控制了机械运动。

### 1. 电磁阀分类

电磁阀从原理上分为三大类。

（1）直动式电磁阀如图 4-3 所示。

原理：通电时，电磁线圈产生电磁力把关闭件从阀座上提起，阀门打开；断电时，电磁力消失，弹簧把关闭件压在阀座上，阀门关闭。

特点：在真空、负压、零压时能正常工作，但通径一般不超过 25mm。

（2）分步直动式电磁阀如图 4-4 所示。

原理：它是一种直动和先导式相结合的原理，当入口与出口没有压差时，通电后，电磁力直接把先导小阀和主阀关闭件依次向上提起，阀门打开。当入口与出口达到启动压差时，通电后，电磁力先导小阀，主阀下腔压力上升，上腔压力下降，从而利用压差把主阀向上推开；断电时，先导阀利用弹簧力或介质压力推动关闭件，向下移动，使阀门关闭。

特点：在零压差或真空、高压时亦能动作，但功率较大，要求必须水平安装。

（3）先导式电磁阀如图 4-5 所示。

原理：通电时，电磁力把先导孔打开，上腔室压力迅速下降，在关闭件周围形成上低下高的压差，流体压力推动关闭件向上移动，阀门打开；断电时，弹簧力把先导孔关闭，入口压力通过旁通孔迅速进入上腔室，在关闭件周围形成下低上高的压差，流体压力推动关闭件向下移动，关闭阀门。

特点：流体压力范围上限较高，但必须满足流体压差条件。

电磁阀从阀结构和材料上的不同与原理上的区别，分为六个分支小类：直动膜片结构、分步直动膜片结构、先导膜片结构、直动活塞结构、分步直动活塞结构、先导活塞结构。

电磁阀按照功能分为水用电磁阀、蒸汽电磁阀、制冷电磁阀、低温电磁阀、燃气电磁阀、消防电磁阀、氨用电磁阀、气体电磁阀、液体电磁阀、微型电磁阀、脉冲电磁阀、液压电磁阀、常开电磁阀、油用电磁阀、直流电磁阀、高压电磁阀、防爆电磁阀等。

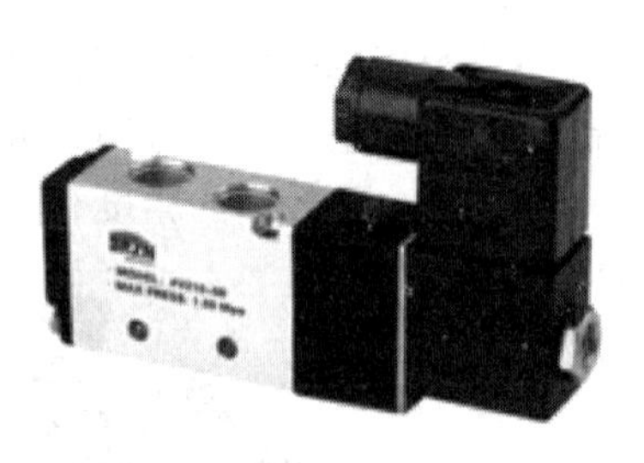

图 4-3　直动式电磁阀

图 4-4　分步直动式电磁阀

图 4-5　先导式电磁阀

### 2. 电磁阀选型依据

（1）根据管道参数选择电磁阀的通径规格（即 DN）和接口方式。

① 按照现场管道内径尺寸或流量要求来确定通径（DN）尺寸；

② 接口方式，一般>DN50 要选择法兰接口，≤DN50 则可根据用户需要自由选择。

（2）根据流体参数选择电磁阀的材质和温度组。

① 腐蚀性流体：宜选用耐腐蚀电磁阀和全不锈钢；食用超净流体：宜选用食品级不锈钢材质电磁阀；

② 高温流体：要选择采用耐高温的电工材料和密封材料制造的电磁阀，而且要选择活塞式结构类型；

③ 流体状态：一般有气态、液态或混合状态，特别是口径大于 DN25 时一定要区分开来；

④ 流体黏度：通常在 50cSt 以下可任意选择，若超过此值，则要选用高黏度电磁阀。

（3）根据压力参数选择电磁阀的原理和结构品种。

① 公称压力：这个参数与其他通用阀门的含义是一样的，根据管道公称压力来定；

② 工作压力：如果工作压力低则必须选用直动或分步直动式原理；最低工作压差在 0.04MPa 以上时直动式、分步直动式、先导式均可选用。

（4）电气选择：电压规格应尽量优先选用 AC220V、DC24 较为方便。

（5）根据持续工作时间长短来选择常闭常开或可持续通电。

① 当电磁阀需要长时间开启并且持续的时间多于关闭的时间时，应选用常开型；

② 如果开启的时间短或开、关的时间不多时，则选常闭型；

③ 但是有些用于安全保护的工况，如炉、窑火焰监测，则不能选常开型，应选可长期通电型。

（6）根据环境要求选择辅助功能：防爆、止回、手动、防水雾、水淋、潜水。

【任务实施与拓展】

## 4.1.2　控制系统的硬件电路

### 1．系统硬件配置表

分析工业机械手顺序控制系统的控制要求，得出系统硬件配置如表 4-1 所示，由于负载是三相异步电动机，建议优先选用继电器的输出模块，如 8 点继电器输出的 SM322 模块，型号可选择 6ES7 322-1HF01-0AA0。继电器输出模块的负载电压范围宽，导通压降小，承受瞬时过电压和瞬时过电流的能力较强（硬件可根据实际情况作相应替换）。由于控制系统的输入点数有 13 点，因此选输入点数 16 点的 SM321 的数字量输入模块，如 6ES7 321-1BH02-0AA0。

表 4-1　工业机械手顺序控制系统的硬件配置表

| 序号 | 名称 | 型号说明 | 数量 |
|---|---|---|---|
| 1 | CPU | CPU315-2DP | 1 |
| 2 | 电源模块 | PS307 | 1 |
| 3 | 开关量输入模块 | SM321 | 1 |
| 4 | 开关量输出模块 | SM322 | 1 |
| 5 | 前连接器 | 20 针 | 2 |

### 2．I/O 地址分配表

分析工业机械手控制系统的控制要求，控制系统的 I/O 地址分配如表 4-2 所示。

表 4-2　工业机械手顺序控制系统 I/O 地址分配表

| 信号类型 | 信号名称 | 地址 |
|---|---|---|
| 输入信号 | SB1 自动方式下启动按钮 | I0.0 |
| | SB2 自动方式下停止按钮 | I0.1 |
| | SQ1 下限位开关 | I0.2 |
| | SQ2 上限位开关 | I0.3 |
| | SQ3 右限位开关 | I0.4 |
| | SQ4 左限位开关 | I0.5 |
| | SA1 手自动选择开关 | I0.6 |
| | SB3 手动上升操作 | I0.7 |
| | SB4 手动下降操作 | I1.0 |
| | SB5 手动右移操作 | I1.1 |
| | SB6 手动左移操作 | I1.2 |
| | SB7 手动夹紧操作 | I1.3 |
| | SB8 手动放松操作 | I1.4 |
| 输出信号 | YV1 下降电磁阀线圈 | Q4.0 |

续表

| 信号类型 | 信号名称 | 地址 |
|---|---|---|
| 输出信号 | YV2 夹紧、放松电磁阀线圈 | Q4.1 |
| | YV3 上升电磁阀线圈 | Q4.2 |
| | YV4 右移电磁阀线圈 | Q4.3 |
| | YV5 左移电磁阀线圈 | Q4.4 |

### 3. I/O 接线图

PLC 的外部接线图如图 4-6 所示。

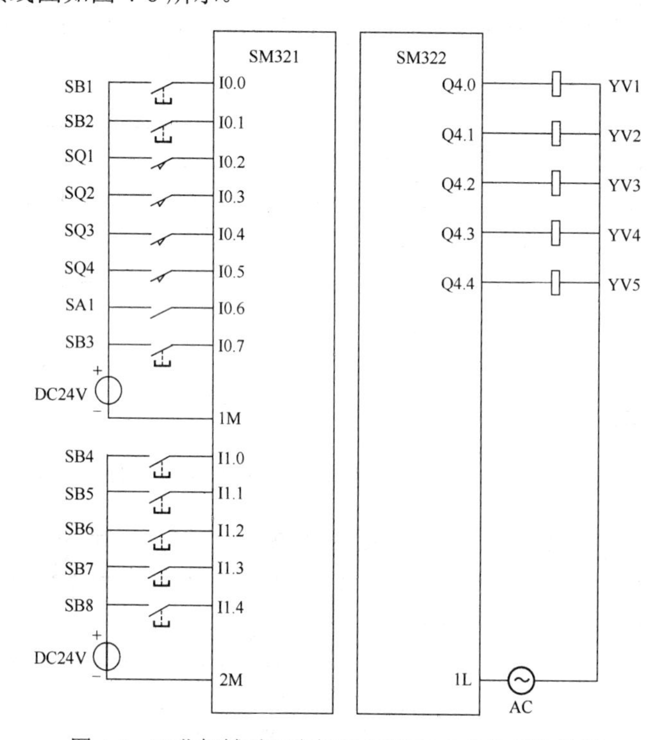


图 4-6　工业机械手顺序控制系统 PLC 的外部接线图

## 4.1.3　控制系统的项目生成与硬件组态

用“新建项目”向导生成一个名为“工业机械手顺序控制”的项目，进行硬件组态，组态完成如图 4-7 所示。

| S... | Module ... | Order number ... | F... | M... | I... | Q... | Comment |
|---|---|---|---|---|---|---|---|
| 1 | PS 307 10A | 6ES7 307-1KA00-0AA0 | | | | | |
| 2 | CPU 315-2 DP | 6ES7 315-2AG10-0AB0 | V2.6 | 2 | | | |
| X2 | DP | | | | 1023* | | |
| 3 | | | | | | | |
| 4 | DI16xDC24V | 6ES7 321-1BH02-0AA0 | | | 0...1 | | |
| 5 | DO8xRelay | 6ES7 322-1HF01-0AA0 | | | | 4 | |

图 4-7　工业机械手顺序控制系统的硬件组态

# 任务 2　工业机械手顺序控制系统的控制程序

【任务描述与分析】

工业机械手顺序控制系统的硬件组态完成后，还需进行相应的控制程序的编写，才能达到相应的控制功能。机械手控制主程序主要由自动方式连续控制子程序和手动控制子程序组成。当选择手动方式控制时，进入手动控制子程序，通过下降—夹紧—上升—右移—下降—放松—上升—左移来完成对机械手的手动操作。当选择连续控制时，进入连续控制子程序，完成控制机械手循环地连续动作，输入端 I0.0 为连续控制的启动，I0.1 为连续控制的停止输入端。

该控制程序的编写主要涉及顺序控制设计法。

【相关知识与技能】

## 4.2.1　顺序控制设计法

工业控制中，许多场合要应用顺序控制的方式进行控制。

顺序控制是指按照生产工艺预先规定的顺序，在各个输入信号的作用下，根据内部状态和时间的顺序，在生产过程中各个执行机构自动有秩序地进行操作。

顺序功能图是描述控制系统的控制过程、功能和特性的一种图形，也是设计可编程控制器的顺序控制程序的有力工具。

顺序控制设计法是指依据顺序功能图设计 PLC 顺序控制程序的方法。基本思想是将系统的一个工作周期分解成若干个顺序相连的阶段，即“步”。顺序功能图主要有步、有向连线、转换和转换条件及动作（或命令）组成。

### 1. 步

顺序功能图中把系统循环工作过程分解成若干顺序相连的阶段，称为“步”。步用矩形框表示，框内的数字表示步的编号。在控制过程进展的某个给定时刻，一个步可以是活动的，也可以是非活动的。当步处于活动状态时，称为活动步，反之，称为非活动步。控制过程开始阶段的活动步与初始状态对应，称为起始步，用双线方框表示，每个顺序功能图至少应有一个初始步。

### 2. 与步相关的动作（或命令）

控制系统的每一步都有要完成的某些“动作”（或命令），当该步处于活动状态时，该步内相应的动作（或命令）被执行；反之，不被执行。与该步相关的动作（或命令）用矩形框表示，框内的文字或符号表示动作或命令的内容，该矩形框应与相应步的矩形框相连。在顺序功能图中，动作（或命令）可分为“非存储型”或“存储型”。当相应步活动时，动作（或命令）即被执行，当相应步不活动时，如果动作（或命令）返回到该步活动前的状态，是“非存储型”；如果动作（或命令）继续保持它的状态，则为“存储型”。

### 3. 有向连线

在顺序功能图中，会发生步的活动状态的进展。步之间的进展，采用有向连线表示，它将步连接到转换并将转换连接到步。步的进展按有向连线规定的线路进行，有向连线是垂直或水平的，按习惯进展的方向总是自上而下或从左到右，如果不遵守上述习惯必须加箭头，必要时为了更易于理解也可加箭头，箭头表示步进展的方向。

### 4．转换和转换条件

在顺序功能图中，步的活动状态的进展是由一个或多个转换的实现来完成，并与控制过程的发展相对应。转换的符号是一根与有向连线垂直的短画线，步与步之间由转换分割。转换条件是在转换符号短画线旁边用文字或符号说明。当两步之间的转换条件得到满足时，转换得以实现，即上一步的活动结束而下一步的活动开始，因此不会出现步的重叠。

## 4.2.2 顺序功能图的基本结构

### 1．单序列结构

单序列由一系列相继激活的步组成。每一步的后面仅有一个转换条件，每一个转换条件后面仅有一步，如图 4-8 所示。

### 2．选择序列结构

（1）选择序列的开始称为分支。某一步的后面有几个步，当满足不同的转换条件时，转向不同的步，如图 4-9（a）所示。

（2）选择序列的结束称为合并。几个选择序列合并到同一个序列上，各个序列上的步在各自转换条件满足时转换到同一个步，如图 4-9（b）所示。

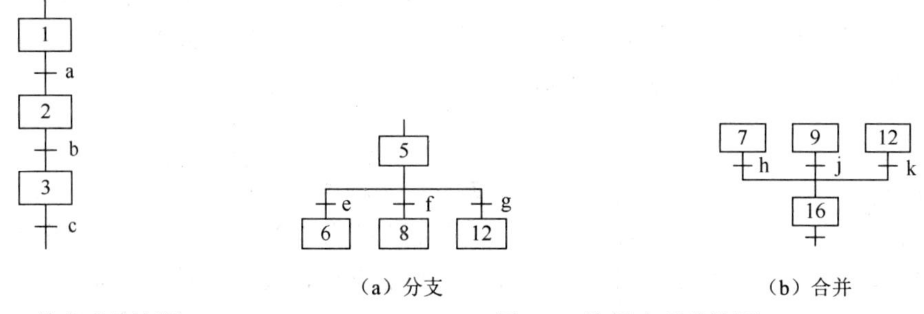


图 4-8　单序列结构图

图 4-9　选择序列结构图

### 3．并行序列结构

（1）并行序列的开始称为分支。当转换的实现导致几个序列同时激活时，这些序列称为并行序列。它们被同时激活后，每个序列中的活动步的进展将是独立的，如图 4-10（a）所示。

（2）并行序列的结束称为合并。在并行序列中，处于水平双线以上的各步都为活动步，且转换条件满足时，同时转换到同一个步，如图 4-10（b）所示。

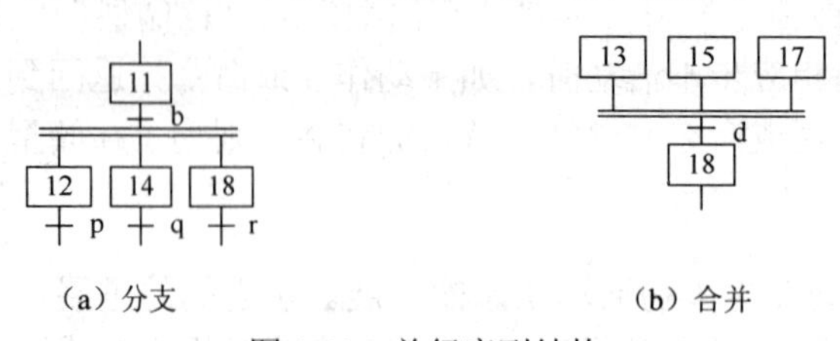


图 4-10　并行序列结构

【任务实施与拓展】

## 4.2.3　工业机械手顺序控制系统梯形图程序

### 1. 画出顺序功能图

根据机械手控制系统的控制要求，画出自动方式连续控制的顺序功能图，如图 4-11 所示。在原位按下启动按钮，机械手下降，压到 SQ1，机械手夹紧并延时，延时时间到，机械手上升，压到 SQ2，机械手右移，压到 SQ3，机械手下降，压到 SQ1，机械手放松并延时，延时时间到，机械手上升，压到 SQ2，机械手左移，压到 SQ4，机械手下降，如此循环。按下停止按钮，机械手停止工作。

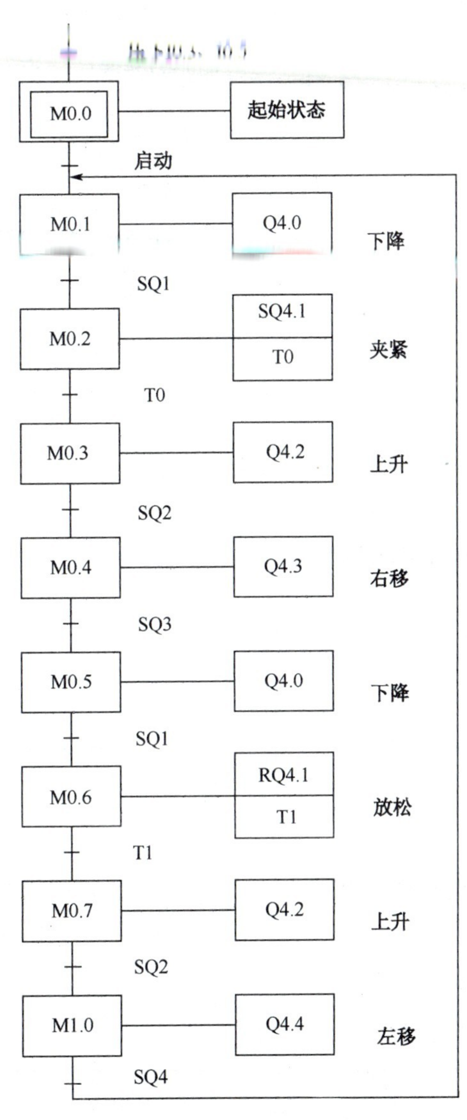


图 4-11　工业机械手自动方式连续控制的顺序功能图

## 2．编写符号表

为了使程序更容易阅读和理解，可用符号地址访问变量，用符号表定义的符号可供所有的逻辑块使用。选中 SIMATIC 管理器左边窗口的“S7 程序”，双击右边窗口出现的“符号”，打开符号编辑器，本系统编写好的符号表如图 4-12 所示。

S7 程序(1) (符号) -- 工业机械手控制系统\SIMATIC 300(1)\CPU 315-2 DP

| | Statu | Symbol | Address | | Data type | Comment |
|---|---|---|---|---|---|---|
| 1 | | SB1 | I | 0.0 | BOOL | 自动方式下启动按钮 |
| 2 | | SB2 | I | 0.1 | BOOL | 自动方式下停止按钮 |
| 3 | | SQ1 | I | 0.2 | BOOL | 下限位开关 |
| 4 | | SQ2 | I | 0.3 | BOOL | 上限位开关 |
| 5 | | SQ3 | I | 0.4 | BOOL | 右限位开关 |
| 6 | | SQ4 | I | 0.5 | BOOL | 左限位开关 |
| 7 | | SA1 | I | 0.6 | BOOL | 手动/自动选择开关 |
| 8 | | SB3 | I | 0.7 | BOOL | 手动上升操作 |
| 9 | | SB4 | I | 1.0 | BOOL | 手动下降操作 |
| 10 | | SB5 | I | 1.1 | BOOL | 手动右移操作 |
| 11 | | SB6 | I | 1.2 | BOOL | 手动左移操作 |
| 12 | | SB7 | I | 1.3 | BOOL | 手动夹紧操作 |
| 13 | | SB8 | I | 1.4 | BOOL | 手动放松操作 |
| 14 | | YV1 | Q | 4.0 | BOOL | 下降电磁阀线圈 |
| 15 | | YV2 | Q | 4.1 | BOOL | 夹紧、放松电磁阀线圈 |
| 16 | | YV3 | Q | 4.2 | BOOL | 上升电磁阀线圈 |
| 17 | | YV4 | Q | 4.3 | BOOL | 右移电磁阀线圈 |
| 18 | | YV5 | Q | 4.4 | BOOL | 左移电磁阀线圈 |

图 4-12　工业机械手控制系统的符号表

## 3．OB1 中的程序

根据以上分析，写出机械手控制系统的主程序如图 4-13 所示。

OB1:主程序

Network 1:调用自动控制程序

I0.6
手自动选择
开关
“SA1”

FC1
EN　ENO

Network 2:调用手动控制程序

I0.6
手自动选择
开关
“SA1”

FC2
EN　ENO

图 4-13　工业机械手控制系统主程序 OB1

Network 3:机械手下降

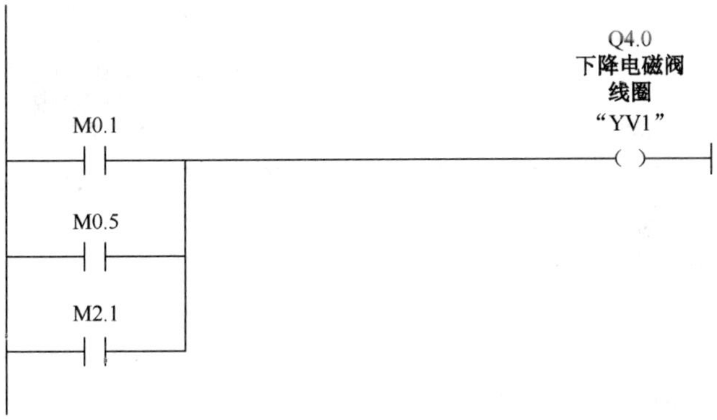

M0.1, M0.5, M2.1（并联常开触点）→ Q4.0 下降电磁阀线圈 “YV1” ( )

Network 4:机械手夹紧

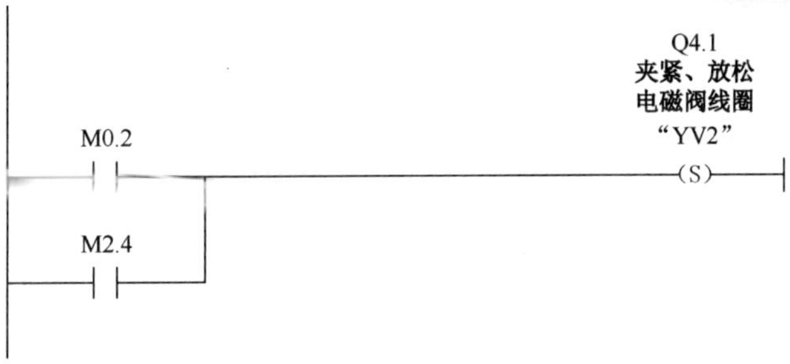

M0.2, M2.4（并联常开触点）→ Q4.1 夹紧、放松电磁阀线圈 “YV2” (S)

Network 5:机械手上升

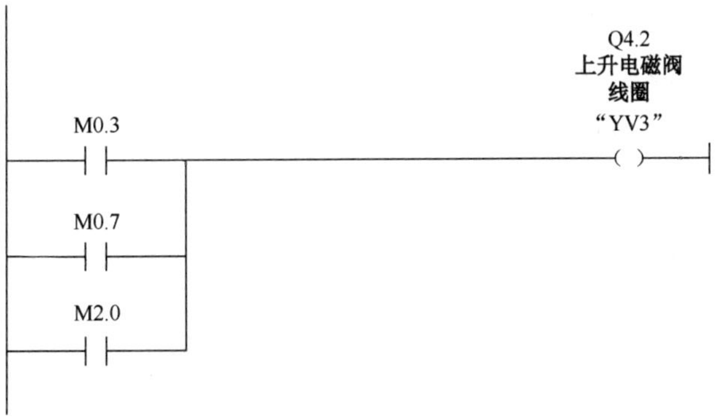

M0.3, M0.7, M2.0（并联常开触点）→ Q4.2 上升电磁阀线圈 “YV3” ( )

Network 6:机械手右移

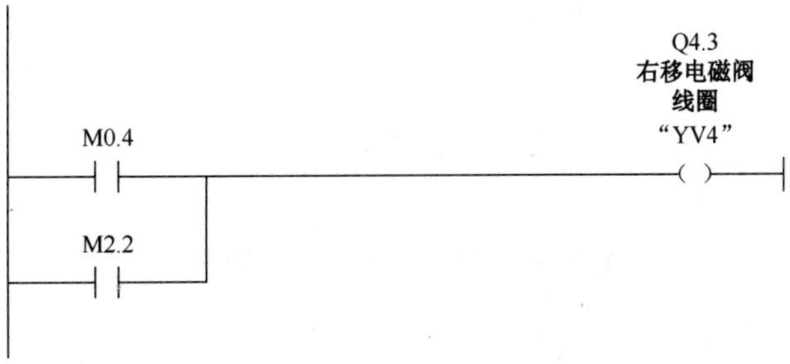

M0.4, M2.2（并联常开触点）→ Q4.3 右移电磁阀线圈 “YV4” ( )

图 4-13　工业机械手控制系统主程序 OB1（续）

Network 7:机械手放松

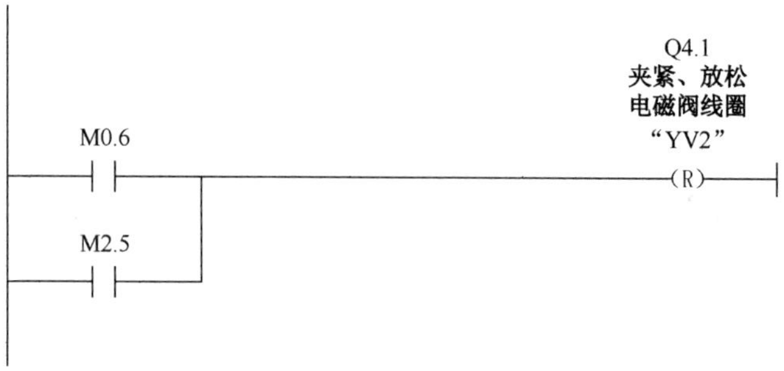

M0.6
M2.5
Q4.1
夹紧、放松
电磁阀线圈
“YV2”
(R)

Network 8:机械手左移

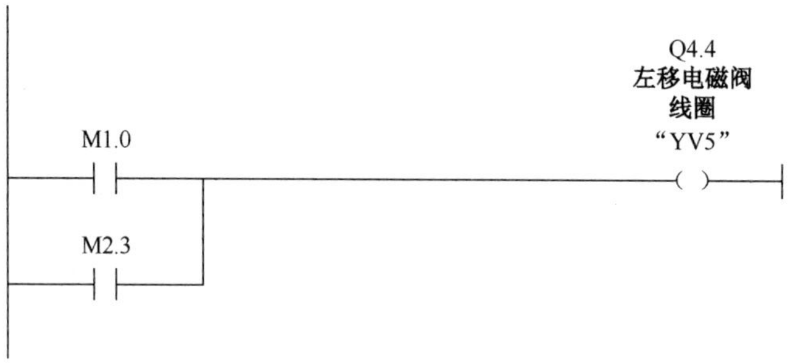

M1.0
M2.3
Q4.4
左移电磁阀
线圈
“YV5”
( )

图 4-13　工业机械手控制系统主程序 OB1（续）

## 4．OB100 中的程序

系统初始化程序如图 4-14 所示。

OB100:系统初始化

Network 1:初始化MD0

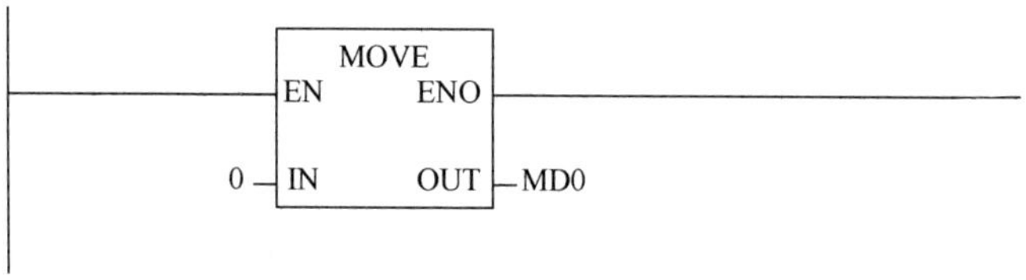

MOVE
EN　ENO
0 — IN　OUT — MD0

Network 2:初始化QB0

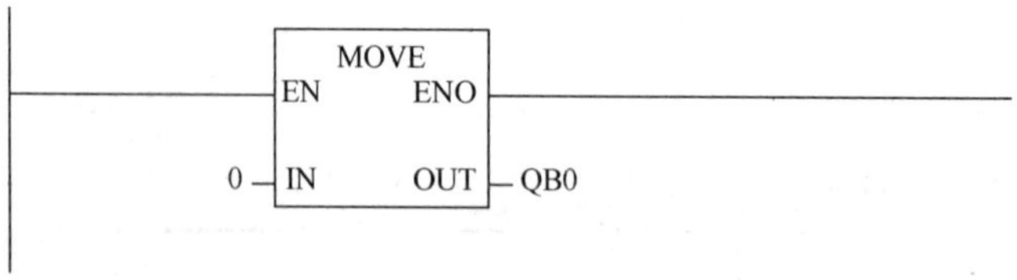

MOVE
EN　ENO
0 — IN　OUT — QB0

图 4-14　用于系统初始化的 OB100

## 5．自动控制功能 FC1

自动控制功能 FC1 如图 4-15 所示。

FC1:用于自动控制的功能

Network 1:初始状态

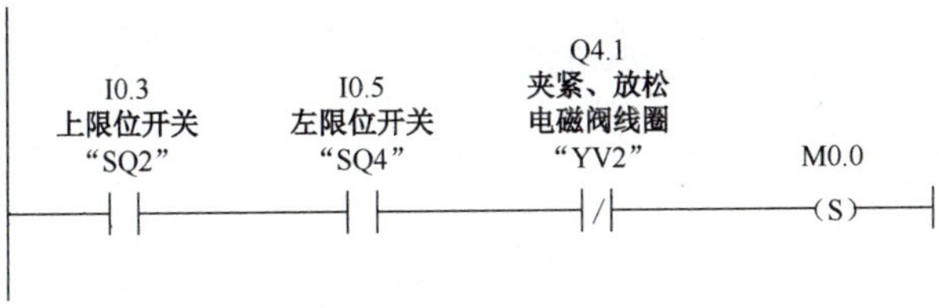

I0.3 上限位开关 "SQ2" ── I0.5 左限位开关 "SQ4" ── Q4.1 夹紧、放松电磁阀线圈 "YV2" (/) ── M0.0 (S)

Network 2:在原位按下启动按钮SB1，机械手下降

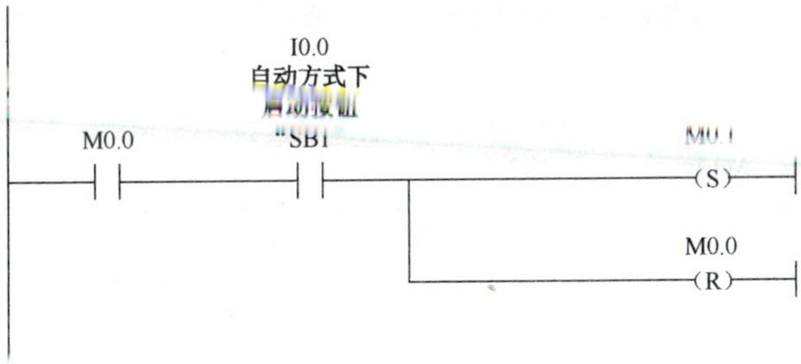

M0.0 ── I0.0 自动方式下启动按钮 "SB1" ── M0.1 (S)
M0.0 (R)

Network 3:下降压到下限位开关SQ1，机械手停止下降，夹紧工件

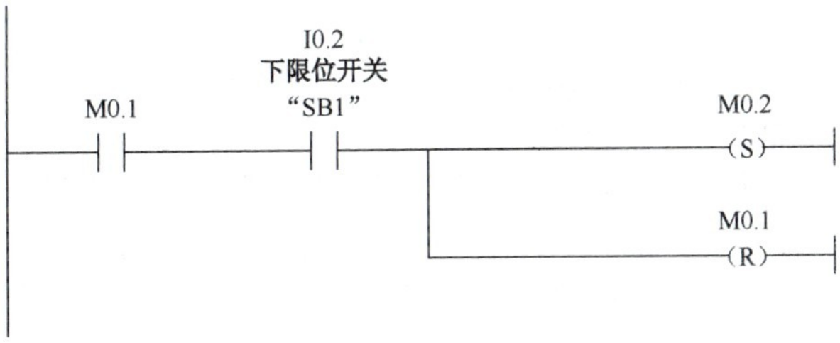

M0.1 ── I0.2 下限位开关 "SB1" ── M0.2 (S)
M0.1 (R)

Network 4:夹紧延时5s

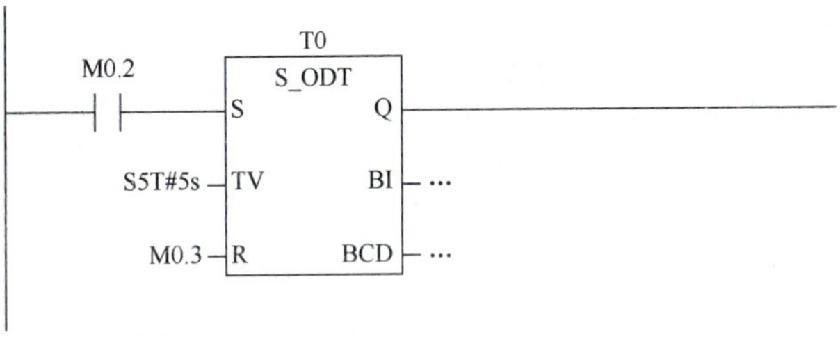

M0.2 ── T0 S_ODT
S Q
S5T#5s ─ TV BI ─ …
M0.3 ─ R BCD ─ …

Network 5:5s延时时间到，机械手上升

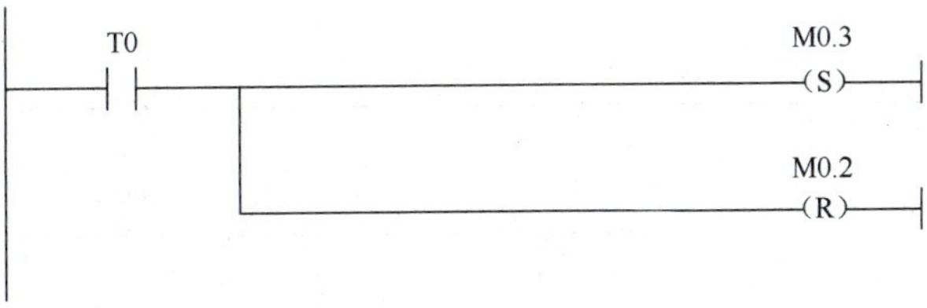

T0 ── M0.3 (S)
M0.2 (R)

图 4-15　用于自动控制的功能 FC1

Network 6:上升压到上限位开关SQ2，机械手右移

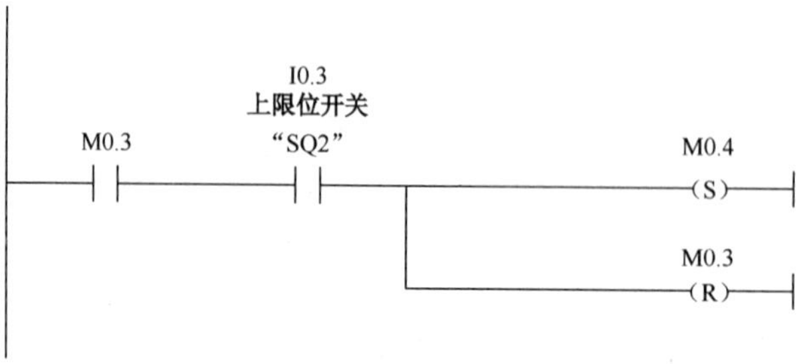

I0.3
上限位开关
M0.3 "SQ2" M0.4
(S)
M0.3
(R)

Network 7:右移压到右限位开关SQ3，机械手下降

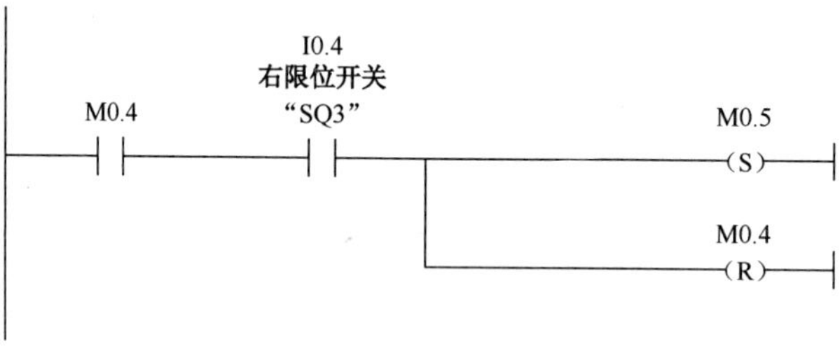

I0.4
右限位开关
M0.4 "SQ3" M0.5
(S)
M0.4
(R)

Network 8:下降压到下限位开关SQ1，机械手停止下降，放松工件

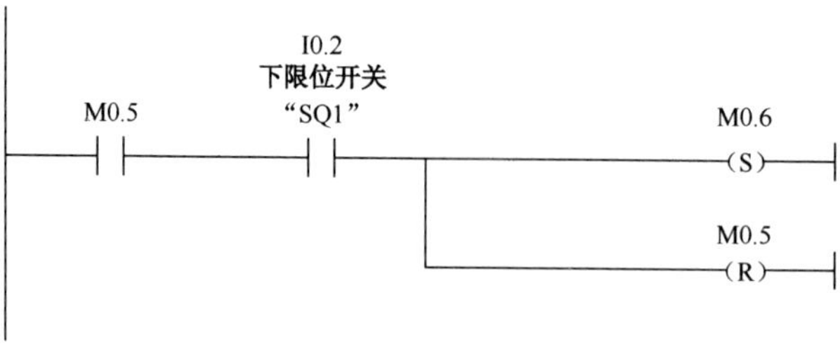

I0.2
下限位开关
M0.5 "SQ1" M0.6
(S)
M0.5
(R)

Network 9:放松并延时3s

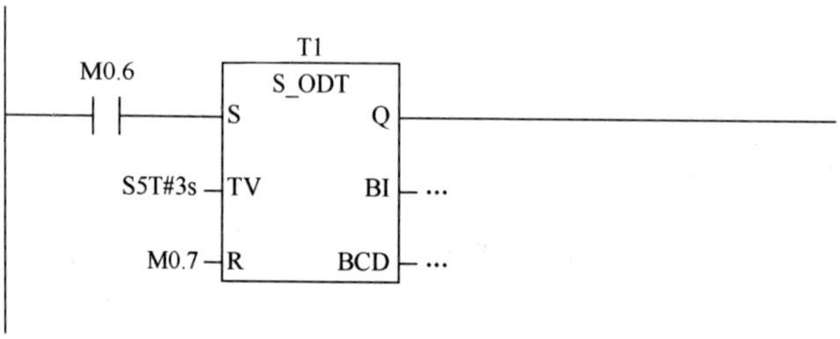

T1
M0.6 S_ODT
S Q
S5T#3s TV BI ...
M0.7 R BCD ...

Network 10:3s延时时间到，机械手上升

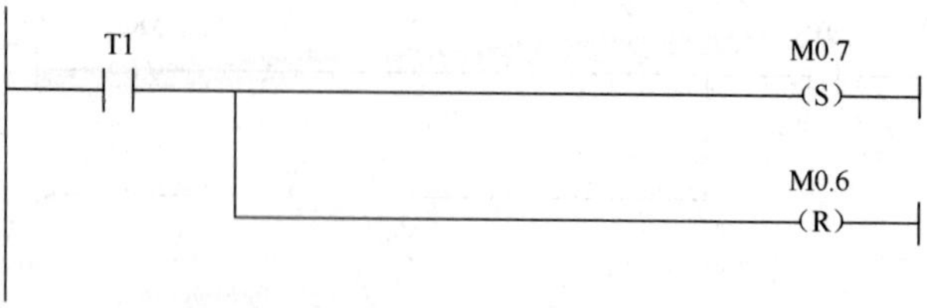

T1 M0.7
(S)
M0.6
(R)

图 4-15　用于自动控制的功能 FC1（续）

Network 11:上升压到上限位开关SQ2，机械手左移

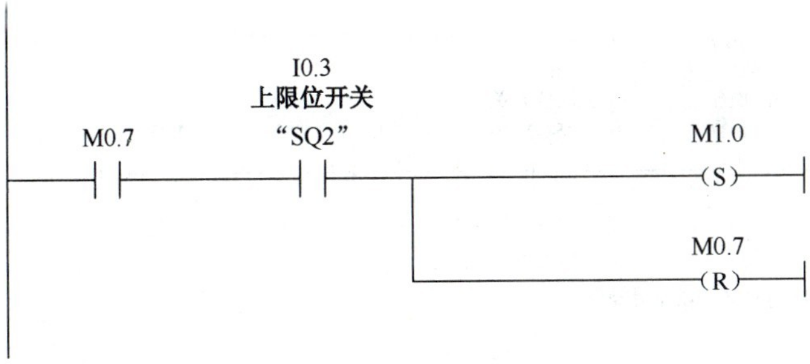

I0.3
上限位开关
“SQ2”
M0.7
M1.0
(S)
M0.7
(R)

Network 12:左移压到左限位开关SQ4，机械手下降

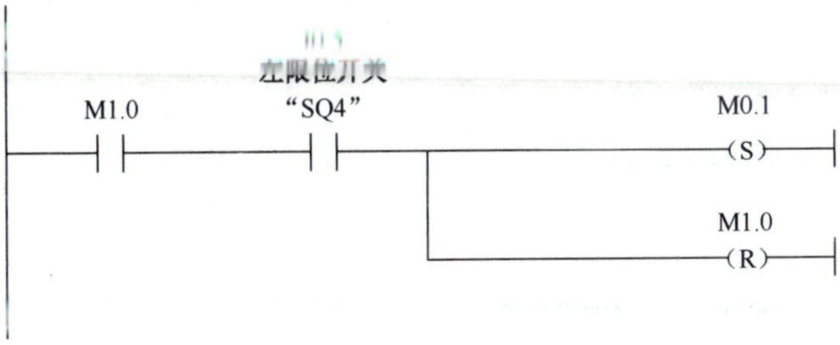

I0.5
左限位开关
“SQ4”
M1.0
M0.1
(S)
M1.0
(R)

Network 13:停止标志位M1.1

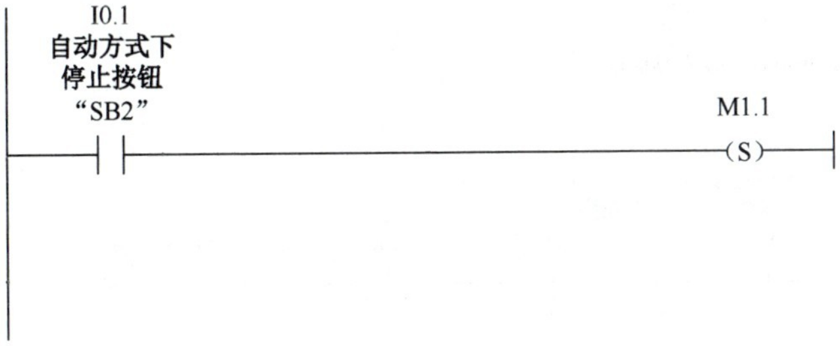

I0.1
自动方式下
停止按钮
“SB2”
M1.1
(S)

Network 14:机械手回原点停止

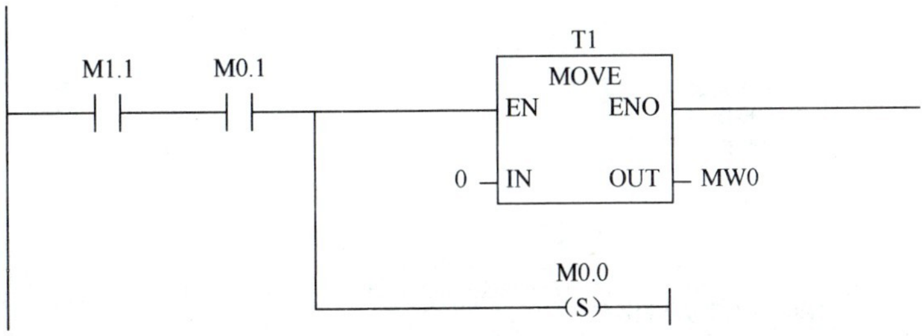

M1.1
M0.1
T1
MOVE
EN
ENO
0
IN
OUT
MW0
M0.0
(S)

图 4-15　用于自动控制的功能 FC1（续）

## 6．手动控制功能 FC2

手动控制功能 FC2 如图 4-16 所示。

FC2:用于手动控制的功能

Network 1:手动上升操作

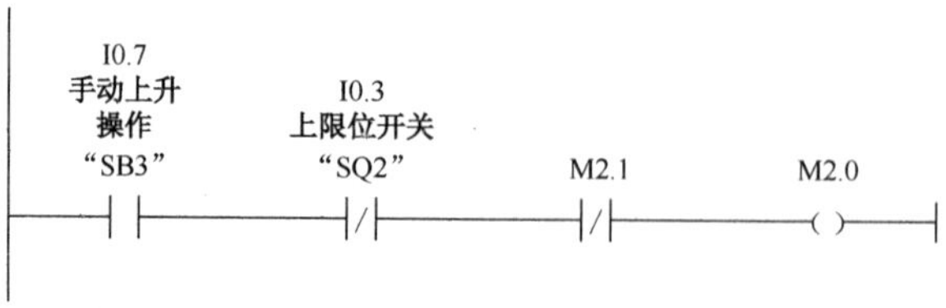

I0.7 手动上升操作 "SB3"　I0.3 上限位开关 "SQ2"　M2.1　M2.0

Network 2:手动下降操作

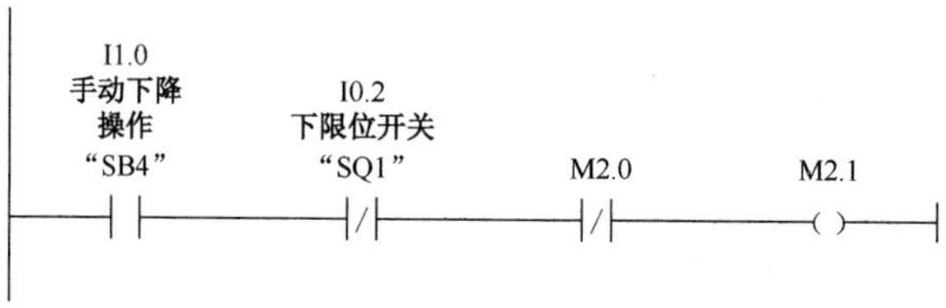

I1.0 手动下降操作 "SB4"　I0.2 下限位开关 "SQ1"　M2.0　M2.1

Network 3:手动右移操作

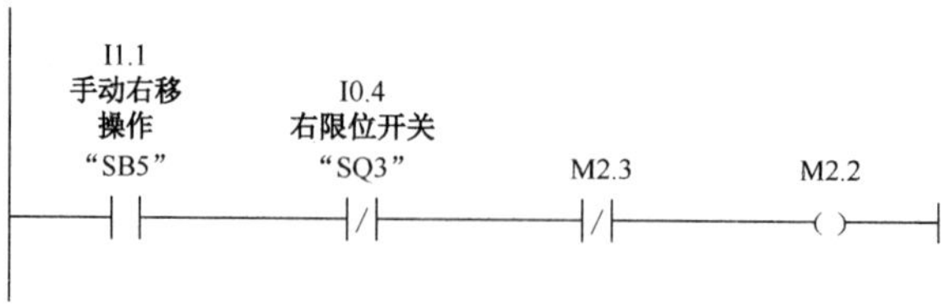

I1.1 手动右移操作 "SB5"　I0.4 右限位开关 "SQ3"　M2.3　M2.2

Network 4:手动左移操作

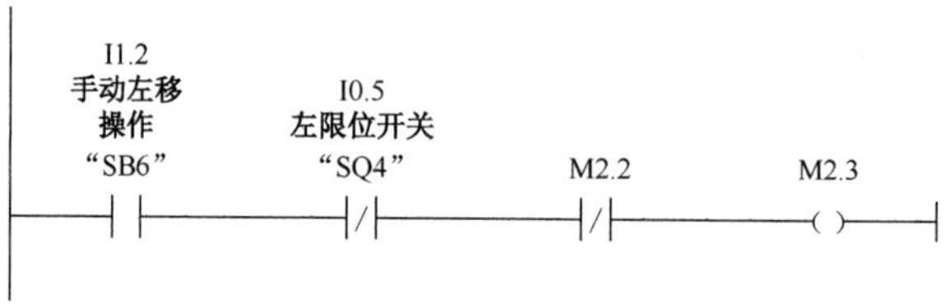

I1.2 手动左移操作 "SB6"　I0.5 左限位开关 "SQ4"　M2.2　M2.3

Network 5:手动夹紧操作

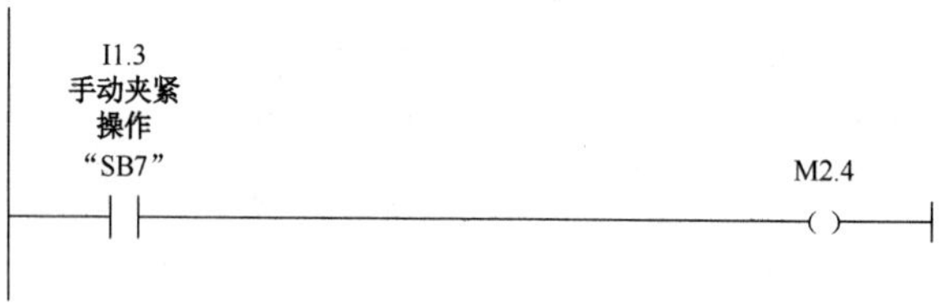

I1.3 手动夹紧操作 "SB7"　M2.4

Network 6:手动放松操作

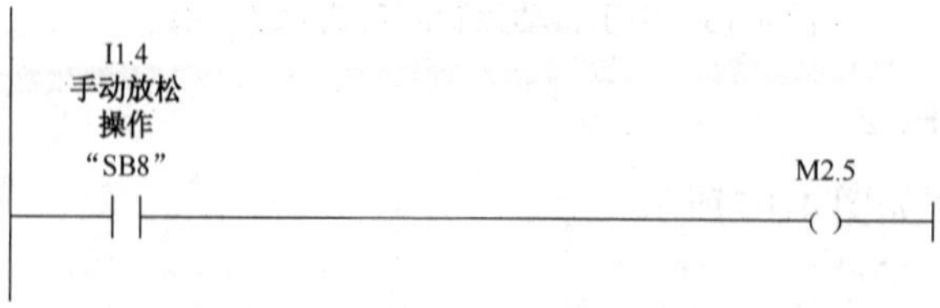

I1.4 手动放松操作 "SB8"　M2.5

图 4-16　用于手动控制的功能 FC2

【任务实施与拓展】

### 4.2.4　绘制顺序功能图的注意事项

（1）两个步绝对不能直接相连，必须用一个转换将它们隔开。

（2）两个转换也不能直接相连，必须用一个步将它们隔开。

（3）功能表中的初始步一般对应于系统等待启动的初始状态，它是必不可少的。

（4）自控系统应能多次重复执行同一工艺过程，因此功能图中应由有向连线组成闭环。

（5）如果用没有断电保持功能的编程元件代表各步，PC 开始进入 RUN 工作方式时，它们均处于断开状态，所以必须在 OB100 中将初始步预置为活动步，否则因顺序功能图中没有活动步，系统将无法工作。

当然，如果选择有断电保持功能的存储器位（M）来代表顺序控制图中的各位，在交流电源突然断电时，可以保存当时的活动步对应的存储器位的地址。系统重新上电后，可以使系统从断电瞬时的状态开始继续运行。

## 任务 3　工业机械手顺序控制系统的调试与运行

【任务描述与分析】

为了测试前面完成的工业机械手顺序控制系统设计项目，必须将程序和模块信息下载到 PLC 的 CPU 模块。前一个项目介绍了程序状态功能调试程序的方法，可以在梯形图、功能块图或语句表程序编辑器中形象直观地监视程序的执行情况，找出程序设计中存在的问题。但是程序状态功能只能在屏幕上显示一小块程序，在调试较大的程序时，往往不能同时显示和调试某一部分程序所需的全部变量。

变量表可以有效地解决上述问题。使用变量表可以在一个画面中同时监视、修改和强制显示用户感兴趣的全部变量。一个项目可以生成多个变量表，以满足不同的调试要求。

在变量表中可以赋值或显示的变量包括输入、输出、位存储器、定时器、计数器、数据块内的存储器和外设 I/O。

【相关知识与技能】

### 4.3.1　变量表的基本功能

#### 1. 变量表的功能

（1）监视（Monitor）变量：在编程设备或 PC（计算机）上显示用户程序中或 CPU 中每个变量的当前值。

（2）修改（Modify）变量：将固定值赋给用户程序或 CPU 中的变量。

（3）对外设输出赋值：允许在停机状态下将固定值赋给 CPU 中的每个输出点 Q。

（4）强制变量：给用户程序或 CPU 中的某个变量赋予一个固定值，用户程序的执行不会影响被强制的变量的值。

（5）定义变量：定义变量被监视或赋予新值的触发点和触发条件。

### 2．用变量表监视和修改变量的基本步骤

（1）生成新的变量表或打开已存在的变量表，编辑和检查变量表的内容。

（2）建立计算机与 CPU 之间的硬件连接，将用户程序下载到 PLC。在变量表窗口中执行命令“PLC”→“Connect to”建立当前变量表与 CPU 之间的在线连接。

（3）执行“Variable”→“Trigger”命令选择合适的触发点和触发条件。

（4）将 PLC 由 STOP 模式切换到 RUN-P 模式。

（5）执行“Variable”→“Monitor”命令或“Variable”→“Modify”命令激活监视或修改功能。

## 4.3.2 变量表的生成

### 1．生成变量表的几种方法

（1）在 SIMATIC 管理器中执行“Insert”→“S7 Block”→“Variable Table”命令生成新的变量表。或者右击 SIMATIC 管理器的块工作区，在弹出的快捷菜单中选择“Insert New Object”→“Variable Table”命令来生成新的变量表。在出现的对话框中，可以给变量表取一个符号名，一个变量表最多有 1024 行。

（2）在 SIMATIC 管理器中执行“View”→“Online”命令，进入在线状态，选择块文件夹；或者执行“PLC”→“Display Accessible Nodes”命令，在可访问站（Accessible Nodes）窗口中选择块文件夹，选择“PLC”→“Monitor/ Modify”（监视/修改变量）命令生成一个无名的在线变量表。

（3）在变量表编辑器中，选择“Table”→“New”命令生成一个新的变量表。可以选择“Table”→“Open”命令打开已存在的表，也可以在工具栏中用相应的图标来生成或打开变量表。

### 2．在变量表中输入变量

（1）在输入变量时应将逻辑块中有关联的变量放在一起。

（2）在“符号”（Symbol）栏输入在符号表中定义过的符号，在地址栏将会自动出现该符号的地址。

（3）在“地址”（Address）栏输入地址，如果该地址已经在符号表中定义了符号，将会在符号栏自动地出现它的符号。符号名中如果含有特殊的字符，必须用引号引起来，如“Motor.on”。

（4）在变量表编辑器中使用“Option”→“Symbol Table”命令，可以打开符号表，定义新的符号。可以从符号表中复制地址，将它粘贴到新的变量表。

（5）可以在变量表的显示格式（Display format）栏直接输入格式，也可以执行“View”→“Select Display format”命令，或右击该列，在弹出的快捷菜单中选择需要的格式。

（6）在变量表中输入变量时，每行输入结束时都要执行语法检查，不正确的输入被标为红色。如果把光标放在红色的行上，可以从状态栏读到错误的原因。按 F1 键可以得到纠正错误的信息。变量表每行最多 255 个字符，不能按 Enter 键进入第二行。

## 4.3.3　变量表的使用

变量表的使用主要包括监视变量、修改变量及强制变量三个方面。

### 1. 监视变量

通常情况下变量表对于最常用的功能还是对变量的监控。用变量表监视和修改变量的基本步骤：（1）建立变量表并输入需要监控的变量；（2）建立计算机与 CPU 之间的硬件连接，将用户程序下载到 PLC；（3）使用“Variable”→“Trigger”命令选择合适的触发点和触发条件；（4）将 PLC 由 STOP 模式切换到 RUN-P 模式。（5）执行“Variable”→“Monitor”命令或单击按钮，启动监视功能。可以使用“Variable”→“Update Monitor Values”命令，对所选变量的数值作一次立即刷新，该功能主要用于停机模式下的监视和修改。

如果在监视功能被激活的状态下按 ESC 键，不经询问就会退出监视功能。

### 2. 修改变量

除了对变量的监控，为了方便调试，也可以在变量表中对变量进行修改。首先在要修改的变量的“Modify Value”栏中输入修改值，然后按工具栏中的激活修改值按钮或使用“Variable”→“Activate Modify Values”命令，将修改值立即送入 CPU。如果在执行“Modifying”（修改）过程中按了 ESC 键，不经询问就会退出修改功能。

**注意：**

（1）执行修改功能后不能使用“Edit”→“Undo”命令取消。

（2）在程序运行时如果修改变量值出错，可能导致人身或财产的损害。在执行修改功能前，要确认不会有危险情况出现。

### 3. 强制变量

强制变量操作给用户程序中的变量赋一个固定的值，这个值不会因为用户程序的执行而改变。被强制的变量只能读取，不能用写访问来改变其强制值。这一功能只能用于某些 CPU。对于 S7-300，只能强制过程映像输入和输出；而对于 S7-400，还可以强制位存储器和外设。

强制功能用于用户程序的调试，如用来模拟输入信号的变化。

只有当“强制数值”（Force Values）窗口处于激活状态，才能选择用于强制的菜单命令。使用“Variable”→“Display Force Values”命令打开该窗口，被强制的变量和它们的强制值都显示在窗口中。每个 CPU 只能打开一个 Force Values 窗口。

在“强制数值”窗口中显示的黑体字表示该变量在 CPU 中已被赋予固定值；普通字体表示该变量正在被编辑；变为灰色的变量便是该变量在机架上不存在、未插入模块，或者变量地址错误，将显示错误信息。

可以使用“Table”→“Save As”命令将“强制数值”窗口的内容存为一个变量，或者选择“Variable”→“Force”命令，将当前窗口的内容写到 CPU 中，作为一个新的强制操作。通过使用“Variable”→“Stop Forcing”命令来删除或终止一个强制作业。

**注意：**

（1）使用“强制”功能时，应该确保没有其他人同时在对相同的 CPU 执行此功能，要确认不会有危险情况出现，任何不正确的操作都可能会危及人员的生命和健康，或者造成设备乃至整个工厂的损失。

（2）使用“Variable”→“Stop Forcing”命令来删除或终止一个强制作业。

（3）使用“Edit”→“Undo”命令取消强制功能。

（4）通过关闭 Force Values 窗口或退出“Monitor/ Modify Variables”应用程序来取消强制作业。

**【任务实施与拓展】**

## 4.3.4 用变量表调试工业机械手顺序控制系统程序

（1）生成新的变量表或打开已存在的变量表，编辑和检查变量表的内容。工业机械手顺序控制系统的变量表如图 4-17 所示。

（2）建立计算机与 CPU 之间的硬件连接，将用户程序下载到 PLC。在变量表窗口中使用“PLC”→“Connect to”命令建立当前变量表与 CPU 之间的在线连接，以便进行变量监视或修改，也可以单击工具栏中相应的按钮。

（3）使用“Variable”→“Trigger”命令选择合适的触发点和触发条件，如图 4-18 所示。

| | Address | Symbol | Display format | Status value | Modify value |
|---|---|---|---|---|---|
| 1 | I 0.0 | "SB1" | BOOL | | |
| 2 | I 0.1 | "SB2" | BOOL | | |
| 3 | I 0.2 | "SQ1" | BOOL | | |
| 4 | I 0.3 | "SQ2" | BOOL | | |
| 5 | I 0.4 | "SQ3" | BOOL | | |
| 6 | I 0.5 | "SQ4" | BOOL | | |
| 7 | I 0.6 | "SA1" | BOOL | | |
| 8 | I 0.7 | "SB3" | BOOL | | |
| 9 | I 1.0 | "SB4" | BOOL | | |
| 10 | I 1.1 | "SB5" | BOOL | | |
| 11 | I 1.2 | "SB6" | BOOL | | |
| 12 | I 1.3 | "SB7" | BOOL | | |
| 13 | I 1.4 | "SB8" | BOOL | | |
| 14 | Q 4.0 | "YV1" | BOOL | | |
| 15 | Q 4.1 | "YV2" | BOOL | | |
| 16 | Q 4.2 | "YV3" | BOOL | | |
| 17 | Q 4.3 | "YV4" | BOOL | | |
| 18 | Q 4.4 | "YV5" | BOOL | | |

图 4-17　工业机械手顺序控制系统的变量表

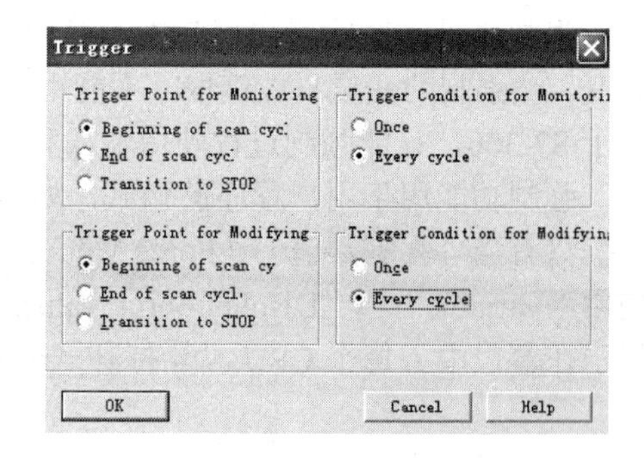


图 4-18　定义变量表的触发方式

（4）将 PLC 由 STOP 模式切换到 RUN-P 模式。

（5）使用“Variable”→“Monitor”命令或“Variable”→“Modify”命令激活监视或修改功能。激活监视功能如图 4-19 所示，激活修改功能如图 4-20 所示。通常，在 STOP 模式下修改变量，因为没有执行用户程序，各变量的状态是独立的，不会互相影响。而 RUN 模式下修改变量时，各变量同时又受到用户程序的控制。

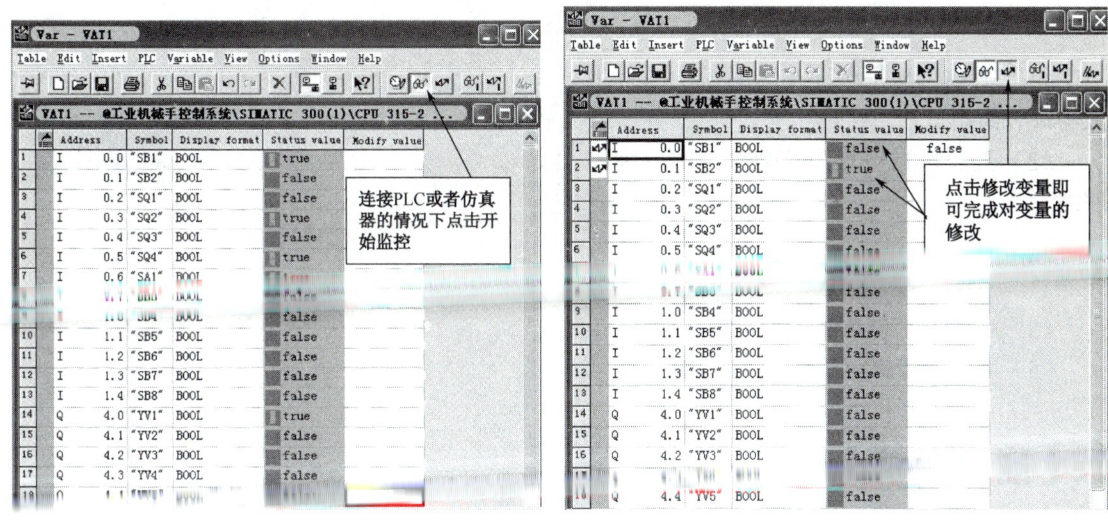


图 4-19　激活监视功能　　　图 4-20　激活修改功能

## 4.3.5　用仿真软件调试工业机械手顺序控制系统程序

调试复杂的顺序功能图时，应充分考虑各种可能的情况，对系统的各种工作方式、顺序功能图中的每一条支路、各种可能的进展路线，都应逐一检查，不能遗漏。

打开 PLCSIM，生成与调试有关的视图对象。将各逻辑块下载到仿真 PLC，将仿真 PLC 切换到 RUN-P 模式。由于执行了 OB100 中的程序，各存储器位和输出均为 0 状态。

本系统可分手动程序的调试和自动程序的调试两部分。

### 1. 调试手动程序

令 I0.6 为“0”状态，CPU 调用手动程序 FC2，根据图 4-16 调试手动程序。手动程序采用点动控制，分别令手动控制按钮 I0.7～I1.4 为“1”状态，观察对应的输出点是否为“1”状态。机械手做升、降、左右控制时，观察对应的限位开关是否起作用。

### 2. 调试自动程序

令 I0.6 为“1”状态，CPU 调用自动程序 FC1，根据顺序功能图调试自动程序。进入自动程序时，各存储器位和输出均为“0”状态。选中 PLCSIM 中 I0.3 和 I0.5 对应的复选框，模拟机械手在原位。两次选中 I0.0 对应的复选框，模拟按下和放开启动按钮，此时机械手下降，如图 4-21 所示。其他步根据顺序功能图来调试。

## 【项目小结】

本项目通过工业机械手顺序控制系统的设计与调试，介绍了 S7-300 的顺序控制设计法。与之相关的关键知识点主要包括以下几部分。

（1）工业机械手顺序控制系统的项目生成与硬件组态。

（2）工业机械手顺序控制系统的控制程序编写。

（3）工业机械手顺序控制系统的调试方法。

（4）顺序控制设计法。

（5）用变量表调试程序。

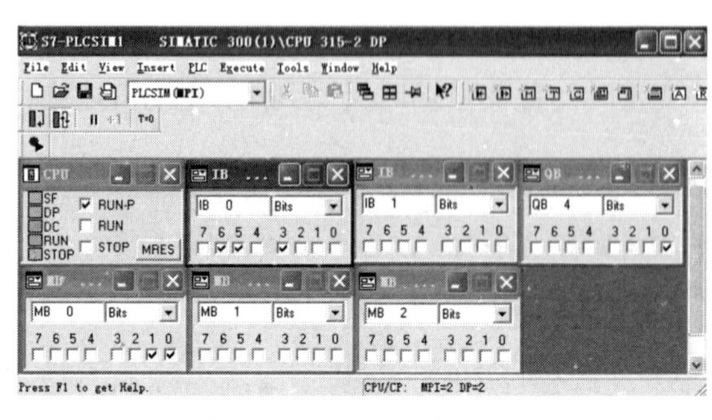


图 4-21　调试窗口

## 【能力测试】

（1）用“新建项目”向导生成项目，根据实验设备上的模块，打开 HW Config，设置模块，并编译下载到 CPU 中。

（2）用顺序控制设计法生成工业机械手顺序控制用户程序，并用变量表调试程序。

（3）成绩评定参考标准如表 4-3 所示。

**表 4-3　《工业机械手顺序控制系统》成绩评价表**

班级＿＿＿＿＿＿＿＿＿＿姓名＿＿＿＿＿＿＿＿＿＿组号＿＿＿＿＿＿＿＿＿＿

| 序号 | 主要内容 | 考核要求 | 评分标准 | 配分 | 扣分 | 得分 |
|---|---|---|---|---|---|---|
| 1 | 硬件设计 | 能根据任务要求完成硬件设计原理图 | ① 硬件设计不完善，每处扣 3 分<br>② 硬件设计不正确，扣 10 分 | 10 | | |
| 2 | 硬件组态 | 能根据任务要求完成硬件组态 | ① 硬件组态不完善，每处扣 3 分<br>② 硬件组态不正确，扣 10 分 | 10 | | |
| 3 | 梯形图设计 | 能根据任务要求完成梯形图设计 | ① 梯形图设计不完善，每项扣 8 分<br>② 梯形图设计不正确，扣 20 分 | 20 | | |
| 4 | 接线 | 能正确使用工具和仪表，按照电路图正确接线 | ① 接线不规范，每处扣 3 分<br>② 接线错误，每处扣 5 分 | 20 | | |
| 5 | 操作调试 | 操作调试过程正确 | ① 操作错误，扣 10 分<br>② 调试失败，扣 30 分 | 30 | | |
| 6 | 安全文明生产 | 操作安全规范、环境整洁 | 违反安全文明生产规程，扣 5～10 分 | 10 | | |
| 合计 | | | | 100 | | |

# 【思考练习】

### 1. 简答题

（1）简述用变量表监视和修改变量的基本步骤。

（2）简述转换实现的条件和转换实现时应完成的操作。

### 2. 操作题

（1）试设计液体自动混合装置控制程序。

具体控制要求如下。

① 初始状态：容器是空的，A、B、C 电磁阀和搅拌机的状态均为 OFF（即“0”状态），液面传感器 SQ1、SQ2、SQ3 的状态均为 OFF。

② 按下启动按钮 SB1 后，装置按下列规律运作：

a. 液体阀门 A 打开，液体 A 流入容器，当液面上升到达 SQ2 时，阀门 A 关闭，阀门 B 打开。

b. 当液面上升到达 SQ1 时，阀门 B 关闭，搅拌机工作。

c. 搅拌机工作 5s 后停止搅拌，混合液体阀门 C 打开，放出混合液体。

d. 当液面下降到达 SQ3 时，SQ3 由接通变为断开，再过 10s 后装置被放空，混合阀门 C 关闭，等待下一次启动信号。

③ 按下停止按钮 SB2 后，在当前操作完成后停止，回到初始状态。

（2）试设计工业洗衣机控制程序。具体控制要求如下。

① 当按下启动按钮 SB1 时，开始进水；

② 水位到达高水位时停止进水，开始洗涤，正转 15s，暂停 3s，然后反转 15s，暂停 3s，完成一个小循环；

③ 完成 3 次小循环后开始排水，水位下降到低水位时开始脱水，同时继续排水，脱水 10s 后完成一个大循环；

④ 大循环完成 3 次，则发出声光报警 10s，提醒取衣物，控制过程结束。

# 项目 5　四台电机顺序控制系统

由于工作需要，电工在工作中常会遇到按顺序启停控制的电动机。在特殊工作场合，有时要求四台电动机顺序启动、逆序停止控制。而三相交流异步电动机启动时电流较大，一般是额定电流的 5～7 倍。故对于功率较大的电动机，应采用降压启动方式，其中星形—三角形降压启动是常用的方法之一。

本项目采用 S7-300PLC 应用技术来实现四台电机顺序控制，其控制系统示意图如图 5-1 所示，电机控制要求具体如下。

（1）该机组总共有四台电机，每台电机都要求 Y-△降压启动。

（2）启动时，按下启动按钮，M1 电机启动，然后每隔 10s 后启动一台，最后 M1～M4 四台电机全部启动。

（3）停止时，按下停止按钮，M4 先停止，过 10s 后 M3 停止，再过 10s 后 M2 停止，再过 10s 后 M1 也停止，这样四台电机全部停止。

（4）每台电机启动时都按照 Y-△降压启动要求，即电源接触器和 Y 形接触器接通电源 6s 后，Y 形接触器断电，再过 1s 后△形接触器接通电源，实现△形运行。

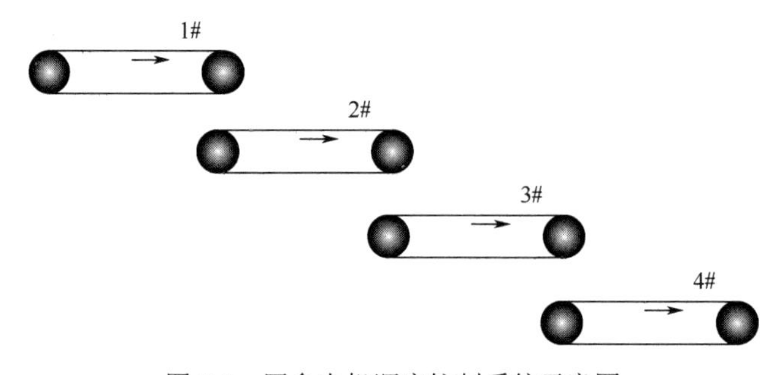


图 5-1　四台电机顺序控制系统示意图

【工作任务】

任务 1　四台电机顺序控制系统的硬件组态。

任务 2　四台电机顺序控制系统的控制程序。

任务 3　四台电机顺序控制系统的调试与运行。

【学习目标】

1．掌握四台电机顺序控制系统的硬件组态。

2．掌握四台电机顺序控制系统的控制程序编写。

3．掌握四台电机顺序控制系统的调试方法。

4．掌握结构化编程法——编辑并调用有参 FC。

5．掌握用变量表调试程序。

# 任务 1　四台电机顺序控制系统的硬件组态

【任务描述与分析】

本任务中每台电机都要求 Y-△降压启动。控制一台电机要用到三个接触器，其中第一个控制电机电源，第二个控制电机绕组 Y 形接法，第三个控制电机绕组△形接法。所以要控制四台电机的机组，PLC 总共要控制 12 个接触器。

首先进行四台电机顺序控制系统的硬件组态。

【任务实施与拓展】

## 5.1.1　控制系统的硬件电路

### 1．系统硬件配置表

分析四台电机顺序控制系统的控制要求，得出系统硬件配置如表 5-1 所示。由于电机是三相异步电动机，建议优先选用继电器的输出模块，如 16 点继电器输出的 SM322 模块，型号可选择 6ES7 322-1HH01-0AA0。继电器输出模块的负载电压范围宽，导通压降小，承受瞬时过电压和瞬时过电流的能力较强（硬件可根据实际情况作相应替换）。

表 5-1　四台电机顺序控制系统的硬件配置表

| 序号 | 名称 | 型号说明 | 数量 |
|---|---|---|---|
| 1 | CPU | CPU315-2DP | 1 |
| 2 | 电源模块 | PS307 | 1 |
| 3 | 开关量输入模块 | SM321 | 1 |
| 4 | 开关量输出模块 | SM322(16 点继电器输出) | 1 |
| 5 | 前连接器 | 20 针 | 2 |

### 2．I/O 地址分配表

分析四台电机顺序控制系统的控制要求，进行控制系统的 I/O 地址分配如表 5-2 所示。

表 5-2　四台电机顺序控制系统 I/O 地址分配表

| 信号类型 | 信号名称 | 地址 |
|---|---|---|
| 输入信号 | 启动按钮 SB1 | I0.0 |
| | 停止按钮 SB2 | I0.1 |
| 输出信号 | M1 控制电源接触器 KM1 | Q4.0 |
| | M1 控制绕组 Y 形接法 KM2 | Q4.1 |
| | M1 控制绕组△形接法 KM3 | Q4.2 |

续表

| 信号类型 | 信号名称 | 地址 |
| --- | --- | --- |
| 输出信号 | M2 控制电源接触器 KM4 | Q4.3 |
| | M2 控制绕组 Y 形接法 KM5 | Q4.4 |
| | M2 控制绕组△形接法 KM6 | Q4.5 |
| | M3 控制电源接触器 KM7 | Q4.6 |
| | M3 控制绕组 Y 形接法 KM8 | Q4.7 |
| | M3 控制绕组△形接法 KM9 | Q5.0 |
| | M4 控制电源接触器 KM10 | Q5.1 |
| | M4 控制绕组 Y 形接法 KM11 | Q5.2 |
| | M4 控制绕组△形接法 KM12 | Q5.3 |

### 3. I/O 接线图

PLC 的外部接线图如 5-2 所示。

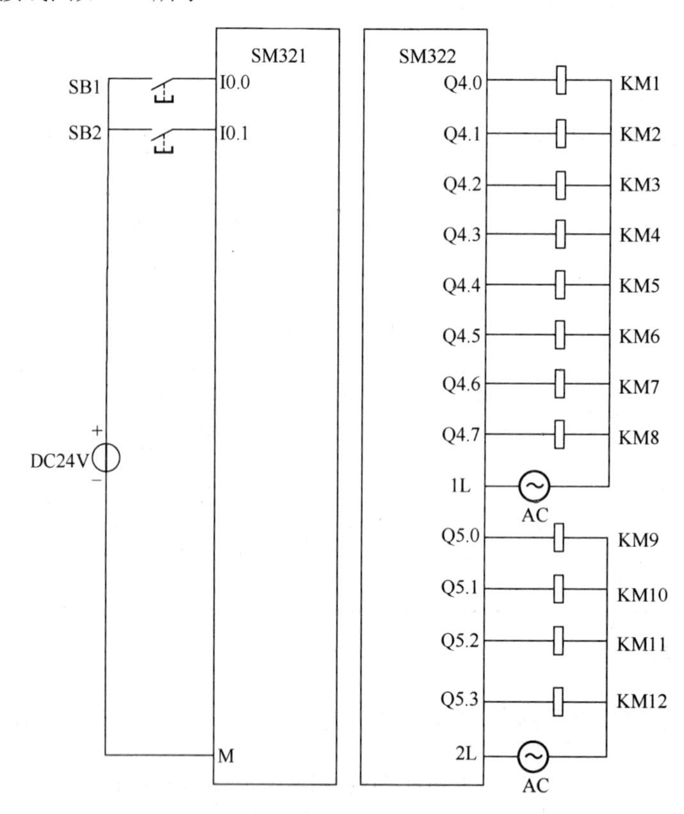


图 5-2　四台电机顺序控制系统 PLC 的外部接线图

## 5.1.2　控制系统的项目生成与硬件组态

用“新建项目”向导生成一个名为“四台电机顺序控制”的项目，进行硬件组态，组态完成如图 5-3 所示。

| S... | Module ... | Order number ... | F... | M... | I... | Q... |
|---|---|---|---|---|---|---|
| 1 | PS 307 10A | 6ES7 307-1KA01-0AA0 | | | | |
| 2 | CPU 315-2 DP | 6ES7 315-2AF01-0AB0 | | 2 | | |
| X2 | DP | | | | 1023* | |
| 3 | | | | | | |
| 4 | DI8xAC120/230V | 6ES7 321-1FF10-0AA0 | | | 0 | |
| 5 | DO16xRel. AC120V/230 | 6ES7 322-1HH01-0AA0 | | | | 4...5 |

图 5-3　四台电机顺序控制系统的硬件组态

# 任务 2　四台电机顺序控制系统的控制程序

**【任务描述与分析】**

四台电机顺序控制系统的硬件组态完成后，还需进行相应的控制程序的编写，才能达到相应的控制功能。因为在本系统中，每台电机的启动过程相同，所以可设计一个 FC 功能来实现电机的启动。然后在主程序 OB1 中调用 FC 四次，就可以实现对四台电机的启动与停止控制。

该控制程序的编写主要涉及结构化程序设计法。

**【相关知识与技能】**

## 5.2.1　用户程序结构

STEP 7 有 3 种用户程序结构，即线性化程序、分块程序和结构化程序。

### 1. 线性化程序

所谓线性化程序，是指将整个用户程序连续放置在一个循环程序块（OB1）中，块中的程序按顺序执行，CPU 通过反复执行 OB1 来实现自动化控制任务。这种结构和 PLC 所代替的硬接线继电器控制类似，CPU 逐条地处理指令。事实上所有的程序都可以用线性结构实现，不过，线性结构一般适用于相对简单的程序编写。

### 2. 分块程序

所谓分块程序，是指将整个程序按任务分成若干个部分，并分别放置在不同的功能（FC）、功能块（FB）及组织块中，在一个块中可以进一步分解成段。在组织块 OB1 中包含按顺序调用其他块的指令，并控制程序执行。

在分块程序中，既无数据交换，也不存在重复利用的程序代码。功能（FC）和功能块（FB）不传递也不接收参数，分块程序结构的编程效率比线性程序有所提高，程序测试也较方便，对程序员的要求也不太高。对不太复杂的控制程序可考虑采用这种程序结构。

### 3. 结构化程序

所谓结构化程序，是指在处理复杂自动化控制任务的过程中，为了使任务更易于控制，常把过程要求类似或相关的功能进行分类，分割为可用于几个任务的通用解决方案的小任务，这些小任务以相应的程序段表示，称为块（FC 或 FB）。OB1 通过调用这些程序块来完成整个自动化控制任务。

结构化程序的特点是每个块（FC 或 FB）在 OB1 中可能会被多次调用，以完成具有相同过程工艺要求的不同控制对象。这种结构可简化程序设计过程、减小代码长度、提高编程效率，比较适合于较复杂自动化控制任务的设计，其结构如图 5-4 所示。

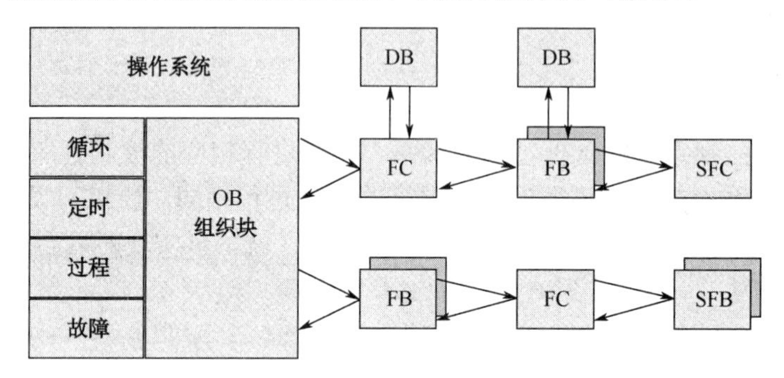


图 5-4　块调用的分层结构

图 5-4 中各种块的简要说明如表 5-3 所示。

表 5-3　用户程序中的块

| 块的类型 | | 简要描述 |
|---|---|---|
| 逻辑块 | 组织块（OB） | 操作系统与用户程序的接口，决定用户程序的结构 |
| | 功能块（FB） | 用户编写的包含经常使用的功能的子程序，有专用的存储区（背景数据块） |
| | 功能（FC） | 用户编写的包含经常使用的功能的子程序，没有专用的存储区 |
| | 系统功能块（SFB） | 集成在 CPU 模块中，通过 SFB 调用系统功能，有专用的存储区（背景数据块） |
| | 系统功能（SFC） | 集成在 CPU 模块中，通过 SFC 调用系统功能，没有专用的存储区 |
| 数据块 | 背景数据块（DI） | 用于保存 FB 和 SFB 的输入、输出参数和静态变量，其数据是自动生成的 |
| | 共享数据块（DB） | 存储用户数据的数据区域，供所有的逻辑块共享 |

功能（FC）、功能块（FB）、系统功能块（SFB）、系统功能（SFC）、组织块（OB）统称为逻辑块（或程序块）。功能块（FB）有一个数据结构与该功能块的参数完全相同的数据块，称为背景数据块（DI），背景数据块依附于功能块，它随着功能块的调用而打开，随着功能块的结束而关闭。存放在背景数据块中的数据在功能块结束时继续保持。而功能（FC）则不需要背景数据块，功能调用结束后数据不能保持。系统功能块（SFB）和系统功能（SFC）集成在 S7 CPU 的操作系统中，不占用用户程序空间。它们是预先编好程序的逻辑块，可以在用户程序中调用这些块，但是用户不能打开和修改它们。组织块（OB）是由操作系统直接调用的逻辑块。

逻辑块可以调用 OB 之外的逻辑块，被调用的块又可以调用别的块，称为嵌套调用。允许嵌套调用的层数（嵌套深度）与 CPU 的型号有关。S7-300 最大嵌套深度一般为 8，CPU318 最大嵌套深度为 16。

如果出现中断事件，CPU 将停止当前正在执行的程序，去执行中断事件对应的组织块。执行完后，返回到程序中断处继续执行。

数据块是用于存放用户程序时所需数据的数据区。与逻辑块不同，数据块没有指令，STEP7 按数据生成的顺序自动地为数据块中的变量分配地址。

【任务实施与拓展】

## 5.2.2　编辑四台电机顺序控制系统的功能（FC）

### 1．编写符号表

为了使程序更容易阅读和理解，可用符号地址访问变量，用符号表定义的符号可供所有的逻辑块使用。选中 SIMATIC 管理器左边窗口的“S7 程序”，双击右边窗口出现的“符号”，打开符号编辑器，本系统编写好的符号表如图 5-5 所示。

S7 程序(1)（符号）-- 四台电机顺序控制系统

| | Status | Symbol | Address | | Data type | Comment |
|---|---|---|---|---|---|---|
| 1 | | KM1 | Q | 4.0 | BOOL | M1控制电源接触器KM1 |
| 2 | | KM10 | Q | 5.1 | BOOL | M4控制电源接触器KM10 |
| 3 | | KM11 | Q | 5.2 | BOOL | M4控制绕组Y形接法KM11 |
| 4 | | KM12 | Q | 5.3 | BOOL | M4控制绕组△形接法KM12 |
| 5 | | KM2 | Q | 4.1 | BOOL | M1控制绕组Y形接法KM2 |
| 6 | | KM3 | Q | 4.2 | BOOL | M1控制绕组△形接法KM3 |
| 7 | | KM4 | Q | 4.3 | BOOL | M2控制电源接触器KM4 |
| 8 | | KM5 | Q | 4.4 | BOOL | M2控制绕组Y形接法KM5 |
| 9 | | KM6 | Q | 4.5 | BOOL | M2控制绕组△形接法KM6 |
| 10 | | KM7 | Q | 4.6 | BOOL | M3控制电源接触器KM7 |
| 11 | | KM8 | Q | 4.7 | BOOL | M3控制绕组Y形接法KM8 |
| 12 | | KM9 | Q | 5.0 | BOOL | M3控制绕组△形接法KM9 |
| 13 | | SB0 | I | 0.0 | BOOL | 启动按钮SB1 |
| 14 | | SB1 | I | 0.1 | BOOL | 停止按钮SB2 |

图 5-5　四台电机顺序控制系统的符号表

### 2．规划程序结构

经规划，四台电机顺序控制系统的程序结构如图 5-6 所示。

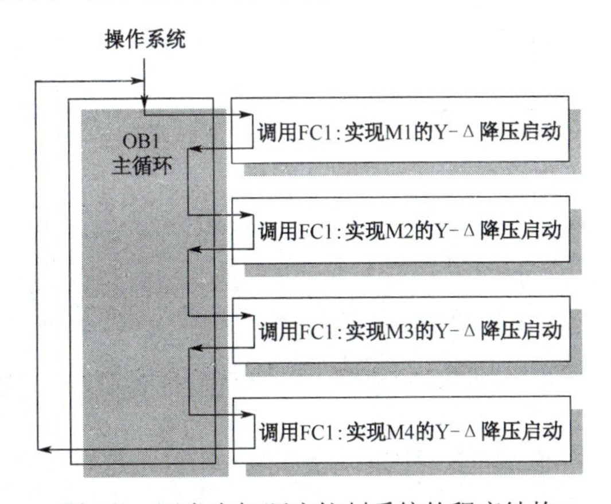


图 5-6　四台电机顺序控制系统的程序结构

### 3. 创建有参功能（FC1）

（1）新建一个FC1块。右击，插入功能。

（2）编辑FC1的变量声明表。双击FC1，将鼠标指针放在程序区最上面的分隔条上，按住鼠标左键的同时往下拉动分隔条，分隔条上边是功能的变量声明表，下边是程序区。将水平分隔条拉至程序编辑器视窗的顶部，不再显示变量声明表，但是它仍然存在。在变量声明表中声明（即定义）局部变量，局部变量只能在它所在的块中使用。块的局部变量名必须以英文字母开始，只能由字母、数字和下画线组成，不能使用汉字。本系统的变量声明表如图5-7所示。

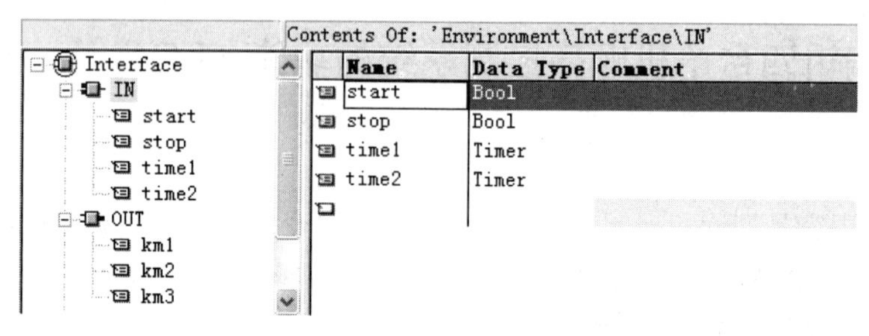


图5-7　四台电机顺序控制系统的变量声明表

（3）编辑FC1的控制程序。由于本系统中每台电机均要求采用星形-三角形降压启动，因此需要在FC1中编写星形-三角形降压启动程序，梯形图如图5-8所示。

FC1:Title

Network 1:Title

#start
#start
#km1
#km1
(S)

Network 2:Title

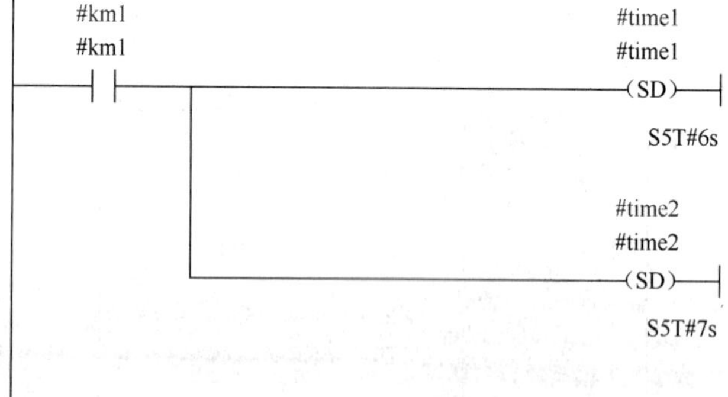


图5-8　四台电机顺序控制系统的FC1的控制程序

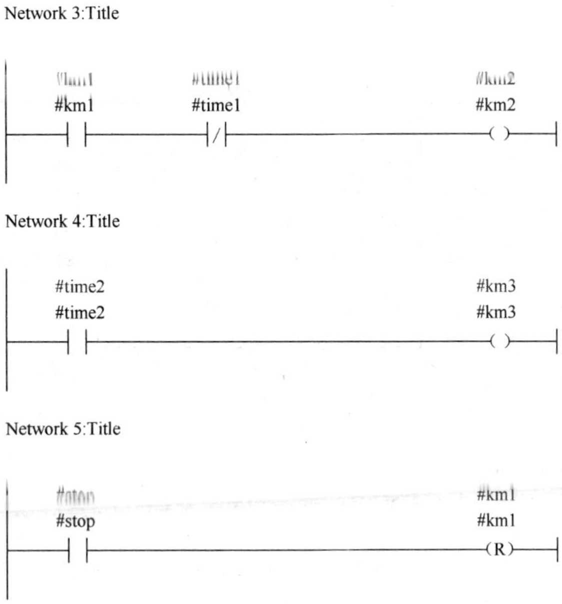

Network 3:Title
#km1
#time1
#km2
Network 4:Title
#time2
#km3
Network 5:Title
#stop
#km1
R

图 5-8　四台电机顺序控制系统的 FC1 的控制程序（续）

梯形图说明：按下启动按钮，电源接触器和 Y 形接触器接通电源，6s 后，Y 形接触器断电，再过 1s 后，△形接触器接通电源，实现△形运行。

## 5.2.3　在 OB1 中调用有参功能（FC1）实现四台电机顺序启停控制

在 OB1 中调用有参功能（FC1）实现四台电机顺序启停控制，如图 5-9 所示。

OB1:主程序
Network 1:Title
I0.0
启动按钮
SB1
“SB0”
M0.0
S
M0.1
R
Network 2:Title
I0.1
停止按钮
SB2
“SB1”
M0.1
S
M0.0
R

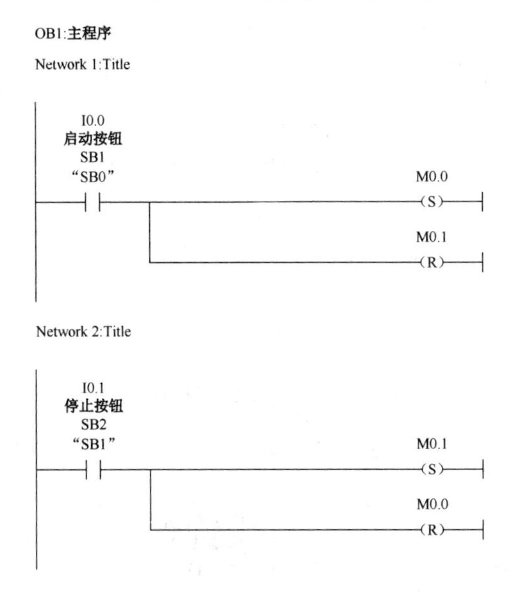

图 5-9　在 OB1 中调用有参功能（FC1）实现四台电机顺序启停控制

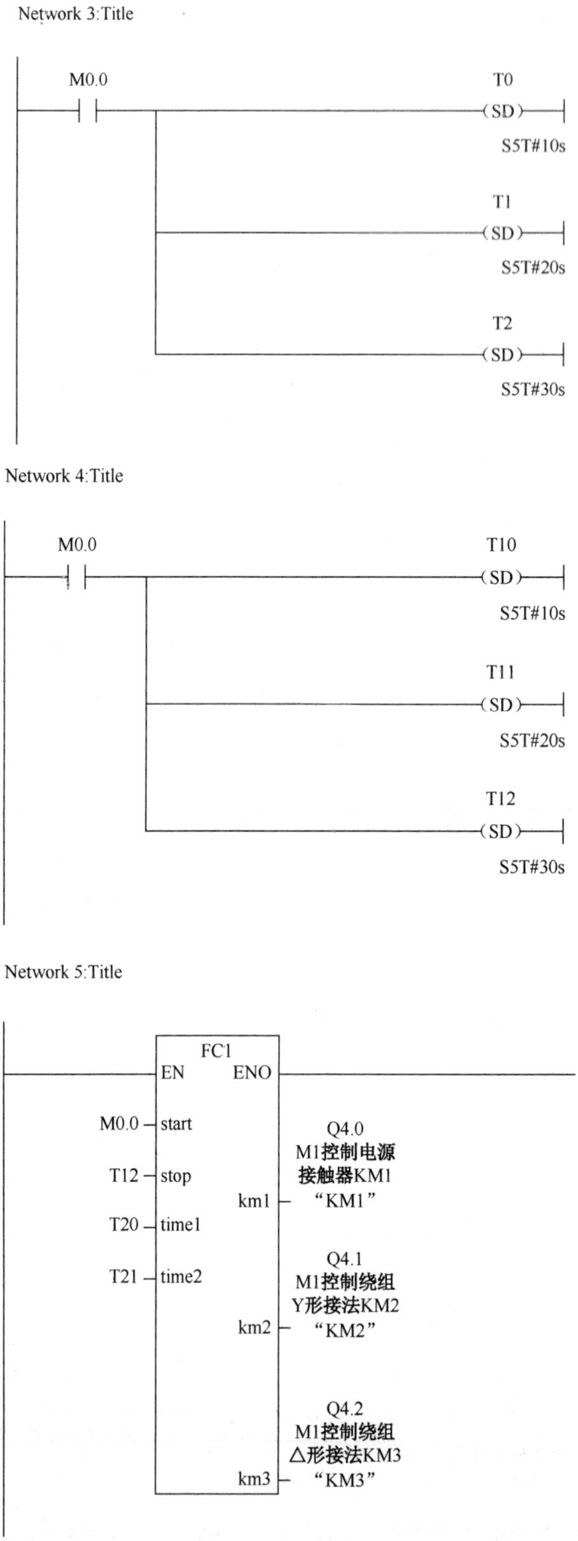

Network 3:Title

M0.0
T0
(SD)
S5T#10s
T1
(SD)
S5T#20s
T2
(SD)
S5T#30s

Network 4:Title

M0.0
T10
(SD)
S5T#10s
T11
(SD)
S5T#20s
T12
(SD)
S5T#30s

Network 5:Title

FC1
EN ENO
M0.0 start
T12 stop
T20 time1
T21 time2
km1 Q4.0 M1控制电源接触器KM1 “KM1”
km2 Q4.1 M1控制绕组Y形接法KM2 “KM2”
km3 Q4.2 M1控制绕组△形接法KM3 “KM3”

图 5-9 在 OB1 中调用有参功能（FC1）实现四台电机顺序启停控制（续）

Network 6:Title

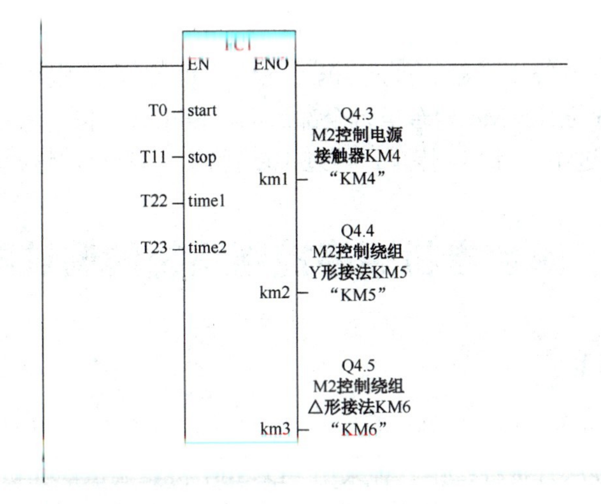


Network 7:Title

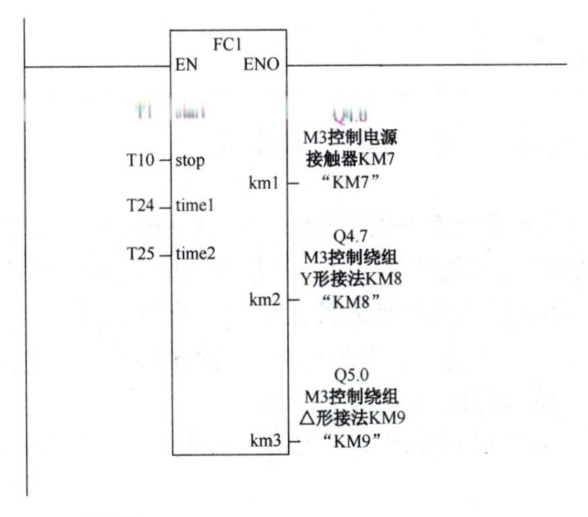


Network 8:Title

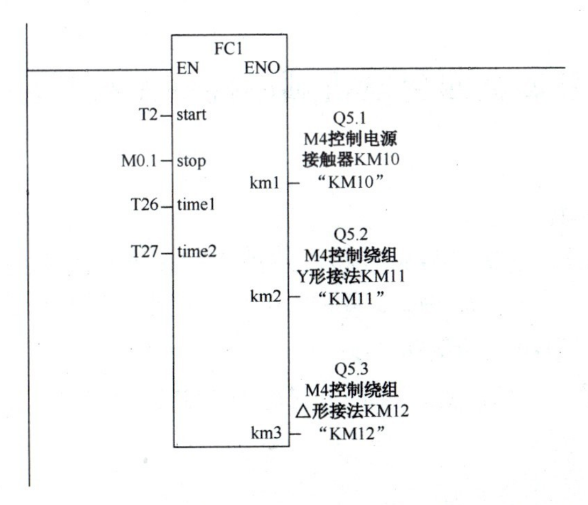


图 5-9　在 OB1 中调用有参功能（FC1）实现四台电机顺序启停控制（续）

梯形图说明：启动时，按下启动按钮，M1 电机 Y-△降压启动，即电源接触器和 Y 形接触器接通电源，6s 后，Y 形接触器断电，再过 1s 后△形接触器接通电源，实现△形运行。然后过 10s 后 M2 电机 Y-△降压启动，再过 10s 后 M3 电机 Y-△降压启动，再过 10s 后 M4 电机 Y-△降压启动，最后 M1～M4 四台电机全部启动。停止时，按下停止按钮，M4 先停止，过 10s 后 M3 停止，再过 10s 后 M2 停止，再过 10s 后 M1 也停止，这样四台电机全部停止。

# 任务 3　四台电机顺序控制系统的调试与运行

【任务描述与分析】

为了测试前面完成的四台电机控制系统设计项目，必须将程序和模块信息下载到 PLC 的 CPU 模块。项目测试方法有两种：第一种采用 PLCSIM 仿真调试，在仿真界面中监控各变量的变化情况；第二种采用硬件 PLC 的在线调试。本项目中继续巩固使用变量表同时监视和修改用户感兴趣的全部变量。

【相关知识与技能】

## 5.3.1　用变量表调试程序的基本步骤

（1）生成新的变量表或打开已存在的变量表，编辑和检查变量表的内容。

（2）建立计算机与 CPU 之间的硬件连接，将用户程序下载到 PLC。在变量表窗口中使用“PLC”→“Connect to”命令建立当前变量表与 CPU 之间的在线连接。

（3）使用“Variable”→“Trigger”命令选择合适的触发点和触发条件。

（4）将 PLC 由 STOP 模式切换到 RUN-P 模式。

（5）使用“Variable”→“Monitor”命令或“Variable”→“Modify”命令激活监视或修改功能。

【任务实施与拓展】

## 5.3.2　用变量表调试四台电机顺序控制系统程序

（1）生成新的变量表或打开已存在的变量表，编辑和检查变量表的内容。四台电机顺序控制系统的变量表如图 5-10 所示。

（2）建立计算机与 CPU 之间的硬件连接，将用户程序下载到 PLC。在变量表窗口中使用“PLC”→“Connect to”命令建立当前变量表与 CPU 之间的在线连接，以便进行变量监视或修改，也可以单击工具栏中相应的按钮。

（3）使用“Variable”→“Trigger”命令选择合适的触发点和触发条件，如图 5-11 所示。

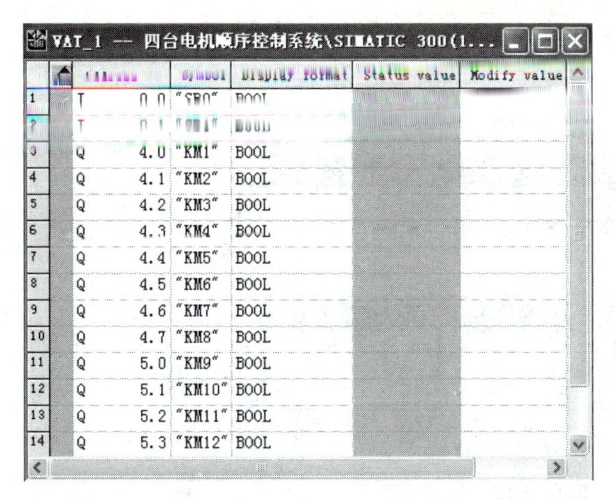

图 5-10　四台电机顺序控制系统的变量表

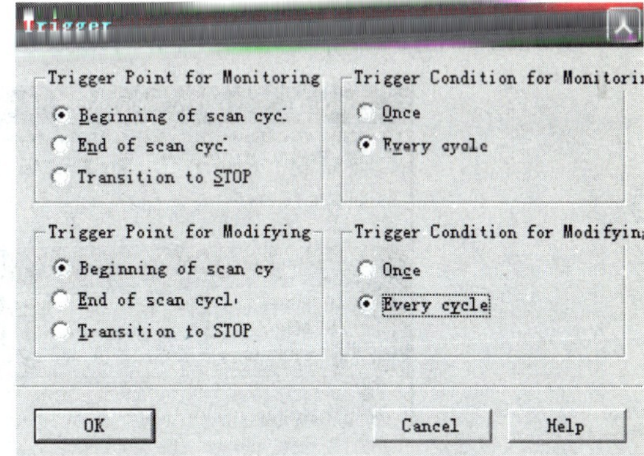


图 5-11　定义变量表的触发方式

（4）将 PLC 由 STOP 模式切换到 RUN-P 模式。

（5）使用“Variable”→“Monitor”命令或“Variable”→“Modify”命令激活监视或修改功能。激活监视功能如图 5-12 所示，激活修改功能如图 5-13 所示。通常，在 STOP 模式下修改变量，因为没有执行用户程序，各变量的状态是独立的，不会互相影响。而 RUN 模式下修改变量时，各变量同时又受到用户程序的控制。

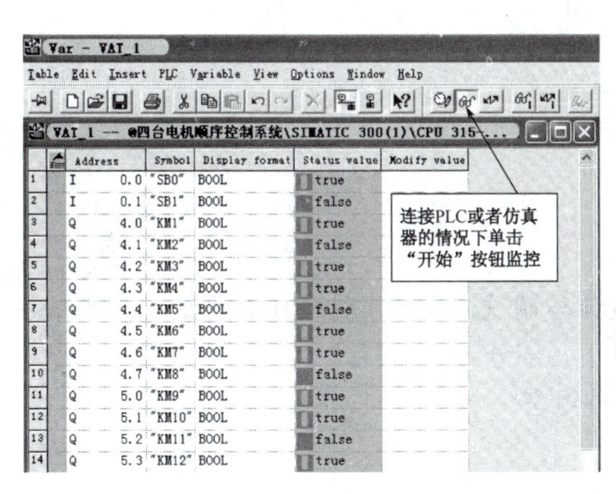


图 5-12　激活监视功能

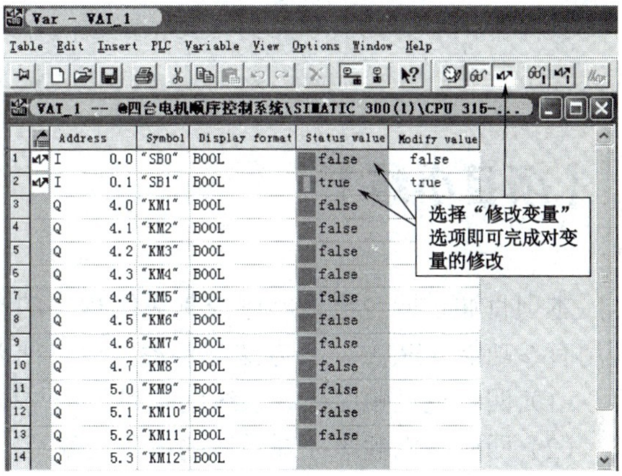

图 5-13　激活修改功能

## 5.3.3　用仿真软件调试四台电机顺序控制系统程序

### 1．将整个 S7-300 站下载到 PLC

（1）启动 SIMATIC Manager，打开需要测试的 PLC 项目；

（2）单击仿真工具按钮，启动 S7-PLCSIM 仿真程序；

（3）将 CPU 工作模式开关切换到 STOP 模式；

（4）在项目窗口内选中要下载的工作站；

（5）执行“PLC”→“Download”命令，或者右击，在弹出的快捷菜单中执行“PLC”→“Download”命令将整个 S7-300 站下载到 PLC。

### 2．用仿真软件调试四台电机顺序控制系统程序

图5-14和图5-15所示的是按下启动按钮后各电机调试窗口的工作情况。

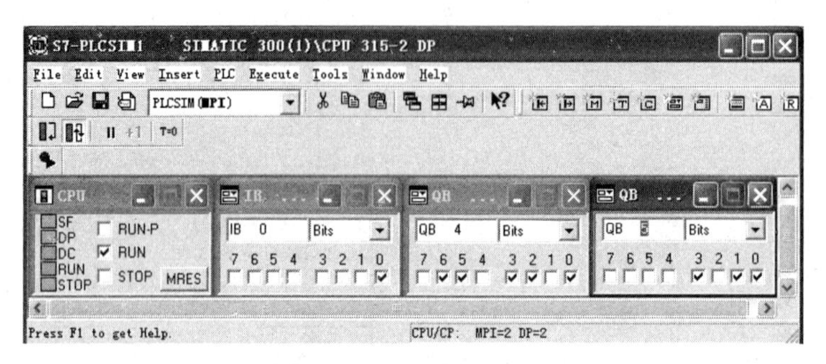


图5-14　调试窗口（1）

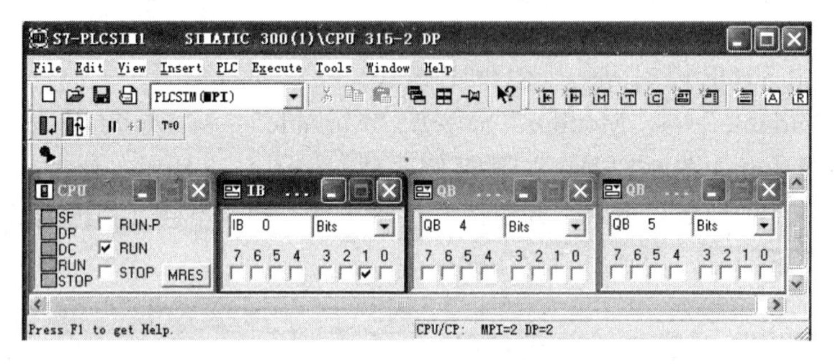


图5-15　调试窗口（2）

## 【项目小结】

本项目通过四台电机顺序控制系统程序的设计与调试，介绍了结构化编程法——编辑并调用有参功能（FC），其方法与步骤主要包括以下几部分。

（1）四台电机顺序控制系统的项目生成与硬件组态。

（2）四台电机顺序控制系统的符号表编写。

（3）四台电机顺序控制系统的程序规划。

（4）创建有参功能FC。

① 新建一个FC1块；

② 编辑FC1的变量声明表；

③ 编辑FC1的控制程序。

（5）在OB1中调用有参功能（FC）实现四台电机顺序启停控制。

（6）用变量表来调试四台电机顺序控制系统程序。

## 【能力测试】

（1）用“新建项目”向导生成项目，根据实验设备上的模块，打开 HW Config，设置模块，并编译下载到 CPU 中。

（2）生成四台电机顺序控制用户程序（顺序启动，逆序停止，时间间隔为 30s），并用监视修改变量表和仿真软件两种方法进行调试程序。

（3）成绩评定参考标准如表 5-4 所示。

**表 5-4　《四台电机顺序控制系统》成绩评价表**

班级＿＿＿＿＿＿＿＿＿＿姓名＿＿＿＿＿＿＿＿＿＿组号＿＿＿＿＿＿＿＿＿＿

| 序号 | 主要内容 | 考核要求 | 评分标准 | 配分 | 扣分 | 得分 |
|---|---|---|---|---|---|---|
| 1 | 硬件设计 | 能根据任务要求完成硬件设计原理图 | ① 硬件设计不完善，每处扣 3 分<br>② 硬件设计不正确，扣 10 分 | 10 | | |
| 2 | 硬件组态 | 能根据任务要求完成硬件组态 | ① 硬件组态不完善，每处扣 3 分<br>② 硬件组态不正确，扣 10 分 | 10 | | |
| 3 | 梯形图设计 | 能根据任务要求完成梯形图设计 | ① 梯形图设计不完善，每项扣 8 分<br>② 梯形图设计不正确，扣 20 分 | 20 | | |
| 4 | 接线 | 能正确使用工具和仪表，按照电路图正确接线 | ① 接线不规范，每处扣 3 分<br>② 接线错误，每处扣 5 分 | 20 | | |
| 5 | 操作调试 | 操作调试过程正确 | ① 操作错误，扣 10 分<br>① 调试失败，扣 30 分 | 30 | | |
| 6 | 安全文明生产 | 操作安全规范、环境整洁 | 违反安全文明生产规程，扣 5～10 分 | 10 | | |
| 合计 | | | | 100 | | |

## 【思考练习】

### 1. 填空题

逻辑块包括＿＿＿＿＿＿、＿＿＿＿＿＿、＿＿＿＿＿＿、＿＿＿＿＿＿和＿＿＿＿＿＿。

### 2. 简答题

（1）简述组织块与其他逻辑块的区别。

（2）简述变量表与变量声明表的区别。

### 3. 操作题

试调用有参 FC 实现 32 分频，并用变量表和仿真软件两种方法进行程序调试。

# 项目 6　交通信号灯控制系统

在街道的十字交叉路口，为了保证交通秩序和行人安全，一般在每条道路上各有一组红、黄、绿交通信号灯，其中红灯亮，表示该条道路禁止通行；黄灯亮表示该条道路上未过停车线的车辆停止通行，已过停车线的车辆继续通行；绿灯亮表示该条道路允许通行。交通灯控制系统自动控制十字路口两组红、黄、绿交通灯的状态转换，指挥各种车辆和行人安全通行，实现十字路口交通管理的自动化。交通信号灯控制系统示意图如图 6-1 所示。

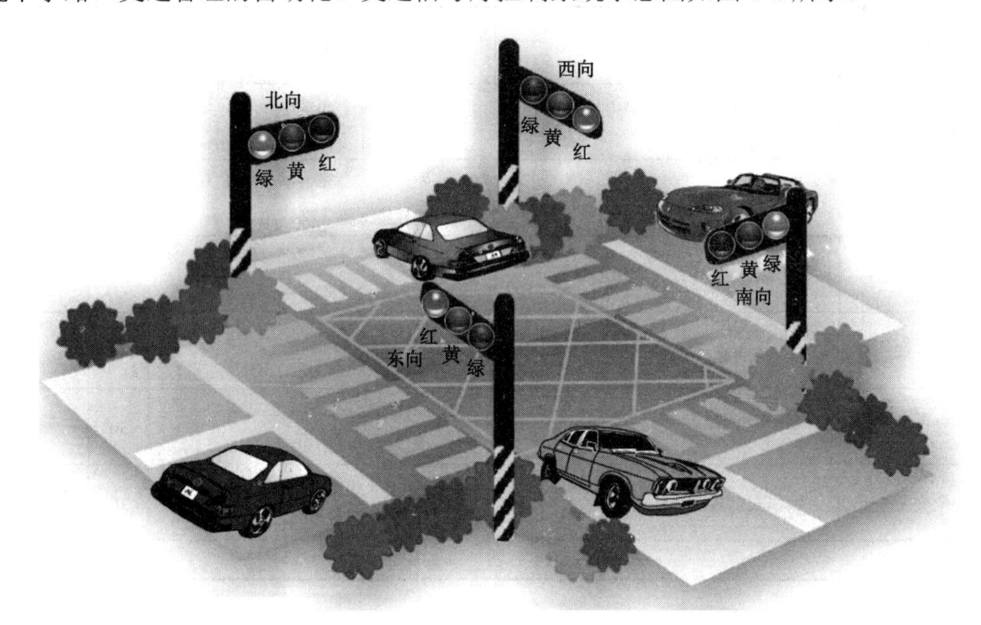


图 6-1　交通信号灯控制系统示意图

交通信号灯工作情况的具体要求如表 6-1 所示。交通信号灯的动作受开关总体控制，按一下启动按钮，信号灯系统开始工作，并周而复始地循环动作；按一下停止按钮，所有信号灯都熄灭。

**表 6-1　交通信号灯工作情况**

<table>
<tr><td rowspan="2">南北方向</td><td>信号</td><td>绿灯亮</td><td>绿灯闪</td><td>黄灯亮</td><td colspan="3">红灯亮</td></tr>
<tr><td>时间(s)</td><td>45</td><td>3</td><td>2</td><td colspan="3">30</td></tr>
<tr><td rowspan="2">东西方向</td><td>信号</td><td colspan="3">红灯亮</td><td>绿灯亮</td><td>绿灯闪</td><td>黄灯亮</td></tr>
<tr><td>时间(s)</td><td colspan="3">50</td><td>25</td><td>3</td><td>2</td></tr>
</table>

**【工作任务】**

任务 1　交通信号灯控制系统的硬件组态。

任务 2　交通信号灯控制系统的控制程序。

任务 3　交通信号灯控制系统的调试与运行。

【学习目标】

1．掌握交通信号灯控制系统的项目生成与硬件组态。
2．掌握交通信号灯控制系统的控制程序编写。
3．掌握交通信号灯控制系统的调试方法。
4．掌握结构化编程法——编辑并调用 FB。
5．掌握用背景数据块的监控调试程序。

# 任务 1　交通信号灯控制系统的硬件组态

【任务描述与分析】

根据十字路口交通信号灯的控制要求，可画出交通信号灯的控制时序图，如图 6-2 所示。

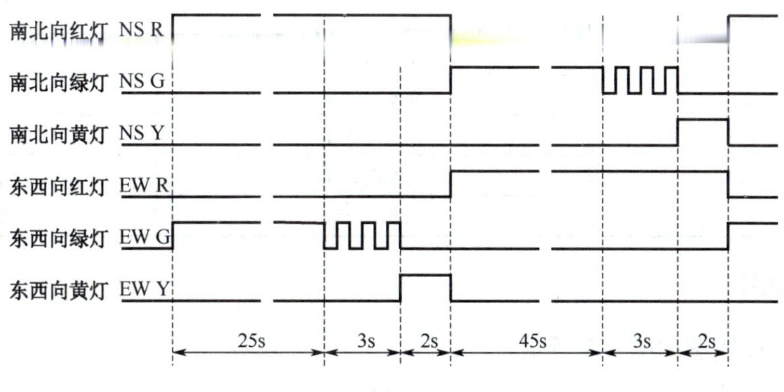


图 6-2　交通信号灯的控制时序图

本任务中交通信号灯需要 6 个信号灯输出，首先进行交通信号灯控制系统的硬件组态。

【相关知识与技能】

## 6.1.1　控制系统的硬件电路

### 1．系统硬件配置表

分析交通信号灯控制系统的控制要求，得出系统硬件配置如表 6-2 所示，由于负载是信号灯，建议优先选用继电器的输出模块，如 8 点继电器输出的 SM322 模块，型号可选择 6ES7 322-1HF01-0AA0。继电器输出模块的负载电压范围宽，导通压降小，承受瞬时过电压和瞬时过电流的能力较强（硬件可根据实际情况作相应替换）。

表 6-2　交通信号灯控制系统的硬件配置表

| 序号 | 名称 | 型号说明 | 数量 |
|---|---|---|---|
| 1 | CPU | CPU315-2DP | 1 |
| 2 | 电源模块 | PS307 | 1 |
| 3 | 开关量输入模块 | SM321 | 1 |
| 4 | 开关量输出模块 | SM322 | 1 |
| 5 | 前连接器 | 20 针 | 2 |

### 2. I/O 地址分配表

分析交通信号灯控制系统的控制要求，进行控制系统的 I/O 地址分配表如表 6-3 所示。

表 6-3　交通信号灯控制系统 I/O 地址分配表

| 信号类型 | 信号名称 | 地址 |
|---|---|---|
| 输入信号 | 启动按钮 SB1 | I0.0 |
| | 停止按钮 SB2 | I0.1 |
| 输出信号 | 东西向红灯 | Q4.0 |
| | 东西向绿灯 | Q4.1 |
| | 东西向黄灯 | Q4.2 |
| | 南北向红灯 | Q4.3 |
| | 南北向绿灯 | Q4.4 |
| | 南北向黄灯 | Q4.5 |

### 3. I/O 接线图

PLC 的外部接线图如图 6-3 所示。

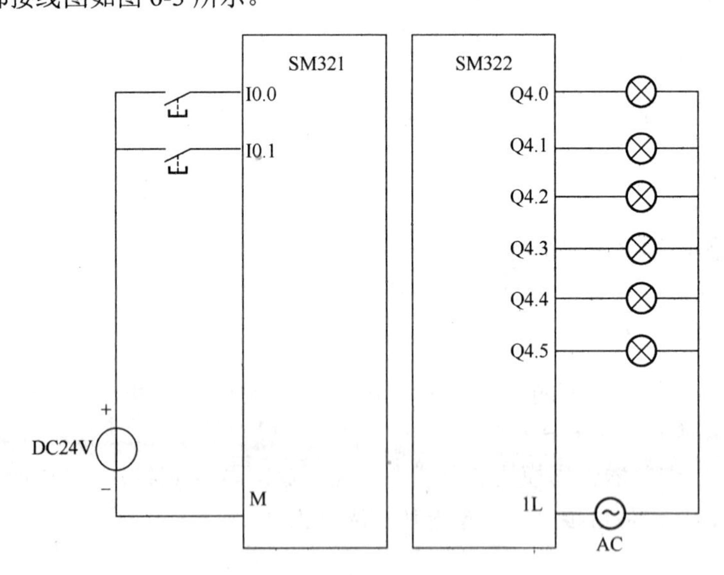


图 6-3　交通信号灯控制系统 PLC 的外部接线图

### 6.1.2　控制系统的项目生成与硬件组态

用“新建项目”向导生成一个名为“交通信号灯控制系统”的项目，进行硬件组态，组态完成如图 6-4 所示。

| S... | Module ... | Order number ... | F... | M... | I... | Q... | Comment |
|---|---|---|---|---|---|---|---|
| 1 | PS 307 10A | 6ES7 307-1KA00-0AA0 | | | | | |
| 2 | CPU 315-2 DP | 6ES7 315-2AG10-0AB0 | V2.6 | 2 | | | |
| X2 | DP | | | | 2047* | | |
| 3 | | | | | | | |
| 4 | DI8xAC120/230V | 6ES7 321-1FF10-0AA0 | | | 0 | | |
| 5 | DO8xRelay | 6ES7 322-1HF01-0AA0 | | | | 4 | |

图 6-4　交通信号灯控制系统的硬件组态

## 任务 2　交通信号灯控制系统的控制程序

【任务描述与分析】

交通信号灯控制系统的硬件组态完成后，还需进行相应的控制程序的编写，才能达到相应的控制功能。因为在本系统中，本任务中南北方向和东西方向信号灯的变化规律相同，不同的是各个信号灯亮的时间，所以可考虑采用结构化程序设计，在此设计一个 FB 功能块来实现单向红绿灯控制的变化，然后在主程序 OB1 中调用两次 FB，就可以实现十字路口的交通信号灯控制。

该控制程序的编写主要涉及结构化程序设计法——编辑并调用功能块 FB。

【相关知识与技能】

### 6.2.1　功能块

功能块是指用户编写的有自己的存储区（背景数据块）的逻辑块，功能块的输入、输出参数和静态变量（STAT）用指定的背景数据块（DI）存放，临时变量存储在局部数据堆栈中。功能块执行完后，背景数据块中的数据不会丢失，但是不会保存它的临时变量。

调用功能块和系统功能块时需要为它们指定一个背景数据块，后者随功能块的调用而打开，在调用结束时自动关闭。

### 6.2.2　数据块

数据块用于存储用户数据，数据块包含用户程序中使用的变量数据（如数值）。与逻辑块一样，数据块也占用用户存储器空间。但与逻辑块不同，数据块没有指令，STEP7 按数据生成的顺序自动地为数据块中的变量分配地址。

用户程序可通过位、字节、字或双字操作来访问数据块中的数据，可使用符号或绝对地址。

数据块内容不同，使用方式也不同。主要分为以下两种：

（1）全局数据块：这些数据块包含用户程序中所有逻辑块（可包括 OB1）可访问的信息。

（2）背景数据块：这些数据块总是分配给特定的 FB。各数据块中的数据仅供分配的 FB 使用。

可使用程序编辑器或使用已创建的“用户自定义数据类型”（UDT）来创建全局数据块。调用功能块时创建背景数据块。

CPU 有两个数据块寄存器：DB 和 DI 寄存器。因此，可以同时打开两个数据块。

不同的 CPU 允许建立的数据块的块数和每个数据块可以占用的最大字节数是不同的，具体的参数可以查看选型手册。

## 6.2.3 背景数据块

功能块（FB）有一个数据结构与该功能块的参数完全相同的数据块，称为背景数据块，背景数据块依附于功能块，它随着功能块的调用而打开，随着功能块的结束而关闭。存放在背景数据块中的数据在功能块结束时继续保持。不能直接删除和修改背景数据块中的变量，只能在它的功能块的变量声明表中删除和修改这些变量。

生成功能块的输入、输出参数和静态变量时，它们被自动指定一个初始值，可以修改这些初始值。它们被传送给 FB 的背景数据块，作为同一个变量的初始值。调用 FB 时没有指定实参的形参使用背景数据块中的初始值。

**【任务实施与拓展】**

## 6.2.4 编辑交通信号灯控制系统的功能块（FB1）

### 1. 编写符号表

为了使程序更容易阅读和理解，可用符号地址访问变量，用符号表定义的符号可供所有的逻辑块使用。选中 SIMATIC 管理器左边窗口的“S7 程序”，双击右边窗口出现的“符号”，打开符号编辑器，本系统编写好的符号表如图 6-5 所示。

S7 程序(1) (符号) -- S7_交通灯\SIMATIC 300 站点\CPU315-2 DP(1)

| | Statu | Symbol | Address | | Data typ | | Comment |
|---|---|---|---|---|---|---|---|
| 1 | | Complete Restart | OB | 100 | OB | 100 | 全启动组织块 |
| 2 | | Cycle Execution | OB | 1 | OB | 1 | 主循环组织块 |
| 3 | | EW_G | Q | 4.1 | BOOL | | 东西向绿色信号灯 |
| 4 | | EW_R | Q | 4.0 | BOOL | | 东西向红色信号灯 |
| 5 | | EW_Y | Q | 4.2 | BOOL | | 东西向黄色信号灯 |
| 6 | | F_1HZ | M | 10.5 | BOOL | | 1HZ时钟信号 |
| 7 | | MB10 | MB | 10 | BYTE | | CPU时钟存储器 |
| 8 | | SF | M | 0.0 | BOOL | | 系统启动标志 |
| 9 | | SN_G | Q | 4.4 | BOOL | | 南北向绿色信号灯 |
| 10 | | SN_R | Q | 4.3 | BOOL | | 南北向红色信号灯 |
| 11 | | SN_Y | Q | 4.5 | BOOL | | 南北向黄色信号灯 |
| 12 | | Start | I | 0.0 | BOOL | | 起动按钮 |
| 13 | | Stop | I | 0.1 | BOOL | | 停止按钮 |
| 14 | | T_EW_G | T | 1 | TIMER | | 东西向绿灯常亮延时定时器 |
| 15 | | T_EW_GF | T | 6 | TIMER | | 东西向绿灯闪亮延时定时器 |
| 16 | | T_EW_R | T | 0 | TIMER | | 东西向红灯常亮延时定时器 |
| 17 | | T_EW_Y | T | 2 | TIMER | | 东西向黄灯常亮延时定时器 |
| 18 | | T_SN_G | T | 4 | TIMER | | 南北向绿灯常亮延时定时器 |
| 19 | | T_SN_GF | T | 7 | TIMER | | 南北向绿灯闪亮延时定时器 |
| 20 | | T_SN_R | T | 3 | TIMER | | 南北向红灯常亮延时定时器 |
| 21 | | T_SN_Y | T | 5 | TIMER | | 南北向黄灯常亮延时定时器 |
| 22 | | 东西数据 | DB | 1 | FB | 1 | 为东西向红灯及南北向绿黄灯控制提供实参 |
| 23 | | 红绿灯 | FB | 1 | FB | 1 | 红绿灯控制无静态参数的FB |
| 24 | | 南北数据 | DB | 2 | FB | 1 | 为南北向红灯及东西向绿黄灯控制提供实参 |

图 6-5　交通信号灯控制系统的符号表

### 2. 规划程序结构

交通信号灯控制系统的程序结构如图 6-6 所示。图 6-6 中，OB1 为主循环组织块、OB100 为初始化程序、FB1 为单向红绿灯控制程序、DB1 为东西数据块、DB2 为南北数据块。

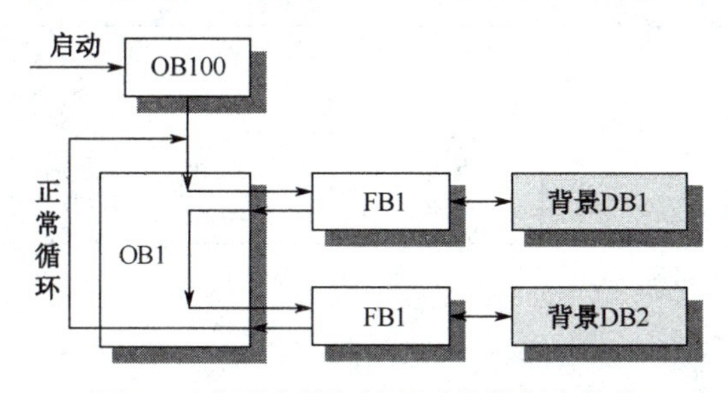


图 6-6　交通信号灯控制系统的程序结构

### 3. 编辑功能块（FB1）

（1）生成功能块 FB1，右击，插入功能块 FB1。

（2）编辑功能块 FB1 的局部变量声明表。双击 FB1，将鼠标指针放在程序区最上面的分隔条上的同时按住鼠标左键的同时往下拉动分隔条，分隔条上面是功能块的变量声明表，下面是程序区，将水平分隔条拉至程序编辑器视窗的顶部，不再显示变量声明表，但是它仍然存在。在变量声明表中声明（即定义）局部变量，局部变量只能在它所在的块中使用。本系统的变量声明表如图 6-7 所示。

Interface: IN (R_ON, T_R, T_G, T_Y, T_GF, T_RW, T_GW); OUT (LED_R, LED_G, LED_Y); IN_OUT; STAT (T_GF_W, T_Y_W); TEMP

Contents Of: 'Environment\Interface\IN'

| Name | Data Ty | Address | Initial | Exclusion | Termination | Comment |
|---|---|---|---|---|---|---|
| R_ON | Bool | 0.0 | FALSE | □ | □ | |
| T_R | Timer | 2.0 | | □ | □ | |
| T_G | Timer | 4.0 | | □ | □ | |
| T_Y | Timer | 6.0 | | □ | □ | |
| T_GF | Timer | 8.0 | | □ | □ | |
| T_RW | S5Time | 10.0 | S5T#0MS | □ | □ | |
| T_GW | S5Time | 12.0 | S5T#0MS | □ | □ | |
| | | | | □ | □ | |

图 6-7　FB1 的局部变量声明表

**注意：**不要漏了静态变量初值的设定。

（3）编辑 FB1 的控制程序。由于本系统中南北方向和东西方向信号灯的变化规律相同，因此可编写一个 FB1 实现单向红绿灯控制，梯形图如图 6-8 所示，其中闪烁用 M10.5 来实现，需在 CPU 中进行设置。

FB1:红绿灯控制

Network 1:当前方向红色信号灯延时关闭

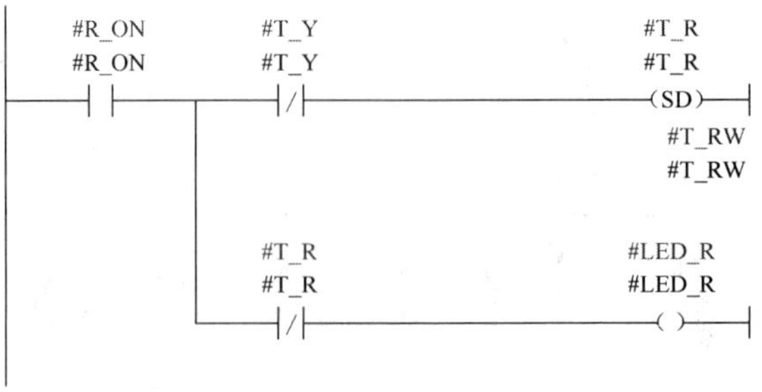

#R_ON #R_ON
#T_Y #T_Y
#T_R #T_R (SD)
#T_RW #T_RW
#T_R #T_R
#LED_R #LED_R ( )

Network 2:另一方向绿色信号灯延时控制

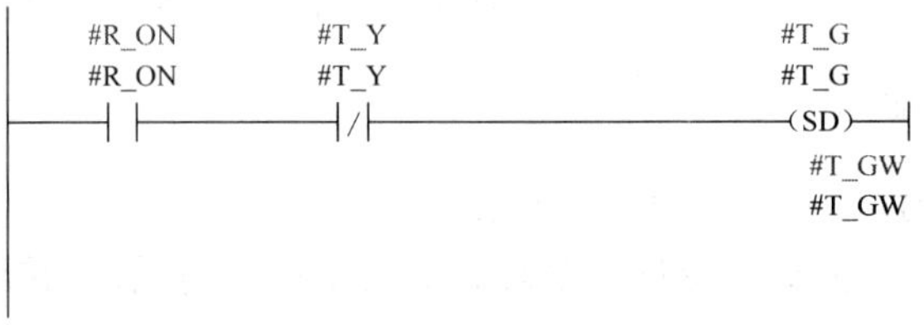

#R_ON #R_ON
#T_Y #T_Y
#T_G #T_G (SD)
#T_GW #T_GW

Network 3:启动另一方向绿色信号灯闪亮延时定时器

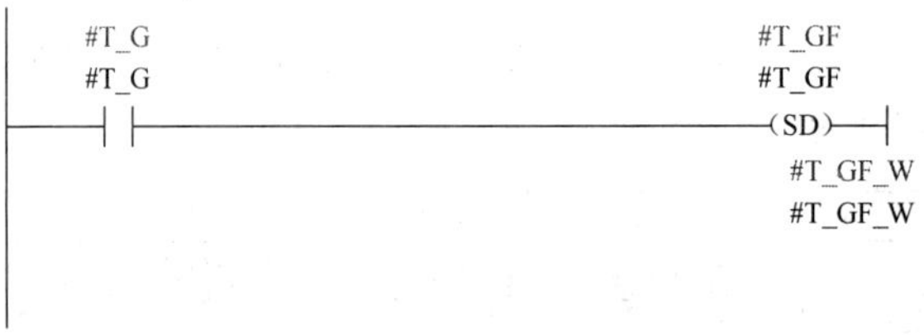

#T_G #T_G
#T_GF #T_GF (SD)
#T_GF_W #T_GF_W

Network 4:另一方向的黄色信号灯延时控制

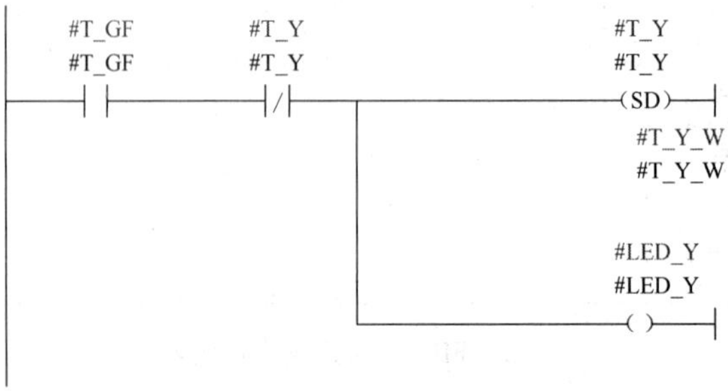

#T_GF #T_GF
#T_Y #T_Y
#T_Y #T_Y (SD)
#T_Y_W #T_Y_W
#LED_Y #LED_Y ( )

Network 5:另一方向的绿色信号灯常亮及延时控制

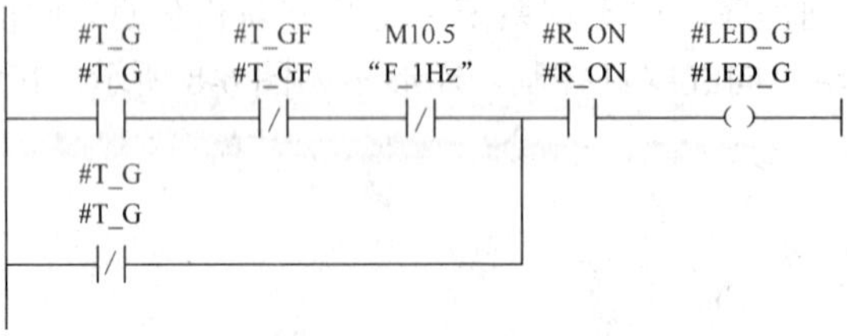

#T_G #T_G
#T_GF #T_GF
M10.5 “F_1Hz”
#R_ON #R_ON
#LED_G #LED_G ( )
#T_G #T_G

图 6-8 FB1 的控制程序梯形图

### 4．建立背景数据块（DB）

由于在创建 DB1 和 DB2 之前，已经完成了 FB1 的变量声明，建立了相应的数据结构，因此在创建与 FB1 相关联的 DB1 和 DB2 时，STEP 7 自动完成了数据块的数据结构，如图 6-9～图 6-11 所示。

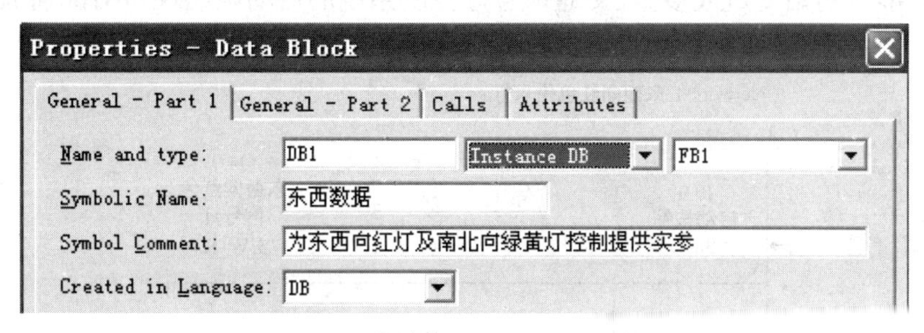


图 6-9　背景数据块的属性对话框

DB Param - DB1

Data block　Edit　PLC　Debug　View　Window　Help

DB1 -- S7_交通灯\SIMATIC 300 站点\CPU315-2 DP(1)

| | Address | Declaration | Name | Type | Initial value | Actual value | Comment |
|---|---|---|---|---|---|---|---|
| 1 | 0.0 | in | R_ON | BOOL | FALSE | FALSE | |
| 2 | 2.0 | in | T_R | TIMER | T 0 | T 0 | |
| 3 | 4.0 | in | T_G | TIMER | T 0 | T 0 | |
| 4 | 6.0 | in | T_Y | TIMER | T 0 | T 0 | |
| 5 | 8.0 | in | T_GF | TIMER | T 0 | T 0 | |
| 6 | 10.0 | in | T_RW | S5TIME | S5T#0MS | S5T#0MS | |
| 7 | 12.0 | in | T_GW | S5TIME | S5T#0MS | S5T#0MS | |
| 8 | 14.0 | out | LED_R | BOOL | FALSE | FALSE | |
| 9 | 14.1 | out | LED_G | BOOL | FALSE | FALSE | |
| 10 | 14.2 | out | LED_Y | BOOL | FALSE | FALSE | |
| 11 | 16.0 | stat | T_GF_W | S5TIME | S5T#3S | S5T#3S | |
| 12 | 18.0 | stat | T_Y_W | S5TIME | S5T#2S | S5T#2S | |

图 6-10　FB1 的背景数据块 DB1

DB Param - DB2

Data block　Edit　PLC　Debug　View　Window　Help

DB2 -- S7_交通灯\SIMATIC 300 站点\CPU315-2 DP(1)

| | Address | Declaration | Name | Type | Initial value | Actual value | Comment |
|---|---|---|---|---|---|---|---|
| 1 | 0.0 | in | R_ON | BOOL | FALSE | FALSE | |
| 2 | 2.0 | in | T_R | TIMER | T 0 | T 0 | |
| 3 | 4.0 | in | T_G | TIMER | T 0 | T 0 | |
| 4 | 6.0 | in | T_Y | TIMER | T 0 | T 0 | |
| 5 | 8.0 | in | T_GF | TIMER | T 0 | T 0 | |
| 6 | 10.0 | in | T_RW | S5TIME | S5T#0MS | S5T#0MS | |
| 7 | 12.0 | in | T_GW | S5TIME | S5T#0MS | S5T#0MS | |
| 8 | 14.0 | out | LED_R | BOOL | FALSE | FALSE | |
| 9 | 14.1 | out | LED_G | BOOL | FALSE | FALSE | |
| 10 | 14.2 | out | LED_Y | BOOL | FALSE | FALSE | |
| 11 | 16.0 | stat | T_GF_W | S5TIME | S5T#3S | S5T#3S | |
| 12 | 18.0 | stat | T_Y_W | S5TIME | S5T#2S | S5T#2S | |

图 6-11　FB1 的背景数据块 DB2

### 6.2.5 编辑启动组织块 OB100

OB100 是启动组织块，当 CPU 的状态由停止状态转入运行状态时，操作系统调用 OB100。当 OB100 运行结束后，操作系统调用 OB1。利用 OB100 先于 OB1 执行的特性，可以为用户主程序的运行准备初始变量或参数。交通信号灯控制系统的启动组织块 OB100 如图 6-12 所示。

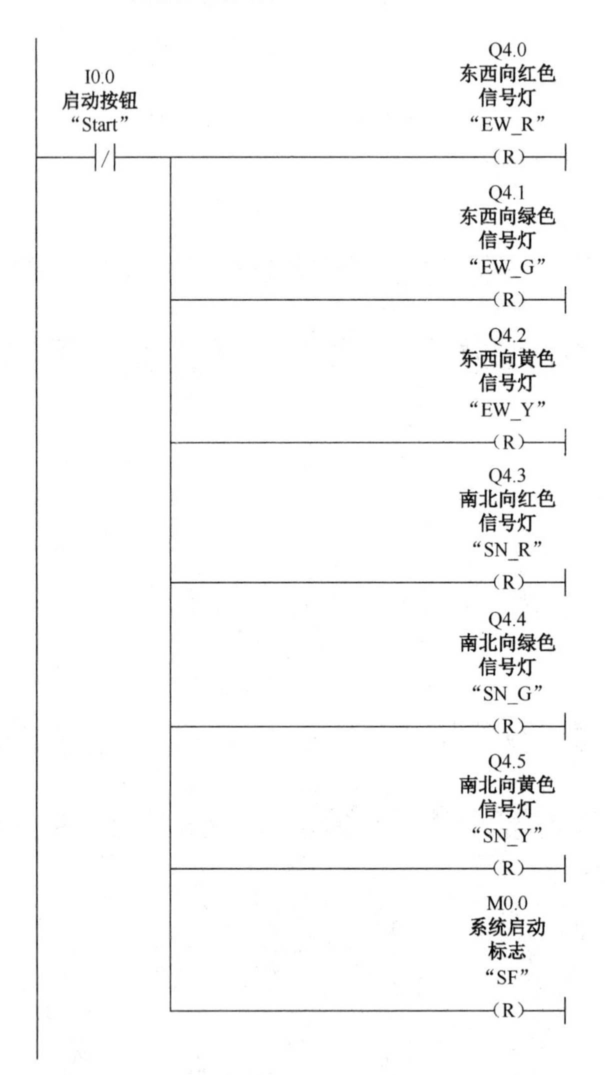


图 6-12 编辑启动组织块 OB100

## 6.2.6　在 OB1 中调用功能块（FB1）实现交通信号灯的控制

在 OB1 中调用功能块（FB1）的背景数据块，实现交通信号灯的控制，如图 6-13 所示。

OB1 : “交通信号灯控制系统的主循环组织块”

Network 1:设置启动标志

I0.0
启动按钮
“Start”

Q0.0
系统启动
标志
“SF”
(S)

Network 2:系统启动标志

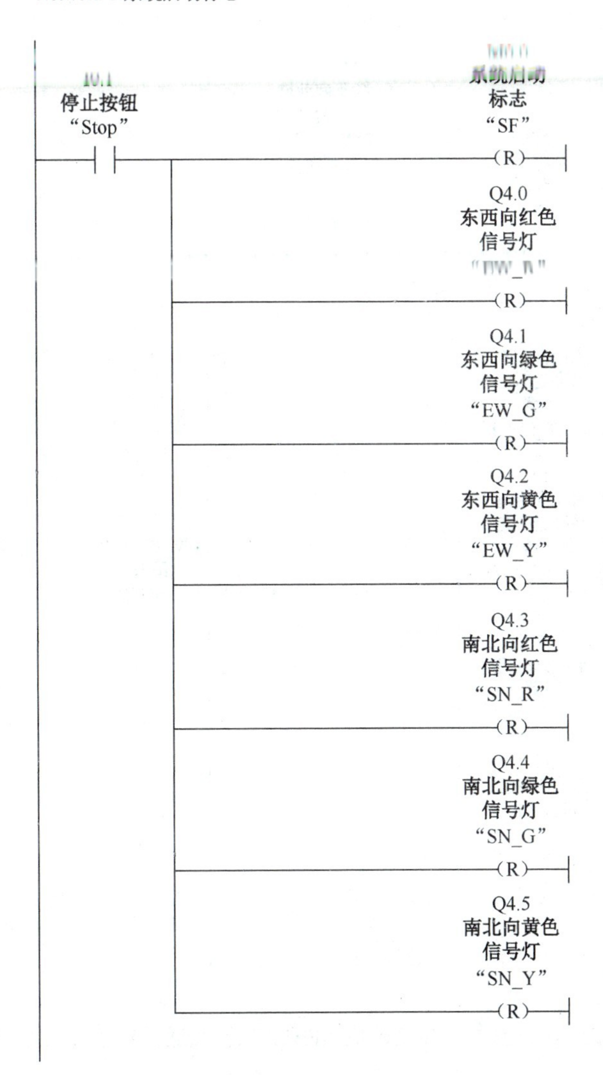


图 6-13　在 OB1 中调用功能块（FB1）实现交通信号灯的控制

Network 3:设置转换定时器

M0.0
系统启动
标志
“SF”
T10
T9
(SD)
S5T#30s
T9
T10
(SD)
S5T#50s

Network 4:东西向红灯及南北向绿灯和黄灯控制

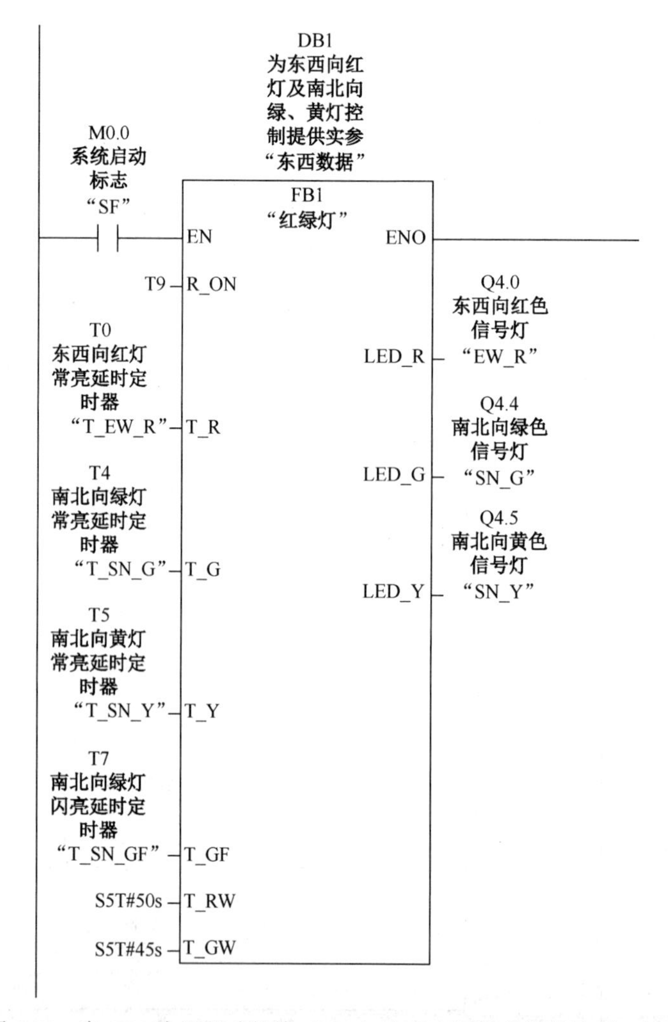


图 6-13　在 OB1 中调用功能块（FB1）实现交通信号灯的控制（续）

Network 5:南北向红灯及东西向绿灯和黄灯控制

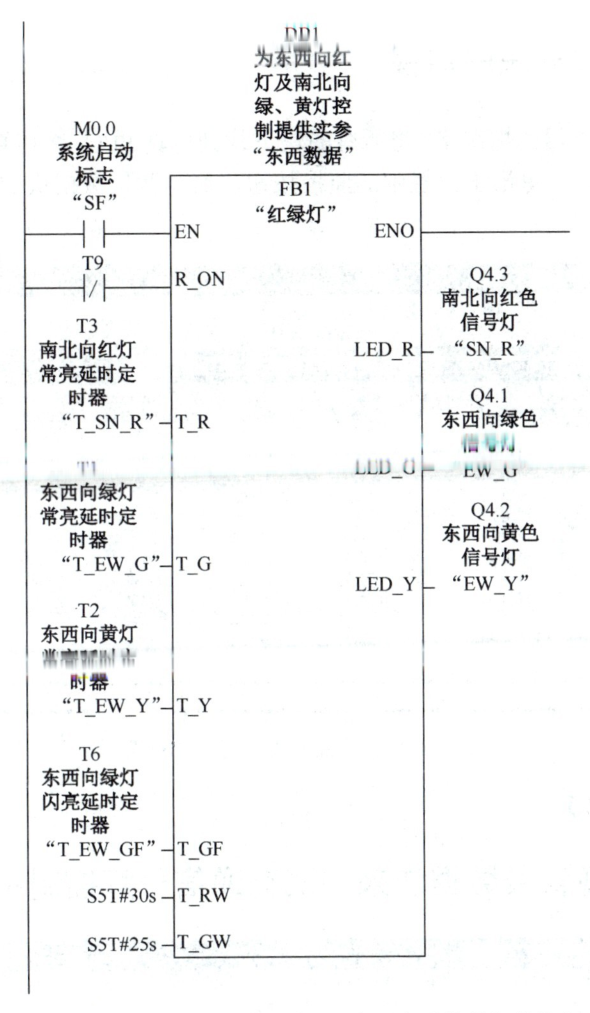


图 6-13　在 OB1 中调用功能块（FB1）实现交通信号灯的控制（续）

梯形图说明：按下启动按钮，调用 DB1、DB2 背景数据块，在 OB1 中给形参赋予相应的实参，实现交通信号灯东西、南北方向红绿灯控制。

注意：若 FB1 功能块有改动，则在 OB1 中必须重新对其进行调用。

# 任务 3　交通信号灯控制系统的调试与运行

【任务描述与分析】

为了测试前面完成的交通信号灯控制系统设计项目，必须将程序和模块信息下载到 PLC 的 CPU 模块。项目测试方法有两种：第一种采用 PLCSIM 仿真调试，在仿真界面中监控各变量的变化情况；第二种采用硬件 PLC 的在线调试。在此新介绍一种通过监视背景数据块中实际值的变化来调试程序的方法。

【相关知识与技能】

## 6.3.1 背景数据块的监视

在连接 PLC 或仿真器的情况下，将所有的块下载到仿真 PLC，将仿真 PLC 切换到 RUN-P 模式。打开相应 DB 块，单击工具栏中的监控按钮，启动背景数据块的监控功能，如图 6-14 所示。

DB Param - @DB1

@DB1 -- S7_交通灯\SIMATIC 300 站点\CPU315-2 DP(1) ONLINE

| | Address | Declaration | Name | Type | Initial value | @Actual value |
|---|---|---|---|---|---|---|
| 1 | 0.0 | in | R_ON | BOOL | FALSE | TRUE |
| 2 | 2.0 | in | T_R | TIMER | T 0 | |
| 3 | 4.0 | in | T_G | TIMER | T 0 | |
| 4 | 6.0 | in | T_Y | TIMER | T 0 | |
| 5 | 8.0 | in | T_GF | TIMER | T 0 | |
| 6 | 10.0 | in | T_RW | S5TIME | S5T#0MS | S5T#50S0MS |
| 7 | 12.0 | in | T_GW | S5TIME | S5T#0MS | S5T#45S0MS |
| 8 | 14.0 | out | LED_R | BOOL | FALSE | TRUE |
| 9 | 14.1 | out | LED_G | BOOL | FALSE | TRUE |
| 10 | 14.2 | out | LED_Y | BOOL | FALSE | FALSE |
| 11 | 16.0 | stat | T_GF_W | S5TIME | S5T#3S | S5T#3S0MS |
| 12 | 18.0 | stat | T_Y_W | S5TIME | S5T#2S | S5T#2S0MS |

图 6-14 监视背景数据块 DB1

【任务实施与拓展】

## 6.3.2 用监视背景数据块来调试交通信号灯控制系统程序

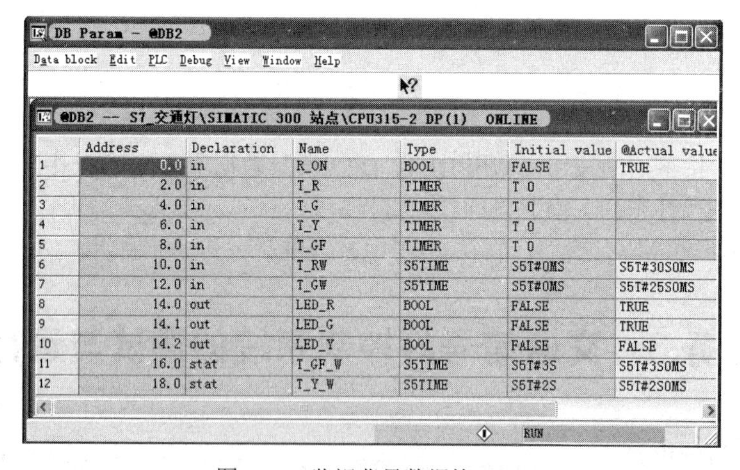

DB Param - @DB2

@DB2 -- S7_交通灯\SIMATIC 300 站点\CPU315-2 DP(1) ONLINE

| | Address | Declaration | Name | Type | Initial value | @Actual value |
|---|---|---|---|---|---|---|
| 1 | 0.0 | in | R_ON | BOOL | FALSE | TRUE |
| 2 | 2.0 | in | T_R | TIMER | T 0 | |
| 3 | 4.0 | in | T_G | TIMER | T 0 | |
| 4 | 6.0 | in | T_Y | TIMER | T 0 | |
| 5 | 8.0 | in | T_GF | TIMER | T 0 | |
| 6 | 10.0 | in | T_RW | S5TIME | S5T#0MS | S5T#30S0MS |
| 7 | 12.0 | in | T_GW | S5TIME | S5T#0MS | S5T#25S0MS |
| 8 | 14.0 | out | LED_R | BOOL | FALSE | TRUE |
| 9 | 14.1 | out | LED_G | BOOL | FALSE | TRUE |
| 10 | 14.2 | out | LED_Y | BOOL | FALSE | FALSE |
| 11 | 16.0 | stat | T_GF_W | S5TIME | S5T#3S | S5T#3S0MS |
| 12 | 18.0 | stat | T_Y_W | S5TIME | S5T#2S | S5T#2S0MS |

图 6-15 监视背景数据块 DB2

在连接 PLC 或仿真器的情况下，将交通信号灯控制系统所有的块下载到仿真 PLC，将仿真 PLC 切换到 RUN-P 模式。分别打开 DB1 块、DB2 块，单击工具栏中的监控按钮，启动背景数据块的监控功能，如图 6-15 所示。

## 6.3.3　用仿真软件调试交通信号灯控制系统程序

### 1．将整个S7-300站下载到PLC

（1）启动SIMATIC Manager，并打开需要测试的PLC项目；

（2）单击仿真工具按钮，启动S7-PLCSIM仿真程序；

（3）将CPU工作模式开关切换到STOP模式；

（4）在项目窗口内选中要下载的工作站；

（5）执行“PLC”→“Download”命令，或右击，在弹出的快捷菜单中执行“PLC”→“Download”命令将整个S7-300站下载到PLC。

### 2．用仿真软件调试交通信号灯控制系统程序

图6-16所示的是用仿真器调试交通信号灯控制系统程序的调试窗口。单击两次I0.0，仿真结果如图6-16所示。

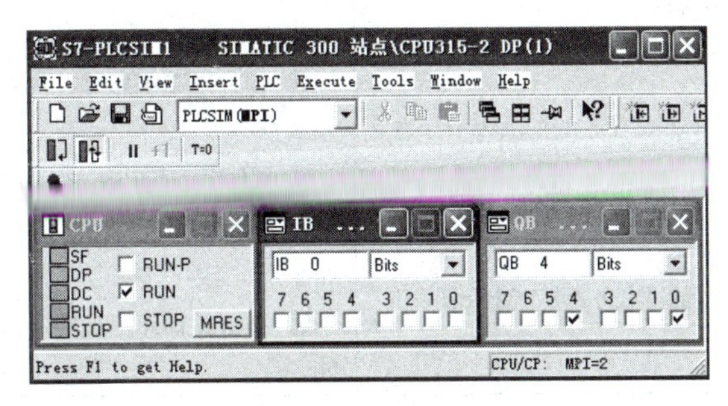


图6-16　调试窗口

## 【项目小结】

本项目通过交通信号灯控制系统的设计与调试，介绍了结构化编程法——编辑并调用功能块（FB），其方法与步骤主要包括以下几部分。

（1）交通信号灯控制系统的硬件组态。

（2）交通信号灯控制系统的符号表编写。

（3）交通信号灯控制系统的程序规划。

（4）创建功能块FB1。

① 新建一个FB1块；② 编辑FB1的变量声明表；③ 编辑FB1的控制程序。

（5）建立背景数据块（DI）。

（6）在OB1中调用功能块（FB1）实现交通信号灯控制。

（7）用监视背景数据块来调试交通信号灯控制系统程序。

## 【能力测试】

（1）用“新建项目”向导生成交通信号灯控制项目，根据实验设备上的模块，打开HW Config设置模块，并编译下载到CPU中。

（2）生成采用编辑并调用有静态参数的功能块实现交通信号灯控制用户程序，并用监视背景数据块和仿真软件两种方法进行调试。

（3）成绩评定参考标准如表6-4所示。

表6-4 《交通信号灯控制系统》成绩评价表

班级______________________姓名______________________组号______________________

| 序号 | 主要内容 | 考核要求 | 评分标准 | 配分 | 扣分 | 得分 |
|---|---|---|---|---|---|---|
| 1 | 硬件设计 | 能根据任务要求完成硬件设计原理图 | ① 硬件设计不完善，每处扣3分<br>② 硬件设计不正确，扣10分 | 10 | | |
| 2 | 硬件组态 | 能根据任务要求完成硬件组态 | ① 硬件组态不完善，每处扣3分<br>② 硬件组态不正确，扣10分 | 10 | | |
| 3 | 梯形图设计 | 能根据任务要求完成梯形图设计 | ① 梯形图设计不完善，每项扣8分<br>② 梯形图设计不正确，扣20分 | 20 | | |
| 4 | 接线 | 能正确使用工具和仪表，按照电路图正确接线 | ① 接线不规范，每处扣3分<br>② 接线错误，每处扣5分 | 20 | | |
| 5 | 操作调试 | 操作调试过程正确 | ① 操作错误，扣10分<br>② 调试失败，扣30分 | 30 | | |
| 6 | 安全文明生产 | 操作安全规范、环境整洁 | 违反安全文明生产规程，扣5～10分 | 10 | | |
| 合计 | | | | 100 | | |

## 【思考练习】

1．填空题

（1）CPU 可以同时打开______个共享数据块和______个背景数据块。用______指令打开DB2后，DB2.DBB0可以用__________来访问。

（2）背景数据块中的数据是功能块的__________中的数据（不包括临时数据）。

（3）调用__________和__________时需要指定其背景数据块。

（4）在梯形图中调用功能块时，方框内是功能块的____________，方框外是对应的__________。方框的左边是块的__________参数，右边是块的__________参数。

### 2．简答题

（1）简述功能块（FB）和功能（FC）的区别。
（2）简述共享数据块与背景数据块的区别。

### 3．操作题

采用编辑并调用有静态参数的功能块实现电动机启停控制系统。控制要求如下：

用输入参数“Start”（启动按钮）和“Stop”（停止按钮）控制输出参数“Motor”（电动机）。按下停止按钮，输入参数 TOF 指定的断电延时定时器开始定时，输出参数“Brake”（制动器）为“1”状态，经过设置的时间预置值后，停止制动。

# 综合应用模块

本模块包括 S7-300PLC 的通信、基于 MM440 与 S7-300 的自动生产线多段速控制系统、基于 S7-300、变频器、触摸屏的水箱水位控制系统 3 个项目。通过这 3 个项目的学习，掌握 S7-300 PLC 的 MPI 通信，掌握 S7-300 PLC 的 PROFIBUS DP 分布式 I/O 通信，掌握 S7-300 PLC 的 PROFIBUS DP 主站与智能从站的通信，掌握 S7-300PLC 的以太网通信，掌握自动生产线多段速控制系统的设计与调试，掌握 MM440 常用参数单元的设置，掌握基于 S7-300、变频器、触摸屏的水箱水位控制系统的设计与调试，掌握触摸屏的使用。

# 项目 7　S7-300PLC 的通信

图 7-1 所示的是西门子工业通信网络的拓扑图实例。整个网络分为监控、操作和现场 3 层。现场控制信号，如 I/O、传感器、变频器等，通过 HART、ModBus 等各种方式连接到现场 PLC 上，PROFIBUS 总线完成 PLC 与现场设备的信息交流，可以很方便地进行第三方设备的扩展。现场层设备有两个数据同步的互为冗余的主站，保证现场层与操作层之间数据信息的稳定可靠；中央控制室与操作员站、工程师站通过开放、标准的以太网进行数据交换。

在应用较多的西门子工业通信网络解决方案的范畴内使用了许多通信技术。在通信、组态、编程中，除了图 7-1 中提到的工业以太网和 PROFIBUS 之外，还需要使用其他一些通信技术。下面对 SIMATIC NET 逐一进行简单介绍。

（1）MPI（Multi Point Interface），多点接口协议。MPI 通信用于小范围、小点数的现场级通信。MPI 是为了 S7/M7 和 C7PLC 系统提供多点接口，它的设计用于可编程设备的接口，也可以用来在少数 CPU 之间传递数据。

（2）PROFIBUS。PROFIBUS 符合国际标准 IEC61158，是目前国际上通用的现场总线标准之一，并以其独特的技术特点、严格的论证规范、开放的标准和不断发展的技术行规，成为现场级通信网络的最优解决方案，其网络节点数已突破 1000 万个，在现场总线领域遥遥领先。

（3）PPI（Point-to-Point Interface），用于点对点接口，它是一个主/从协议。其特点是当主站向从站发出申请或查询时，从站才对其响应，从站不进行信息初始化。

（4）AS-Interface 或称传感器/执行器接口，它用于自动化系统最底层的通信网络。它被专门设计用来连接二进制传感器和执行器，每个从站的最大数据为 4 位。

本项目将从 MPI 网络通信、PROFIBUS 现场总线通信及以太网通信三个方面来阐述 S7-300PLC 的通信技术。

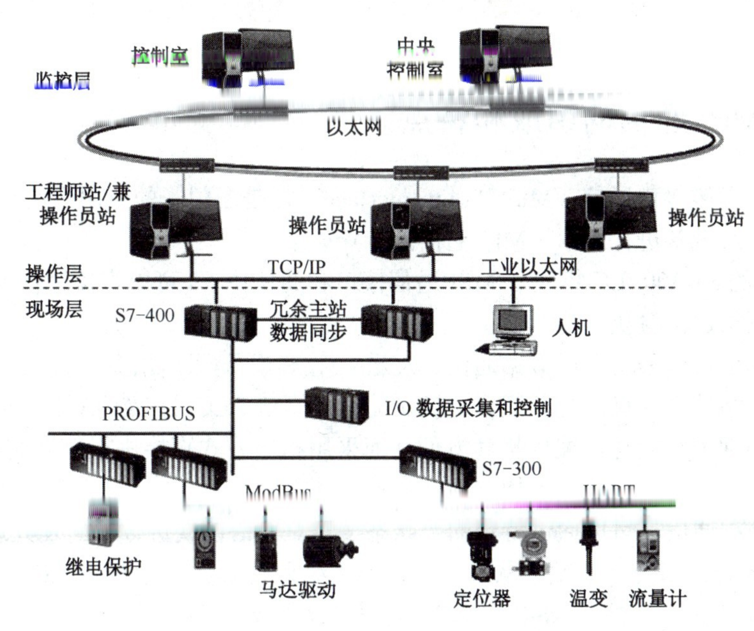


图 7-1　西门子工业通信网络拓扑图实例

【学习任务】

任务 1　S7-300PLC 的 MPI 网络通信。
任务 2　S7-300PLC 的 PROFIBUS 现场总线通信。
任务 3　S7-300PLC 的以太网通信。

【学习目标】

1．掌握 SIMATIC S7-300 PLC 的 MPI 通信。
2．掌握 SIMATIC S7-300 PLC 的 PROFIBUS DP 分布式 I/O 通信。
3．掌握 SIMATIC S7-300 PLC 的 PROFIBUS DP 主站与智能从站的通信。
4．掌握 SIMATIC S7-300 PLC 的以太网通信。

# 任务 1　SIMATIC S7-300 PLC 的 MPI 通信

【任务描述与分析】

在 S7-300PLC 系统中，有一个主站和一个从站，从站实现产品的计数，主站读取从站的计数值，当产品计数值满 200 时，对从站的计数值清零，使计数器重新计数。

本任务是生产实践中常见的产品计数问题，采用两台 S7-300PLC 实现，一台 PLC 做主站，一台 PLC 做从站，从站完成计数，而主站则控制从站的计数达到 200 后清零复位，使从站重新计数，如此循环。

本任务采用的是少量数据的通信，需要将计数器的值进行传送，因此，可以采用 MPI 的通信方式。

【相关知识与技能】

## 7.1.1 MPI 通信的组成和特点

MPI 通信，即多接口通信（Multi Point Interface），是西门子的专用通信，一般不能与其他公司的现场总线设备进行通信。MPI 通信的特点如下。

（1）西门子的 S7-300PLC 集成了 MPI 通信接口和通信协议，可以直接进行 MPI 网络通信，无须另外配置网络通信模块。

（2）MPI 通信可以采用全局数据通信、发送/接收和读入/写出指令方式直接进行通信。全局数据通信，网络站之间直接进行数据交换，能循环刷新 PLC 的 I/O 信号，位存储器、定时器、计数器等内部编程元件，编程极其方便；而采用指令方式直接进行数据交换，PLC 可以随时控制数据的通信过程，编程更加方便，且实时性更好。

（3）全局数据通信，可以通过特定的“状态字”对通信错误进行诊断及处理。

MPI 网络同样由节点（主站、从站）网络连接线和通信协议等组成。S7-300PLC 上集成了 MPI 接口，采用物理特性为 RS485，MPI 通信协议集成在 CPU 中。

MPI 默认的传输速率为 187.5kb/s 或 1.5Mb/s，但 S7-200PLC 的通信波特率只能设置成 19.2kb/s。

MPI 网络中的每一节点都有唯一的 MPI 地址，地址范围一般为 0～126，编程器、HMI、CPU 的默认地址分别为 0、1、2。

## 7.1.2 MPI 通信方式

### 1. 全局数据通信

所谓全局数据通信（Global Data，GD），是一种 MPI 网络各站之间的直接数据交换形式，MPI 网络中的全部设备均可以通过全局数据通信建立通信联系。

通过全局数据通信，MPI 中的一个站的输入、输出、位存储器、数据块、定时器、计数器可以直接在另一个站上进行检测、编程修改，也就是说，一个 CPU 可以任意访问网络中其他 CPU 的存储器的数据。

为了进行 MPI 全局数据通信，一般需要建立多个通信子网，进行分区通信，而参与同一全局数据通信的全部 PLC 所构成的通信子网，称为全局数据环，同一个 GD 环中的 CPU 之间可以相互进行数据的发送与接收；在一个 MPI 网络中，可以建立多个 GD 环。即使在同一数据环中，全局数据通信的一次交换的数据总量有一定的限制，一般为 22 字节或 64 字节，因此，直接数据交换还需要分组进行，这一数据组称为“数据包”，数据包根据发送与接收方式不同，还需要进一步的细分，具有相同发送者和接收者的数据包称为全局数据包，全局数据包通过数据环号、数据包号、变量号进行编码，G1.2.3，表示 1 号环 2 号数据包中的 3 号数据。

全局数据包的创建步骤参见下面的任务实施与拓展部分。

另外，S7-300PLC 还提供发送/接收指令控制下的全局数据通信，发送/接收全局数据通信是指用指令控制方法的全局数据通信，它为 MPI 网络提供一种灵活、方便的通信方式。该通信方式可以使用 STEP 7 系统的程序块 SFC60“GD_SND”和 SFC61“GD_RCV”进行。

在 STEP 7 编程软件的指令树区，依次通过使用“Library”→“Standard Library”→“System Function Blocks”命令，即可调用 SFC60、SFC61 功能，如图 7-2 所示。

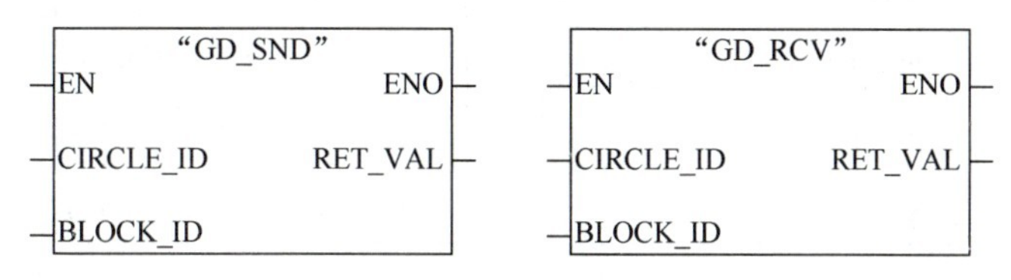


图 7-2　SFC60/SFC61 指令

指令中输入输出参数的数据类型、格式和作用如表 7-1 所示。

表 7-1　SFC60/SFC61 输入输出参数

| 符号名 | 类型 | 数据格式 | 使用说明 |
|---|---|---|---|
| CIRCLE_ID | IN | BYTE | GD 环号 |
| BLOCK_ID | IN | BYTE | GD 包号 |
| RET_VAL | OUT | INT | 错误代码 |

**注意：** 采用这种 MPI 通信方式，必须把扫描速度设置为“0”。

### 2. 数据发送/接收指令的 MPI 通信

发送/接收指令的特点：在发送时只表明数据接收的站，但是不能指定数据在接收方的具体保持位置；同样，在接收数据时，也只指明数据发送的站，但是不能指定源数据在发送方的具体位置，因此，指令需要配合使用，并且在两个不同的站上分别进行编程。

在 STEP 7 编程软件的指令树区，依次通过使用“Library”→“Standard Library”→“System Function Blocks”命令，即可调用 SFC60、SFC61 功能，如图 7-3 所示。

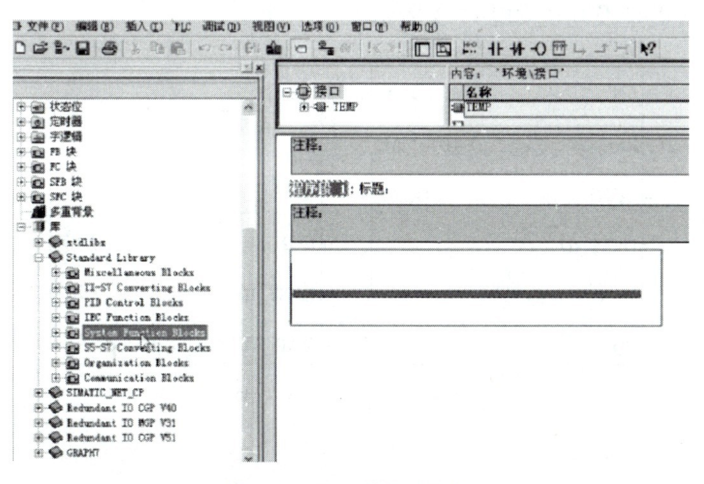


图 7-3　SFC 系统功能块

SFC65/SFC66 指令如图 7-4 所示，各参数的含义如表 7-2 所示。

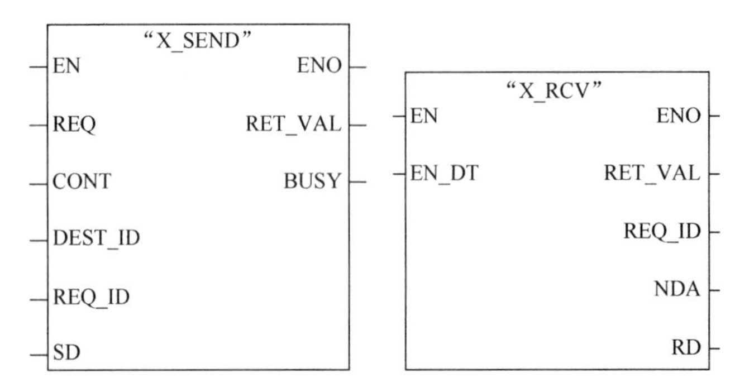


图 7-4　SFC65/SFC66 指令

**表 7-2　SCF65/SCF66 参数**

| 符号名 | 参数类型 | 数据类型 | 使用说明 |
| --- | --- | --- | --- |
| REQ | IN | BOOL | 数据发送启动 |
| CONT | IN | BOOL | 连续通信设定 |
| DEST_ID | IN | WORD | 接收方的 MPI 地址 |
| REQ_ID | IN/OUT | WORD | 数据传输任务标准 |
| SD | IN | ANY | 发送数据区的地址 |
| EN_DT | IN | BOOL | 数据接收使能 |
| RET_VAL | OUT | INT | 错误代码/工作状态 |
| BUSY | OUT | BOOL | 指令正在执行 |
| NDA | OUT | BOOL | 有新数据 |
| RD | OUT | ANY | 接收数据区地址 |

当完成 MPI 硬件组态后，也可以通过直接数据读出和写入指令实现通信，在 STEP7 编程软件的指令树区，依次通过使用“Library”→“Standard Library”→“System Function Blocks”命令，即可调用 SFC68、SFC67 功能。数据写出/读入指令如图 7-5 所示，各参数的数据格式、数据类型及功能如表 7-3 所示。

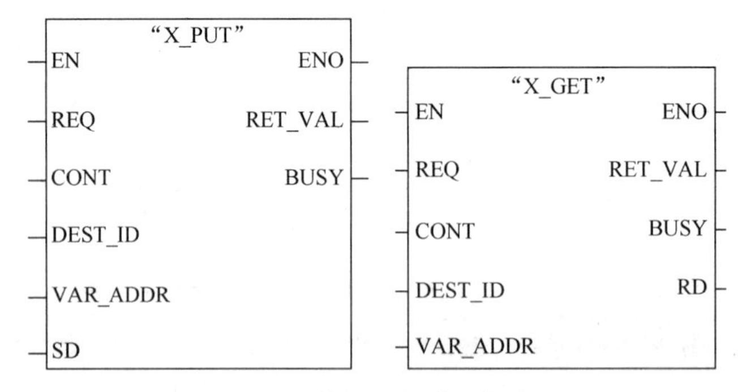


图 7-5　数据写出/读入指令

表7-3　SFC67/SFC68 输入/输出表

| | 符号名 | 参数类型 | 数据类型 | 使用说明 |
|---|---|---|---|---|
| | REQ | IN | BOOL | 请求信号 |
| | CONT | IN | BOOL | 连续通信设定 |
| SFC68 | DEST_ID | IN | WORD | 写出的目的地址（MPI 地址） |
| | VAR_ADDR | IN | ANY | 写出的数据存储地址 |
| | SD | IN | ANY | 数据源数据区地址 |
| SFC67 | DEST_ID | IN | WORD | 数据发送方 MPI 地址 |
| | VAR_ADDR | IN | ANY | 数据发送方存储器地址 |
| | RD | IN | ANY | 本地数据区地址 |
| | RES_VAR | OUT | INT | 工作状态或错误代码 |
| | BUSY | OUT | BOOL | 指令正在执行 |

【任务实施与拓展】

本例采用两台 S7-300PLC，全局数据 MPI 的通信方式，两台都是 CPU315-2DP，一台做主站，MPI 地址为 2，另一台做从站，地址为 3，两台 PLC 用 PROFIBUS 网络电缆线连接到两台 PLC 的 MPI 接口上。

## 1．硬件组态

（1）新建工程，工程名为通信_MPI，在工程中插入两个站点，站点名称分别为 MPI_Master、MPI_Slave，如图 7-6 所示。

（2）组态主站。主站硬件组态如图 7-7 所示，组态时选用一个 DI16/DO16 数字量输入输出模块。

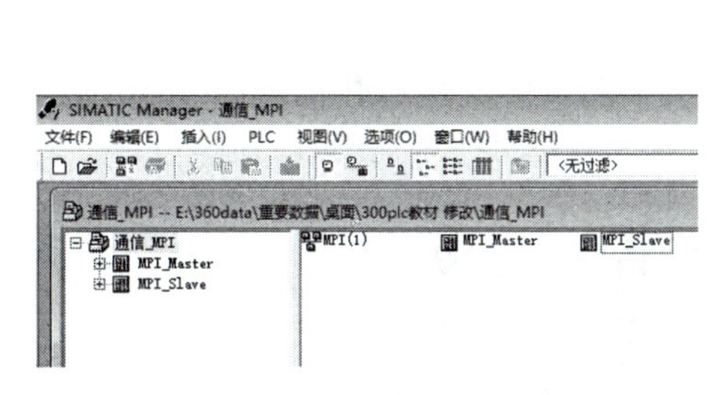


图 7-6　新建工程插入站点

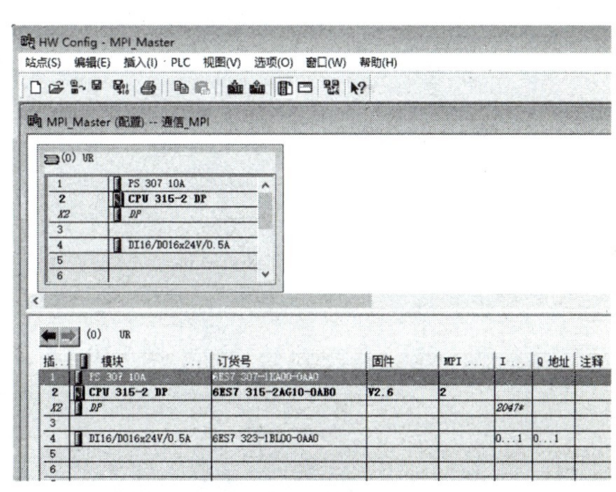


图 7-7　主站硬件组态

设置主站 MPI 地址和通信波特率：打开 CPU315-2DP 属性，如图 7-8 所示，在常规栏中，单击 MPI 接口的属性按钮，如图 7-9 所示，设置 MPI 的地址为 2，MPI 通信波特率为 187.5kbps，然后单击“确定”按钮，编译保存硬件组态。

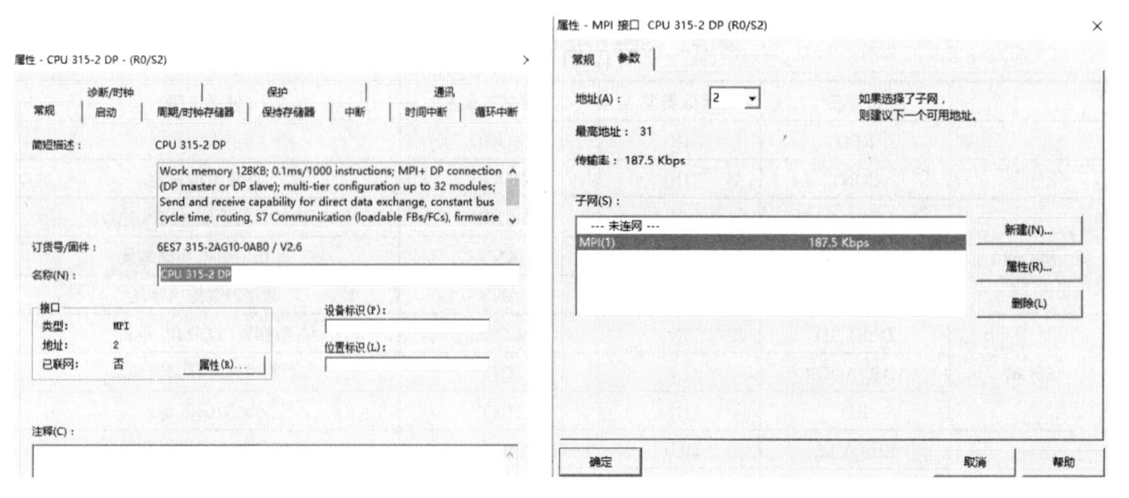


图 7-8　打开 CPU 属性　　　　图 7-9　设置 MPI 通信属性

（3）组态从站。完成从站的硬件组态，设定 MPI 地址为 3，并连接到主站生成的 MPI 网路上，如图 7-10 所示，编译保存硬件组态。

（4）打开 MPI 网络。进入项目窗口，双击 MPI（1）图标，打开 MPI 网络，如图 7-11 和图 7-12 所示，右击，在打开的快捷菜单中进行属性设置，即可进行全局数据包的定义。

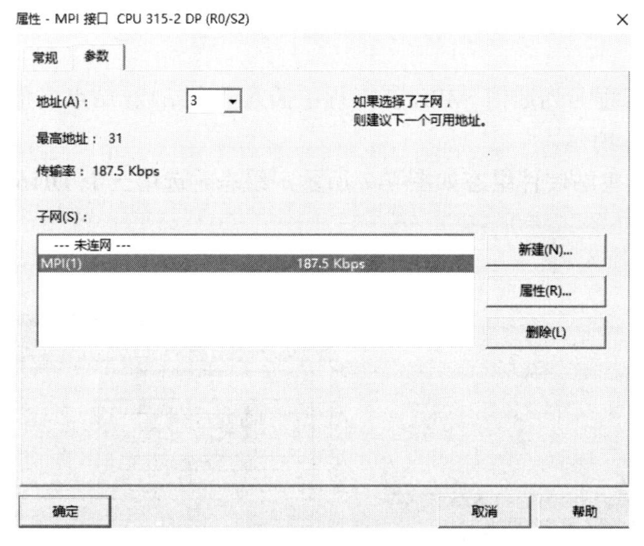


图 7-10　设置从站地址

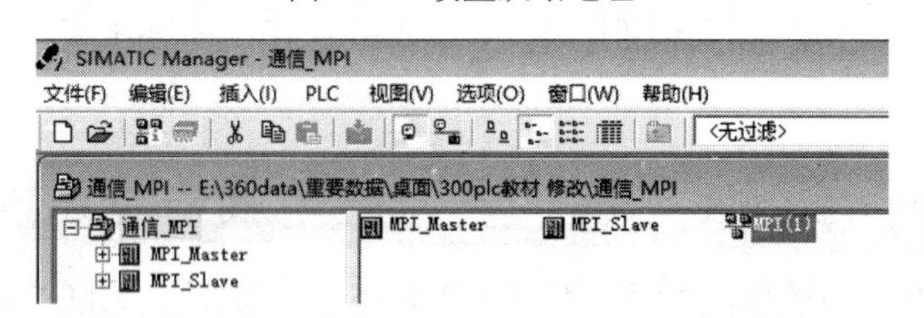


图 7-11　打开 MPI 网络（1）

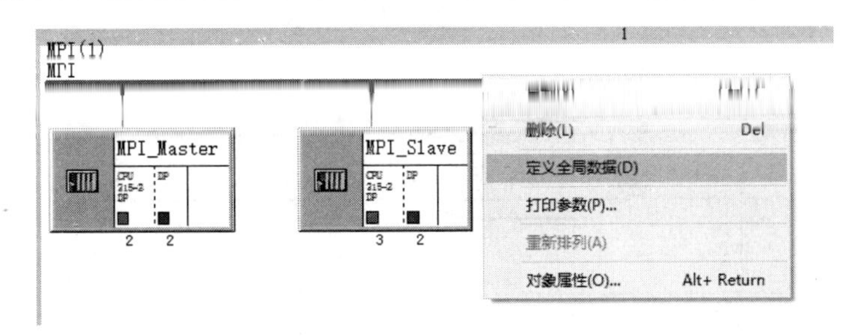


图 7-12　打开 MPI 网络（2）

（5）全局数据包组态。双击 MPI 全局变量组态，双击第 3 列选择主站的 CPU，单击“确定”按钮，如图 7-13 所示，同样双击第 4 列选择从站的 CPU，如图 7-14 所示。添加好主从站后，如图 7-15 所示。

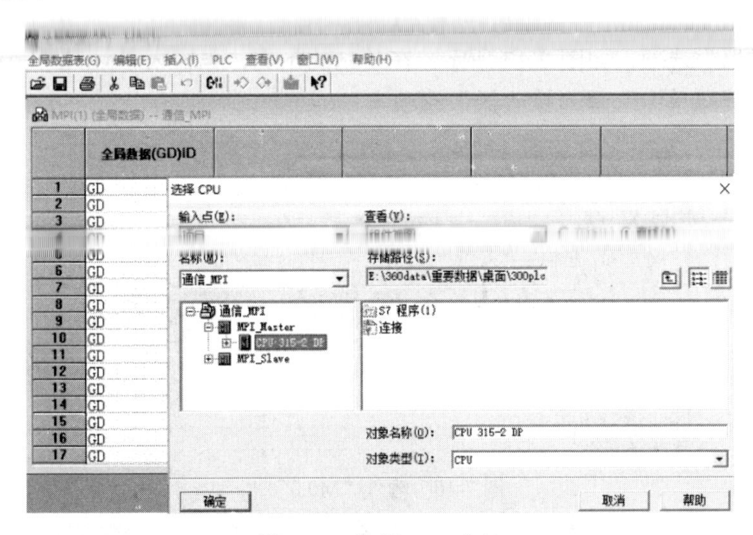


图 7-13　选择 CPU 主站

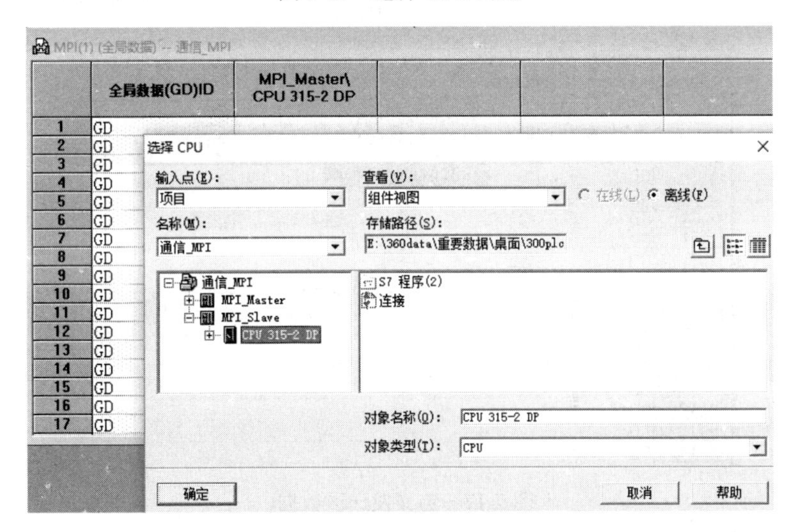


图 7-14　选择 CPU 从站

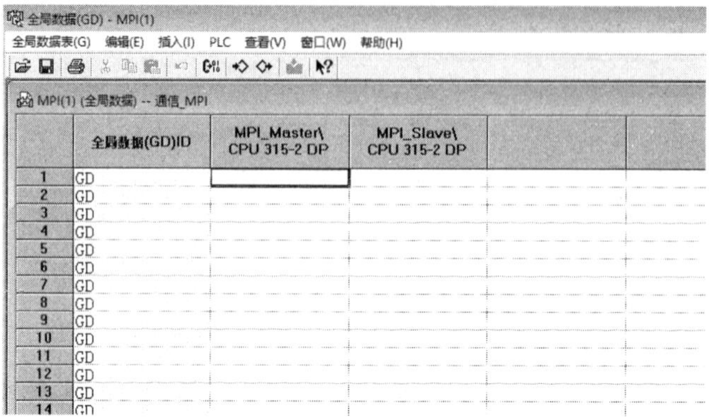

图7-15　插入站点后的全局数据包定义窗口

在主站一列的下方，输入“M0.0”，如图7-16所示，选中M0.0，右击，在弹出的快捷菜单中选择“发送器”选项，如图7-17所示。在从站的下方，也输入“M0.0”，选中M0.0，右击，在弹出的快捷菜单中选择“接收器”选项。

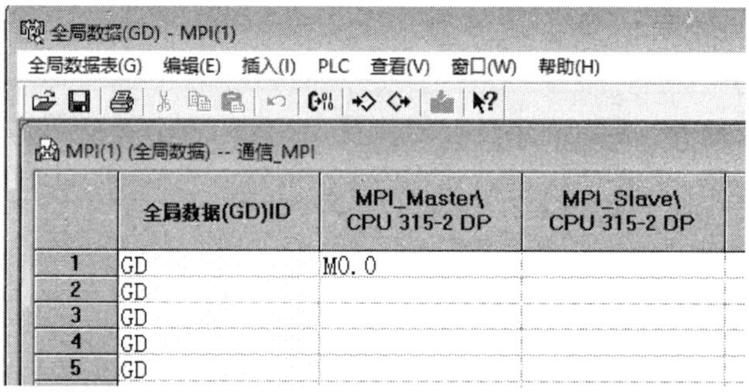

图7-16　输入“M0.0”

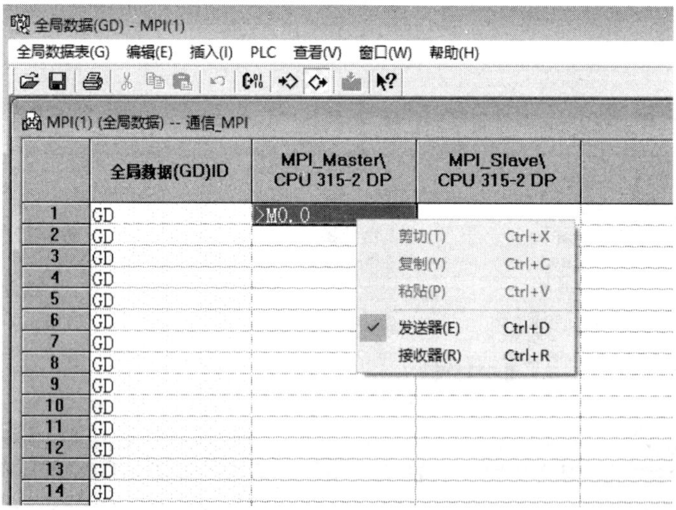

图7-17　定义发送区数据

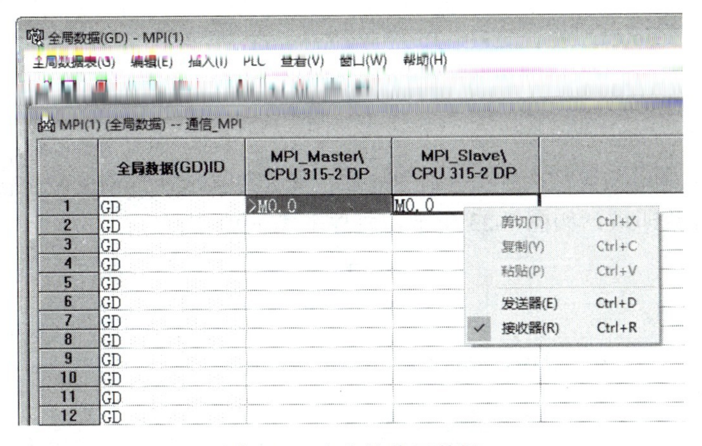


图 7-18　定义接收区数据

同样，再建立一个数据包，如图 7-19 所示。

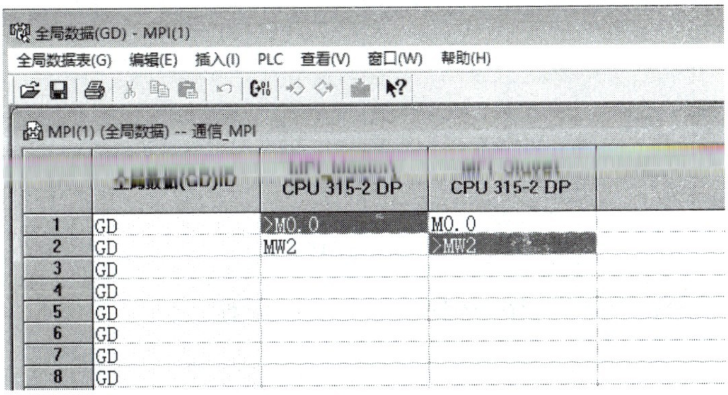

图 7-19　全局数据包组态

（6）保存编译。将编辑好的数据保存并编译，生成全局数据包，如图 7-20 所示。

（7）下载组态信息。在工具栏中，单击“下载”图标，选择主站和从站，分别下载到对应的站点中，如图 7-21 所示。

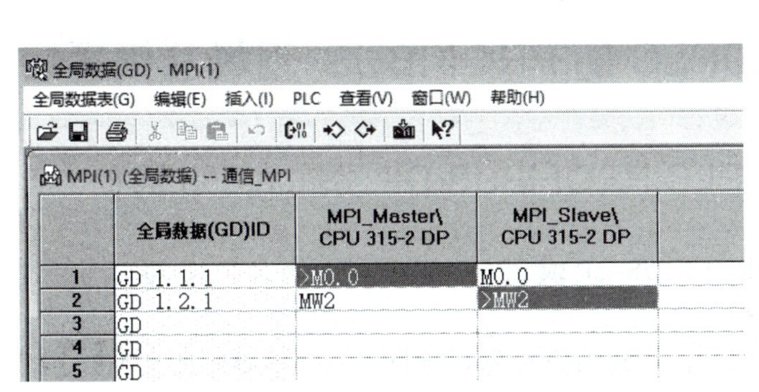


图 7-20　保存编译后的数据包

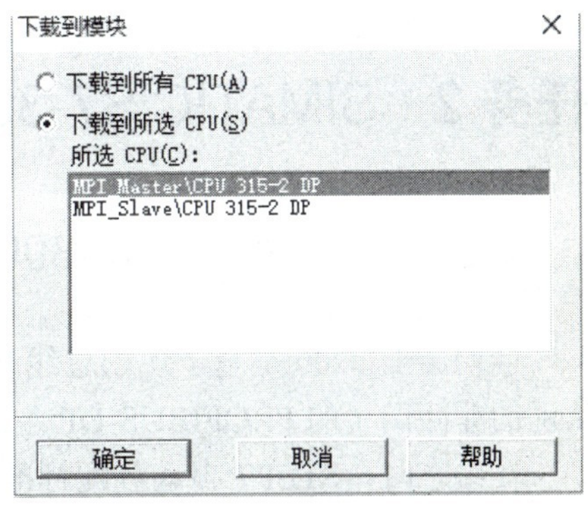


图 7-21　下载数据包

### 2．程序设计

采用全局数据的 MPI 通信，只要进行硬件组态就可以通信了，通信部分是不需要额外编写通信程序的。

主站主要是检测到 MW2 中的值达到 200 后，发送到从站计数器的复位信号好，如图 7-22 所示；从站完成计数即可，如图 7-23 所示，程序非常简单。

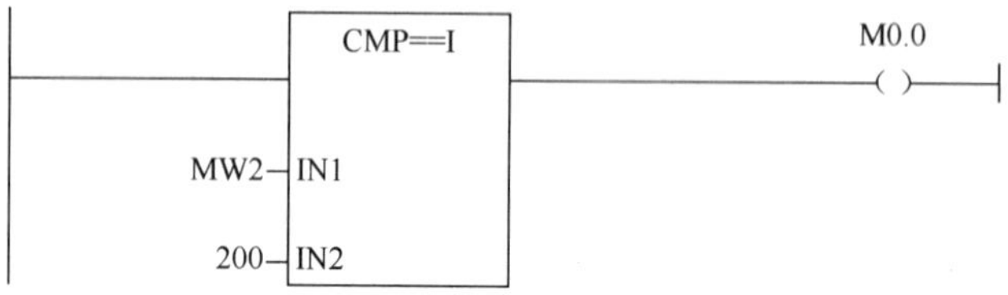

CMP==I
MW2 — IN1
200 — IN2
M0.0 ( )

图 7-22　主站 OB1 梯形图

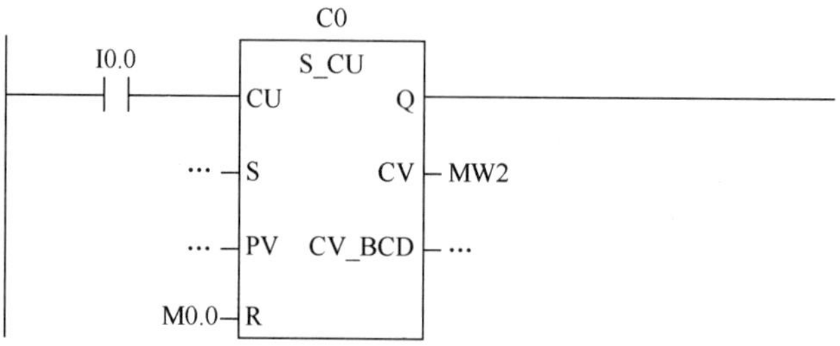

C0
S_CU
I0.0 — CU　Q
… — S　CV — MW2
… — PV　CV_BCD — …
M0.0 — R

图 7-23　从站 OB1 梯形图

另外，主站的初始化程序 OB100 的梯形图如图 7-24 所示。

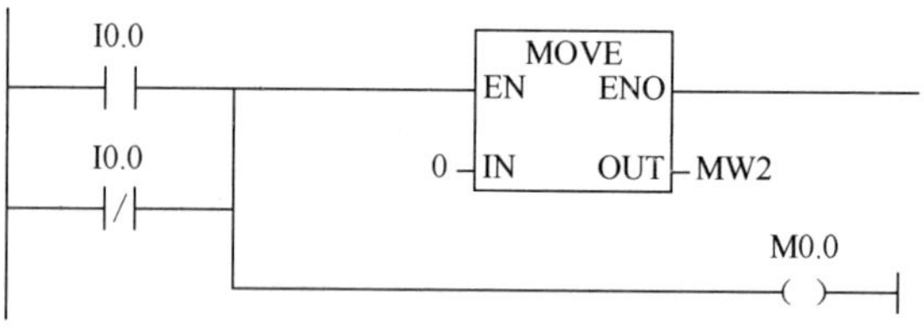

I0.0
I0.0 /
MOVE
EN　ENO
0 — IN　OUT — MW2
M0.0 ( )

图 7-24　主站初始化 OB100 梯形图

# 任务 2　SIMATIC S7-300PLC 的 PROFIBUS 现场总线通信

## 7.2.1　SIMATIC S7-300 PLC PROFIBUS DP 分布式 I/O 通信

西门子 ET 200 是基于现场总线 PROFIBUS-DP 或 PROFINET 的分布式 I/O，可以与经过认证的非西门子的 PROFIBUS-DP 主站协同运行。

在组态时，STEP7 自动分配标准的 DP 从站的输入/输出地址。就像访问主站主机架上的 I/O 模块一样，DP 主站的 CPU 通过 DP 从站的地址直接访问它们。因此使用标准 DP 从站不会增加编程工作量。

【任务描述与分析】

假设主站是 S7-300PLC，配有 16 点数字量输入、16 点数字量输出模块，从站采用 ET 200M PROFIBUS-DP 分布式通信，从站包括 16 点数字量输入模块、8 点数字量输出模块、2 输入模拟量模块和 2 输出模拟量模块，用主站的输入控制从站的输出，采用仿真验证结论。

【相关知识与技能】

ET 200M 是多通道模块化的分布式 I/O，使用 S7-300 全系列模块，适用于大点数、高性能的应用。最多可以扩展 8 个模块，用接口模块 IM 153 来实现与主站的通信。

ET 200M 可以提供与 S7-400H 系列相连的冗余接口模块和故障安全型 I/O 模块，可以用 Zone 2 的危险区域，传感器和执行器可以用于 Zone1，有可以带电热插拔的模块，可在运行中修改组态。

S7-400PLC 的 I/O 模块平均每点的价格比 S7-300 的贵得多，较大型的控制系统常用功能强大的 S7-400 的 CPU 和 ET 200M 来组成系统，这样可以使用价格便宜的 S7-300 的模块，使系统具有更高的性价比。

PROFIBUS-DP 最大优点是简单方便，在大多数甚至绝大多数实际系统应用中，只需要对网络通信做简单的组态，不需要编写任何通信程序，就可以实现 DP 网络通信。在编程时，用户可以对远程的 I/O 访问，就像访问中央机架的 I/O 一样。

【任务实施与拓展】

1．组态 DP 主站系统

新建项目，CPU 选择 CPU 315-2DP，选择 SIMATIC 管理器左边的窗口出现的“SIMATIC 300 站点”，双击“硬件”图标，打开硬件组态工具 HW Config，4 号槽插入 16 点数字量输入模块，5 号槽插入 16 点数字量输出模块，修改地址对应的地址分配为 IW0 和 QW0，如图 7-25 所示。

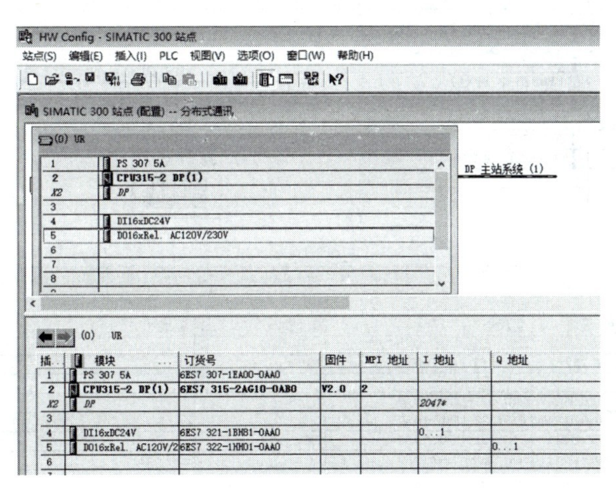


图 7-25　DP 主站硬件配置

双击CPU 315-2DP下面的“DP”行，出现“属性-DP”对话框，“常规”选项卡中单击“属性”按钮，在出现的“属性-PROFIBUS 接口DP”对话框中，可以设置CPU在DP网络中的站地址，默认站地址为“2”，如图7-26所示。

单击“新建”按钮，在出现的“属性-新建子网 PROFIBUS”对话框的“网络设置”选项卡中，采用系统的默认参数：传输速率为1.5Mb/s，配置文件为DP。

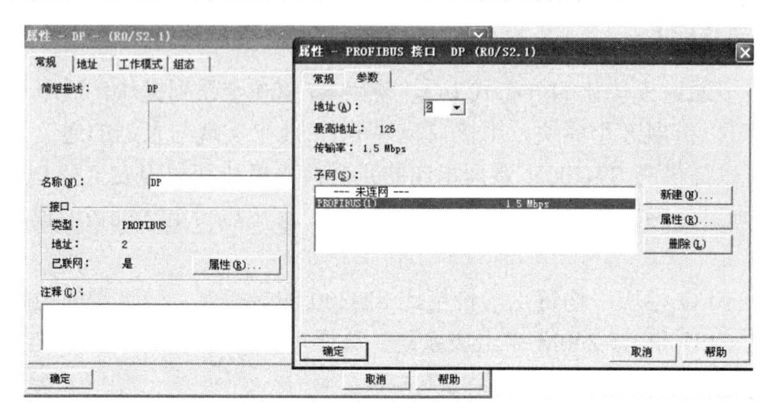

图7-26　网络设置

## 2．组态ET 200M从站

设置ET 200M的地址为“3”，与模块上的DIP开关设置的地址一致。选中ET 200M从站，其中4～11号槽最多可以插入8个S7-300系列的模块。打开硬件目录中的“IM153-1”子文件夹，其中的各子文件夹列出了可用的S7-300模块，其组态方法与普通的S7-300的相同，将数字量输入、数字量输出、模拟量输入和模拟量输出模块分别插入4～7号槽，如图7-27所示。

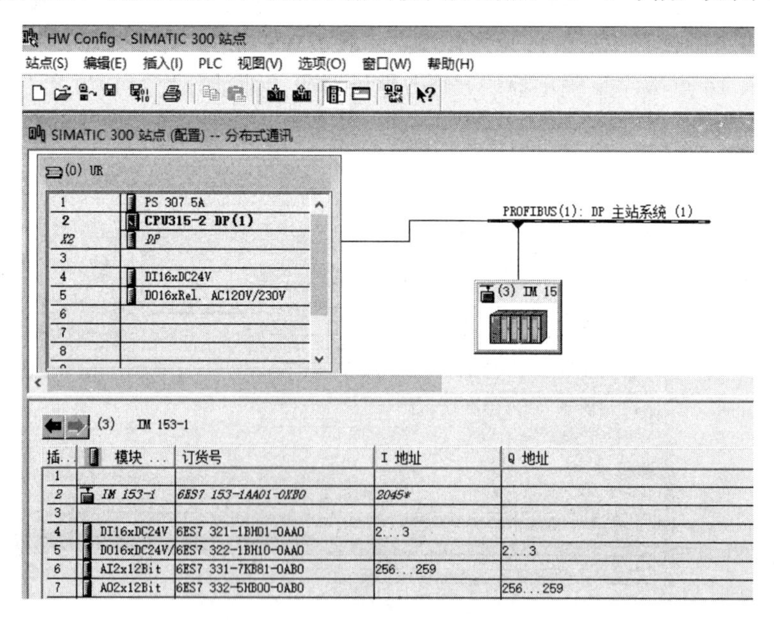

图7-27　ET 200M从站配置

### 3. DP 网络上的 I/O 地址分配

主站和非智能从站的 I/O 自动统一分配地址，如图 7-28 和图 7-29 所示。

(0)　UR

| 插... | 模块 | 订货号 | 固件 | MPI 地址 | I 地址 | Q 地址 |
|---|---|---|---|---|---|---|
| 1 | PS 307 5A | 6ES7 307-1EA00-0AA0 | | | | |
| 2 | CPU315-2 DP(1) | 6ES7 315-2AG10-0AB0 | V2.0 | 2 | | |
| X2 | DP | | | | 2047* | |
| 3 | | | | | | |
| 4 | DI16xDC24V | 6ES7 321-1BH81-0AA0 | | | 0...1 | |
| 5 | DO16xRel. AC120V/2 | 6ES7 322-1HH01-0AA0 | | | | 0...1 |
| 6 | | | | | | |

图 7-28　主站地址分配

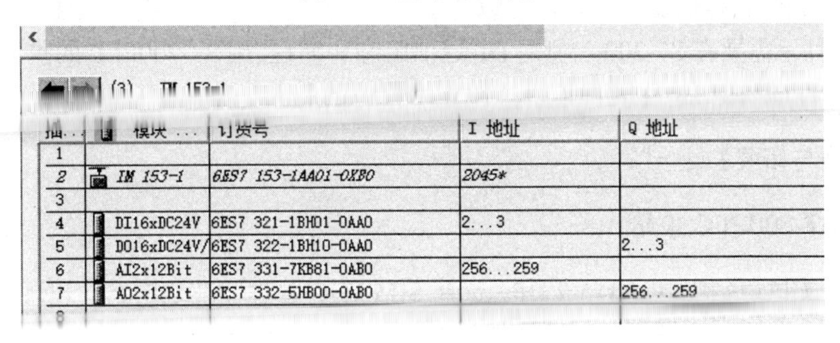

(3)　IM 153-1

| 插... | 模块 ... | 订货号 | I 地址 | Q 地址 |
|---|---|---|---|---|
| 1 | | | | |
| 2 | IM 153-1 | 6ES7 153-1AA01-0XB0 | 2045* | |
| 3 | | | | |
| 4 | DI16xDC24V | 6ES7 321-1BH01-0AA0 | 2...3 | |
| 5 | DO16xDC24V/ | 6ES7 322-1BH10-0AA0 | | 2...3 |
| 6 | AI2x12Bit | 6ES7 331-7KB81-0AB0 | 256...259 | |
| 7 | AO2x12Bit | 6ES7 332-5HB00-0AB0 | | 256...259 |
| 8 | | | | |

图 7-29　从站地址分配

### 4. 编程仿真

在 OB1 中，用数据传送指令，将 IB0 的值传送到 QB0 中，如图 7-30 所示。

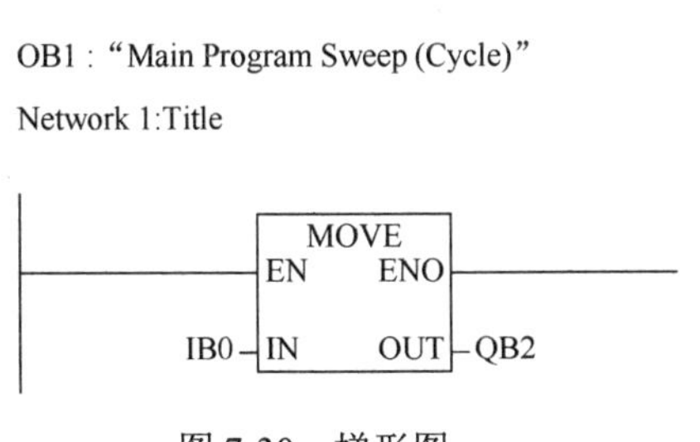


图 7-30　梯形图

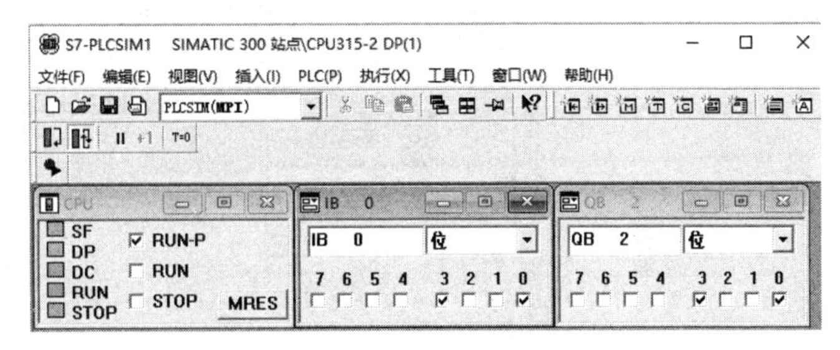


图 7-31　程序仿真

打开仿真器，将站点下载到仿真器中，切换 CPU 进入运行状态，用主站的输入 IB0 控制从站的输出 QB0，如图 7-31 所示。

## 7.2.2　SIMATIC S7-300 PLC 与 S7-200PLC 之间的 PROFIBUS DP 通信

**【任务描述与分析】**

假设 S7-300PLC 主站系统中有触摸屏，用触摸屏上的正、反转启动按钮和停止按钮，控制从站 S7-200PLC 系统，从站系统输出控制星形-三角形降压启动。

假设主站 S7-300PLC 的位存储器 M0.0、M0.1、M0.2 关联触摸屏的正转启动按钮、反转启动按钮和停止按钮；从站 Q0.0、Q0.1、Q0.2、Q0.3 分别控制星形-三角形降压启动的正转接触器线圈、反转接触器线圈、星形接触器线圈和三角形接触器线圈。

**【相关知识与技能】**

PROFIBUS-DP 是通用的国际标准，符合该标准的第三方设备做 DP 网络的从站时，需要在 HW Config 中安装 GSD 文件，可以从西门子官方网站上下载 EM 277 的 GSD 文件，命名为 siem089d.gsd，才能在硬件目录窗口看到第三方设备和对它进行组态。

DP 从站模块 EM 277 用于将 S7-200CPU 连接到 DP 网络，波特率为 9.6K～12Mb/s。主站可以读写 S7-200 的 V 存储器区，每次可以与 EM 277 交换 1～128 字节的数据。EM 277 只能做 DP 从站，并且不需要在 S7-200 一侧对 DP 通信组态和编程。用 S7-200PLC 的扩展模块 277EM 和 S7-300PLC 的 DP 接口进行硬件连接，应使用紫色的 DP 电缆。

**【任务实施与拓展】**

### 1. 组态 S7-300PLC 主站

新建项目，CPU 选择 CPU 315-2 DP，选择 SIMATIC 管理器左边的窗口出现的“SIMATIC 300 站点”，双击“硬件”图标，打开硬件组态工具 HW Config，4 号槽插入 16 点数字量输入模块，5 号槽插入 16 点数字量输出模块，修改输出模块地址，从 Q[4..5]修改为 Q[0..1]，使得与编程习惯一致，修改后对应的地址分配为 IW0 和 QW0，如图 7-32 所示。

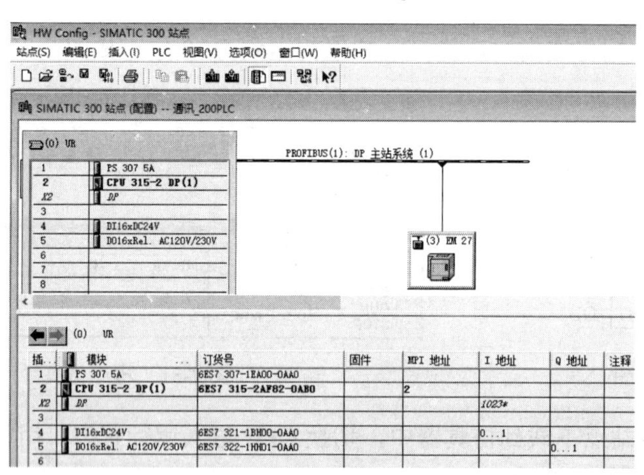


图 7-32　主站硬件配置

双击 CPU 315-2DP 下面的“DP”行，出现 DP 属性对话框，在“常规”选项卡中单击“属性”按钮，在出现的“属性-PROFIBUS 接口 DP”对话框中，可以设置 CPU 在 DP 网络中的站地址，默认站地址为“2”。

单击“新建”按钮，在出现的“属性-新建子网 PROFIBUS”对话框的“网络设置”选项卡中，采用系统的默认参数：传输速率为 1.5Mb/s，配置文件为 DP。

## 2．组态 EM 277 从站

安装 GSD 文件 siem089d.gsd 文件后，将 HW Config 右侧窗口的“EM 277 PROFIBUS-DP”拖放到左侧窗口的 PROFIBUS-DP 网络上，选择生成的 EM 277 从站，打开右侧窗口的设备列表中的“\EM 277 PROFIBUS-DP”子文件夹，根据实际需要选择传送的通信字节数。本例中选择 8 字节输入/8 字节输出方式，将“8 Byte Out/8 Byte In”拖放到表格中的 1 号槽，并修改 I/O 输入输出地址，对应地址为 IB2～IB9、QB2～QB9。

双击网络上的 EM 277 从站，打开 DP 从站属性，单击“常规”选项卡中的“PROFIBUS”按钮，设置 EM 277 的站地址为“3”，与拨码开关上的地址设定值一致。

使用起子，对 EM 277 的站地址进行设定，拨转 EM 277 上的旋码（利用起子）（注 1：EM 277 具有自适应波特率的功能。注 2：对 EM277 地址的设定必须要在重新得电后才可以生效），如图 7-33 所示。

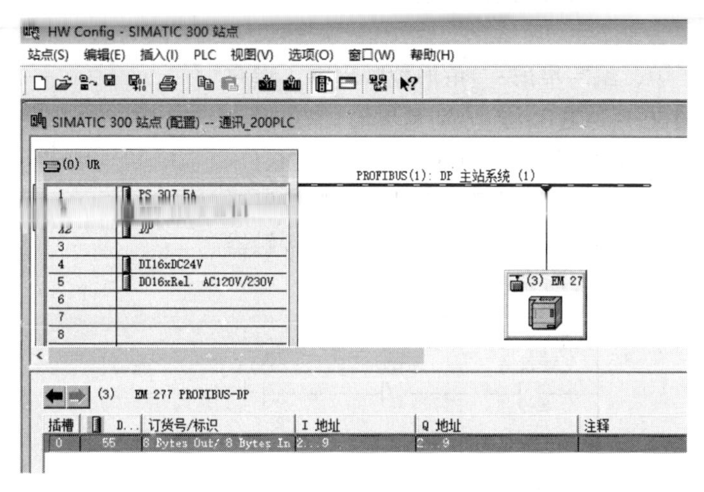


图 7-33　从站硬件配置

选中 EM277，右击对象属性，在“参数赋值”选项卡中，设置“I/O Offset in V-memory”为“100”，即用 S7-200 的 VB100～VB115 与 S7-300 的 QB2～QB9 和 IB2～IB9 交换数据，组态后应将组态模块下载到 CPU 中，如图 7-34 所示。

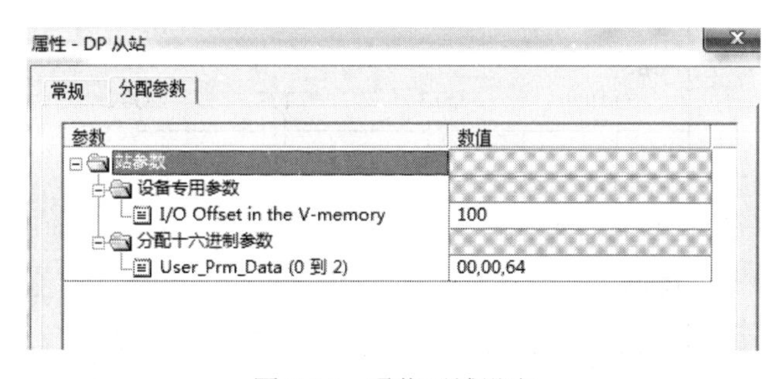


图 7-34　通信区域设定

### 3．程序设计

在编程时，需要考虑 S7-300PLC 与 S7-200PLC 数据是如何交换的，从 S7-300PLC 写到 S7-200PLC 的数据保存在 VB100～VB107，对应 S7-300PLC 的 QB2～QB9；S7-300PLC 从 S7-200PLC 的 VB108～VB115 读取数据，对应于 S7-300PLC 的 IB2～IB9，如表 7-4 所示。

表 7-4　主站和从站的通信区域表

| CPU 类型 | S7-300PLC | S7-200PLC |
|---|---|---|
| 存储器对应关系 | QB2～QB9 | VB100～VB107 |
| | IB2～IB9 | VB108～VB115 |

因此，根据设计要求，在 S7-300PLC 中，只需要用 MOV 指令，将 MB0 内容传送到 QB2 单元即可，如图 7-35 所示。

OB1 : “Main Program Sweep (Cycle)”

Network 1:Title

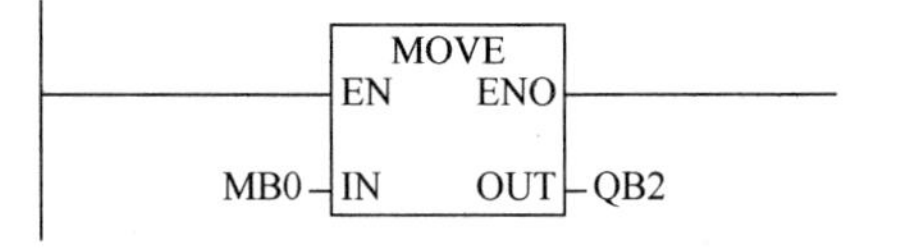


图 7-35　主站梯形图

在 S7-200PLC 中，编写星形-三角形控制程序，程序中，VB100.0、VB100.1、VB100.2 分别是星形-三角形降压启动的正转启动、反转启动和停止信号，Q0.0、Q0.1、Q0.2、Q0.3 分别控制星形-三角形降压启动的正转接触器线圈、反转接触器线圈、星形接触器线圈和三角形接触器线圈。其程序清单如图 7-36 所示。

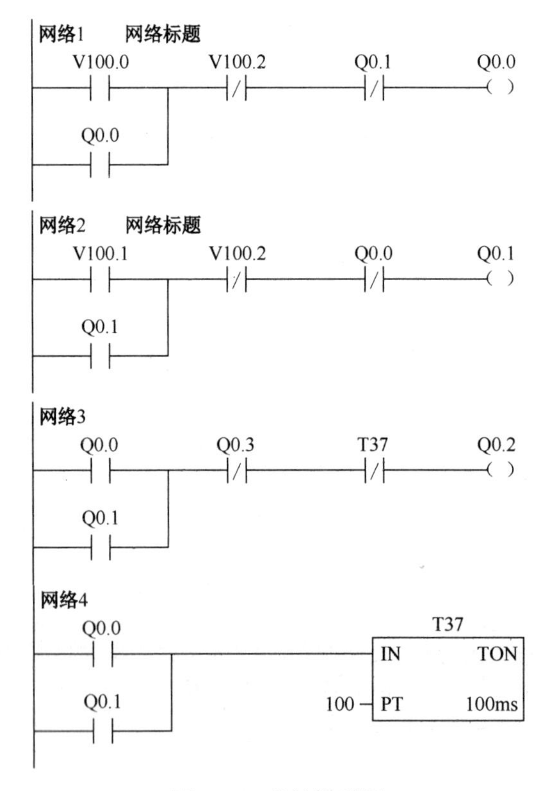


图 7-36　从站梯形图

图 7-36　从站梯形图（续）

### 4．硬件连接

主站 CPU315-2DP，有两个 DB9 接口：一个是 MPI 接口，它通过专用编程电缆与计算机相连（也可以作为 MPI 通信实验）；另一个是 DP 口，PROFIBUS 通信使用这个接口。从站 CPU224+EM 277，EM 277 是 PROFIBUS 专用模块，这个模块上的 DB9 接口为 DP 口。主站的 DP 口和从站的 DP 口用专用的 PROFIBUS 电缆和专用的网络头连接。

PROFIBUS 电缆是两线屏蔽双绞线，两根线为 A 线和 B 线，电线塑料皮上印有 A、B 字母，A 线与网络接头上的 A 端连接，B 线与网络接头上的 B 端连接即可。

### 5．软硬件调试

用 PROFIBUS 电缆线将 S7-300PLC 的 DP 口与 EM 277 的 DP 口连接，再将程序下载到各自的 PLC 中，将两台 PLC 的运行模式从“STOP”切换到“RUN”即可。

## 7.2.3　SIMATIC S7-300 PLC PROFIBUS DP 主站与智能从站的通信

**【任务描述与分析】**

CPU31x-2DP 是指集成有 PROFIBUS-DP 接口的 S7-300CPU，如 CPU313C-2DP、CPU315-2DP 等。下面以两个 CPU315-2DP 之间主从通信为例介绍连接智能从站的组态方法。该方法同样适用于 CPU31x-2DP 与 CPU41x-2DP 之间的 PROFIBUS-DP 通信连接。

用主站的三个输入按钮 SB1、SB2、SB3 分别接到主站的 I/O 模块的 I0.0～I0.2 上，从站的 I/O 模块的 Q0.0、Q0.1、Q0.2 和 Q0.3 分别接星形-三角形降压启动接触器的正转输出线圈、反转输出线圈、星形线圈和三角形线圈，要求用主站的 SB1、SB2、SB3 控制从站的星形-三角形降压启动。

**【相关知识与技能】**

在 PROFIBUS-DP 系统中，带有集成 DP 接口的 CPU，或者 CP342-5 通信处理器可用作 DP 智能从站，简称“从站”。智能从站提供给 DP 主站的输入/输出区域不是实际的 I/O 模块所使用的 I/O 区域，而是从站 CPU 专用于通信的输入/输出映像区。

主站和智能从站的地址是独立的，它们可能分别使用相同的 I/O 地址区。DP 主站不是用 I/O 地址直接访问智能从站的物理 I/O 区，而是通过从站组态时指定的通信双方的 I/O 区来交换数据，该 I/O 区不能占用分配给 I/O 模块的物理 I/O 区。

主站和从站的数据交换是由 PLC 的操作系统周期性自动完成的，不需要用户编程，但用户必须对主站和智能从站之间的通信连接和用于数据交换的地址区组态，这种通信方式称为主/从通信方式。

在 DP 网络中，一个从站只能被一个主站所控制，这个主站是这个从站的 1 类主站；如果网络上还有编程器和操作面板控制从站，这个编程器和操作面板是这个从站的 2 类主站。另外一种情况，在多主站网络中，一个从站只有一个 1 类主站，1 类主站可以对从站执行发送和接收数据操作，其他主站只能有选择地接收从站发给 1 类主站的数据，这样的主站也是这个从站的 2 类主站，它不直接控制该从站。

PROFIBUS-DP 系统由一个 DP 主站和一个 DP 智能从站构成，如图 7-37 所示。

① DP 主站：由 CPU315-2DP（6ES7 315-2AG10-0AB0）和 SM374 构成。

② DP 从站：由 CPU315-2DP（6ES7 315-2AG10-0AB0）和 SM374 构成。

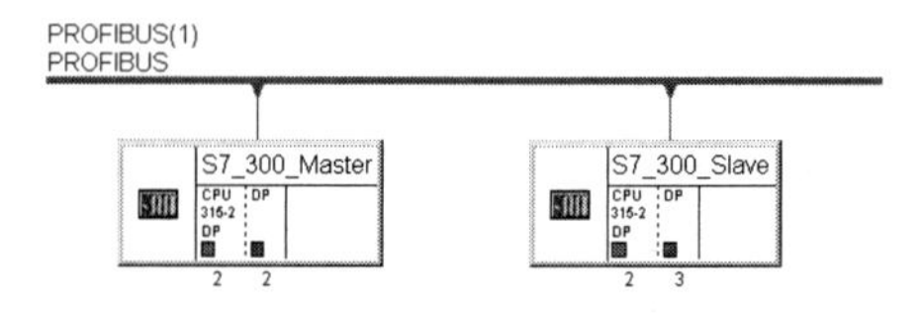


图 7-37　一个 DP 主站和一个 DP 智能从站结构

【任务实施与拓展】

## 1. 组态智能从站

在对两个 CPU 主-从通信组态配置时，原则上要先组态从站。新建 S7 项目，打开 SIMATIC Manage，创建一个新项目，并命名为“双集成 DP 通信”。插入两个 S7-300 站，分别命名为“S7-300_Master”和“S7_300_Slave”，如图 7-38 所示。

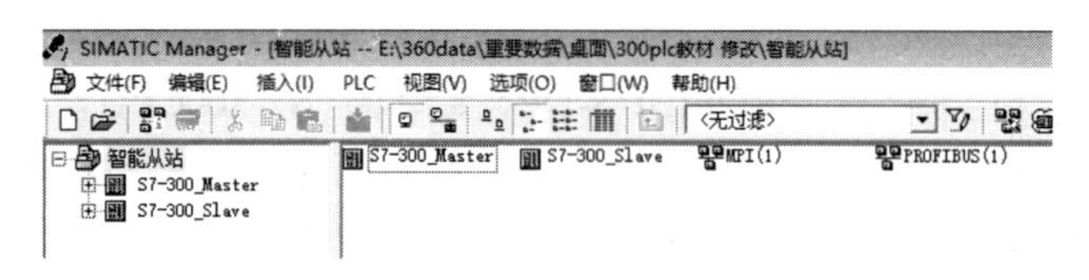


图 7-38　主站和从站的建立

进入从站硬件组态窗口，按硬件安装次序依次插入机架、电源、CPU 和 SM323 DI8/DO8 24VDC 0.5A，完成硬件组态，如图 7-39 所示。

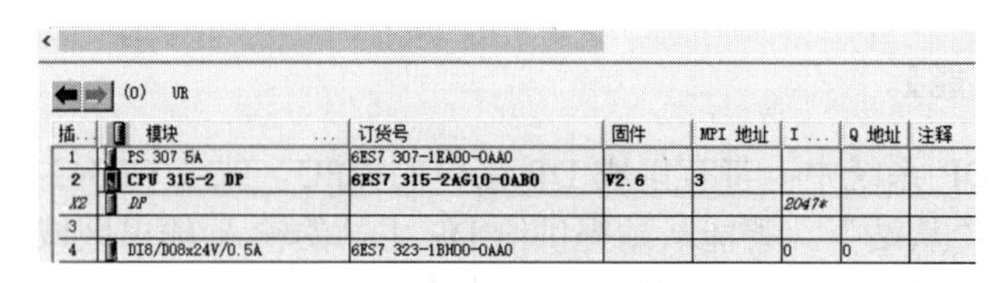

| 插... | 模块 | 订货号 | 固件 | MPI 地址 | I ... | Q 地址 | 注释 |
|---|---|---|---|---|---|---|---|
| 1 | PS 307 5A | 6ES7 307-1EA00-0AA0 | | | | | |
| 2 | CPU 315-2 DP | 6ES7 315-2AG10-0AB0 | V2.6 | 3 | | | |
| X2 | DP | | | | 2047* | | |
| 3 | | | | | | | |
| 4 | DI8/DO8x24V/0.5A | 6ES7 323-1BH00-0AA0 | | | 0 | 0 | |

图 7-39　从站的硬件配置

组态从站的网络属性，设置从站 PROFIBUS 地址为“3”，新建 PROFUBUS DP 网络，具体步骤如图 7-40 所示。

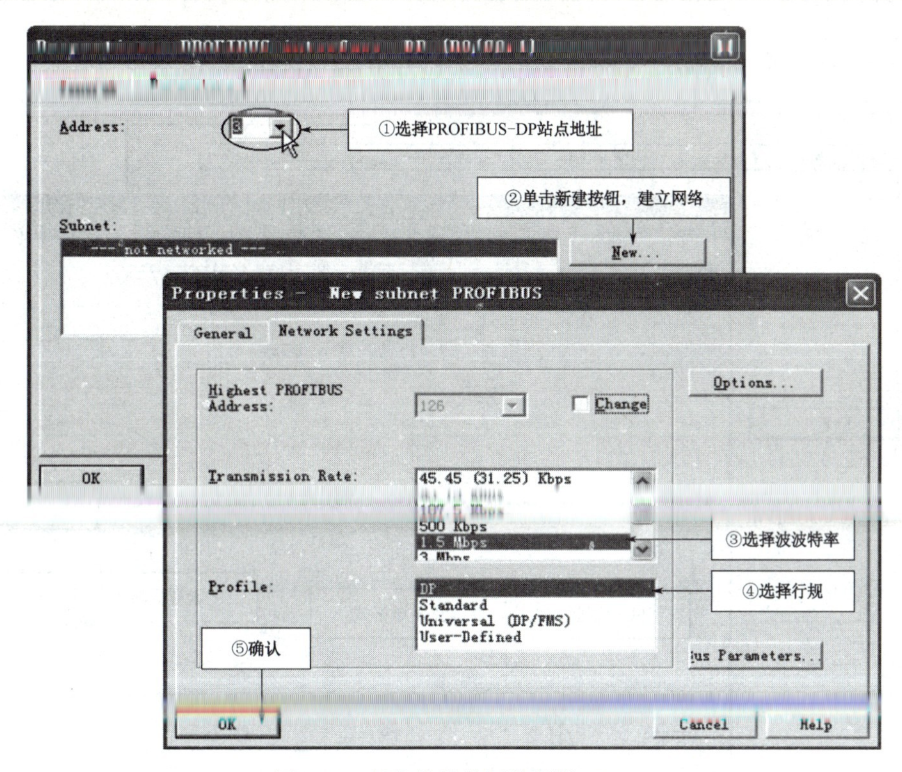


图 7-40　组态从站的网络属性（1）

DP 模式选择：选中 PROFIBUS 网络，然后单击“新建”按钮进入 DP 属性对话框，单击“Operating Mode”标签，激活“DP slave”操作模式。如果选中“Test，commissioning，routing”复选框，则意味着这个接口既可以作为 DP 从站，同时还可以通过这个接口监控程序，如图 7-41 所示。

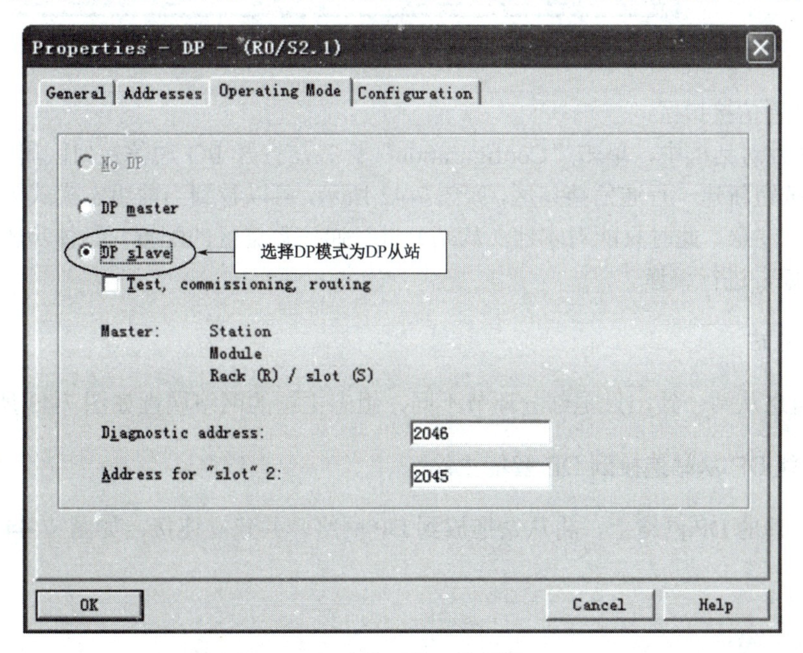


图 7-41　组态从站的网络属性（2）

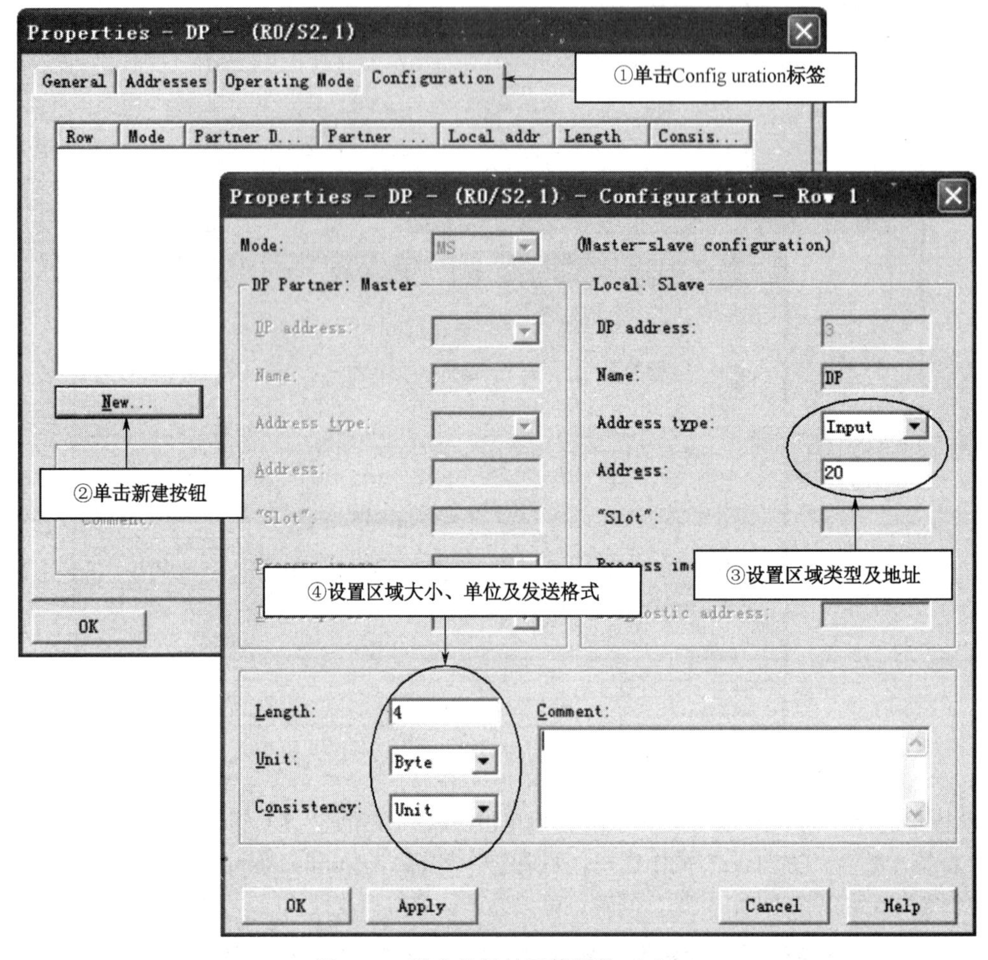


图 7-42　组态从站的网络属性（3）

定义从站通信接口区：

在 DP 属性对话框中，单击“Configuration”标签，打开 I/O 通信接口区属性设置窗口，单击“新建”按钮新建一行通信接口区，如图 7-42 所示，可以看到当前组态模式为 Master-slave configuration。注意，此时只能对本地（从站）进行通信数据区的配置，具体步骤如图 7-42 所示。 组态结束，进行编译。

### 2．组态主站

方法同组态从站一致，只是部分环节不同，组态主站的网络属性如图 7-43 所示。

### 3．将智能 DP 从站连接到 DP 智能主站

在主站新建的 DP 网络上，将从站拖放到 DP 网络，并建立连接，如图 7-44 所示。

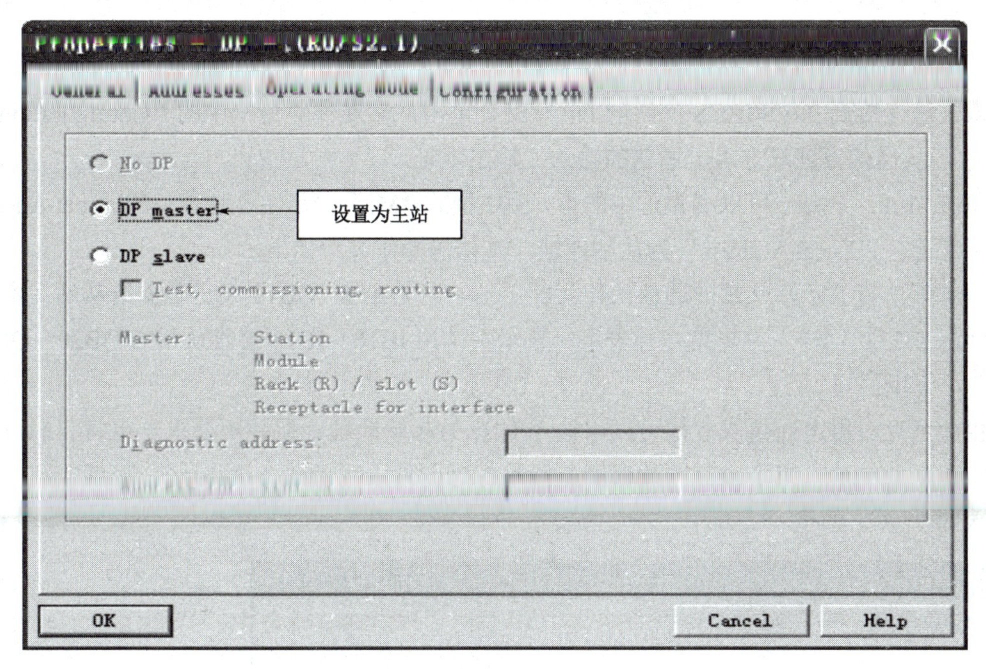


图 7-43　组态主站的网络属性

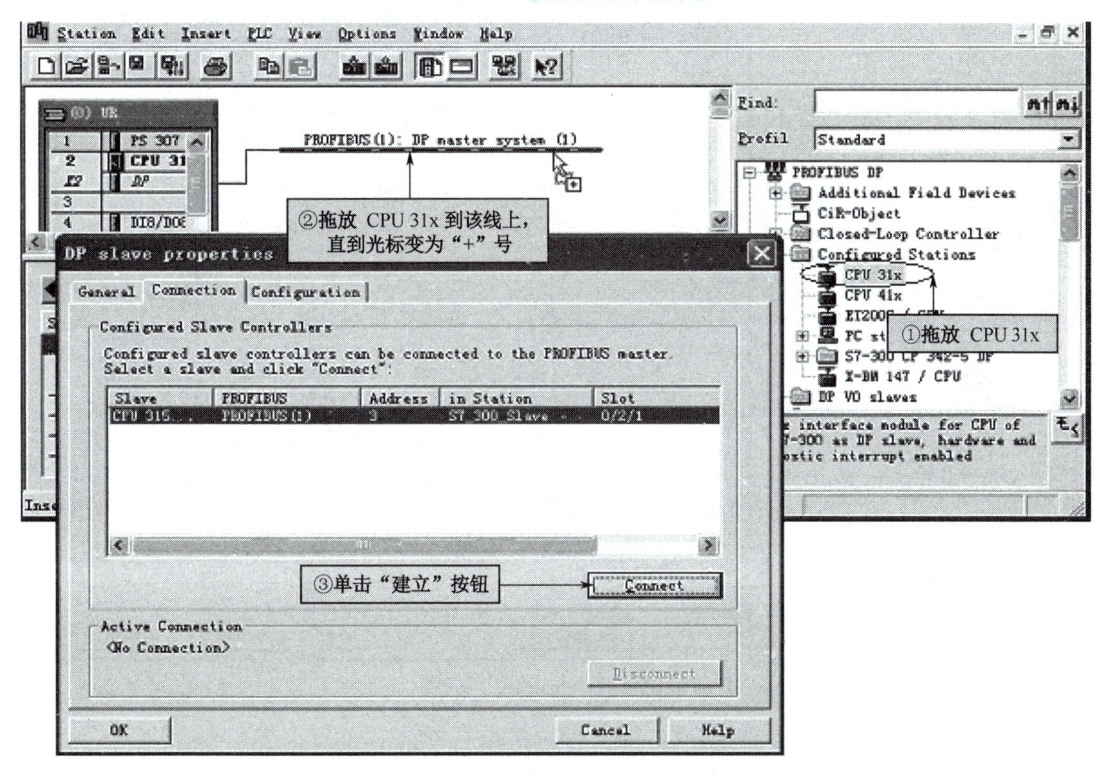


图 7-44　DP 智能从站与 DP 智能主站连接

### 4. 编辑通信接口区

双击已连接到 PROFIBUS 网络的 DP 从站，单击从站属性对话框中的“Configuration”标签，为主-从通信设置双方用于通信的输入、输出地址。

单击“Edit”按钮，可以编辑选中的行，图中模式“MS”表示主从通信；“Partner Address”为主站地址，“Local Address”为从站地址。具体的操作过程如下。

编辑第 1 行表示，从站的通信伙伴（即主站）用 QB10～QB13 发送数据给从站（本地）的 IB20～IB23；同样，编辑第 2 行表示，表示主站用 IB10～IB13 接收从站的 QB20～QB23，如图 7-45 和图 7-46 所示。

由此可见，组态通信双方都可以用输入/输出的起始地址，但并不要求一定将它们设置相同。需要注意的是，用于通信的数据区不能与实际硬件占用的输入/输出区（包括非智能从站的输入/输出区）重叠。

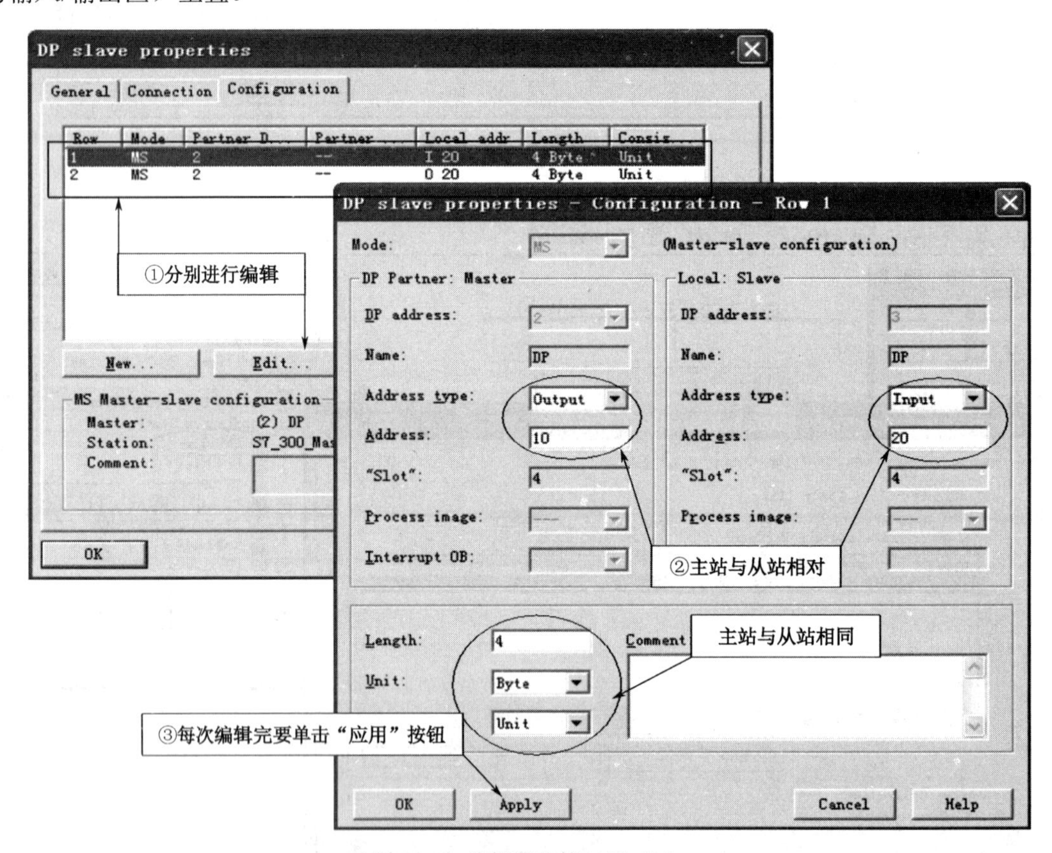


图 7-45　编辑通信接口区（1）

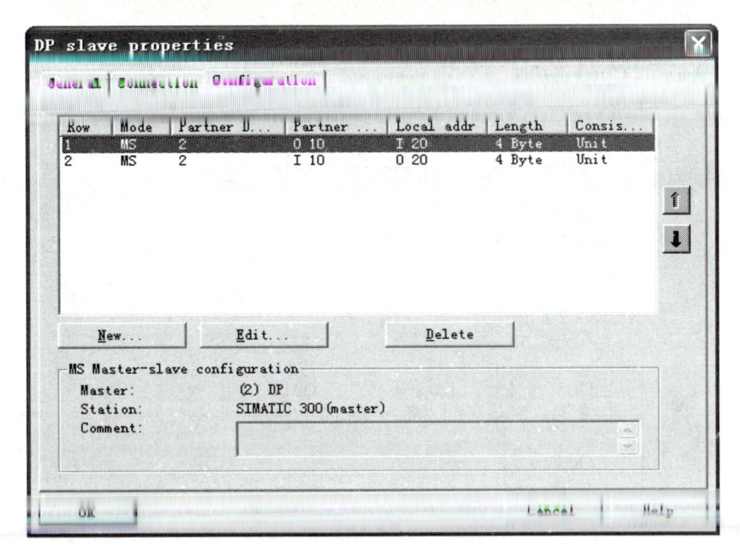


图 7-46　编辑通信接口区（2）

### 5. 完成组态

完成组态后的硬件组态如图 7-47 所示。

### 6. 编程

（1）主站的程序设计。主站程序设计非常简单，只需要将 IB0 字节传送到 QB10 字节，即可将主站 IB0 字节的内容发送到从站的 IB20 字节，如图 7-48 所示。

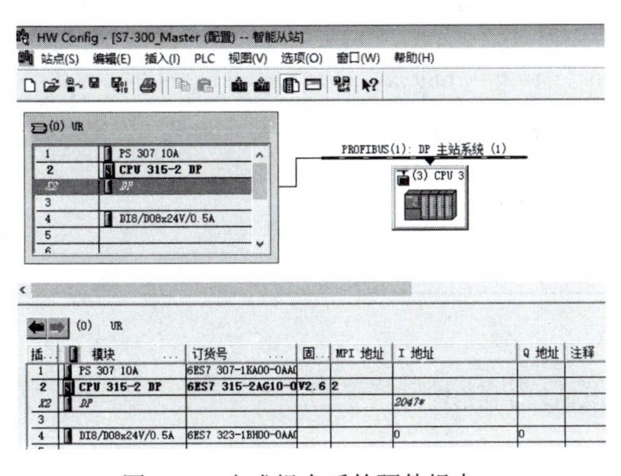


图 7-47　完成组态后的硬件组态

OB1 : “Main Program Sweep (Cycle)”

Network 1:Title

MOVE
EN　ENO
IB0 – IN　OUT – QB10

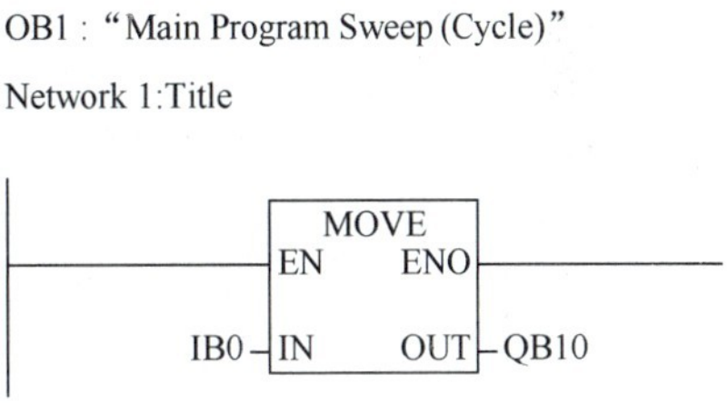

图 7-48　主站程序

（2）从站的程序设计。从站的程序设计思路，就是用主站发送的信息，已经存储在 IB20 中，用 I20.0、I20.1、I20.2 作为星形-三角形降压的启动信号，梯形图如图 7-49 所示。

**注意：** DP 的主站与智能从站的通信，不能用仿真软件进行仿真，只能通过硬件来验证。

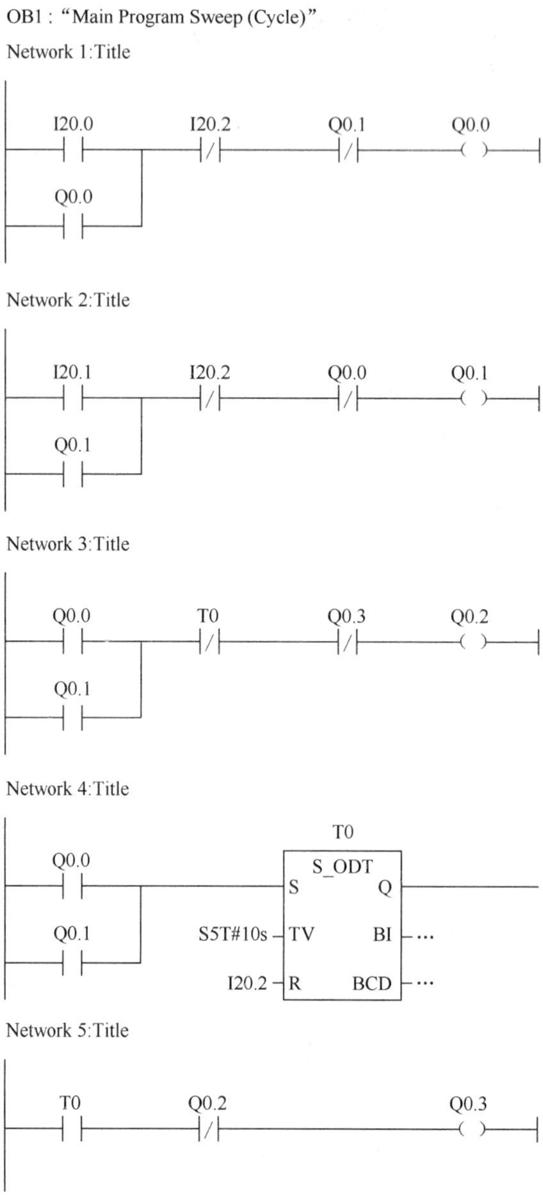

OB1 : “Main Program Sweep (Cycle)”

Network 1:Title

I20.0 I20.2 Q0.1 Q0.0

Q0.0

Network 2:Title

I20.1 I20.2 Q0.0 Q0.1

Q0.1

Network 3:Title

Q0.0 T0 Q0.3 Q0.2

Q0.1

Network 4:Title

T0

Q0.0 S_ODT S Q

Q0.1 S5T#10s TV BI …

I20.2 R BCD …

Network 5:Title

T0 Q0.2 Q0.3

图 7-49　从站程序梯形图

# 任务 3　SIMATIC S7-300 PLC 的以太网通信

## 【任务描述与分析】

本项目采用以太网通信方式，完成两台 S7-300PLC 的通信，用甲的输入控制乙的输出；同样，用乙的输入控制甲的输出。要求完成硬件配置，并编写相应的程序。

【相关知识与技能】

随着信息技术的不断发展，信息交换技术覆盖了各行各业。在自动化领域，越来越多的企业需要建立包含从工厂现场设备层到控制层、管理层等各个层次的综合自动化网络管控平台，建立以工业控制网络技术为基础的企业信息化系统。

工业以太网提供了针对制造业控制网络的数据传输的以太网标准。该技术基于工业标准，利用了交换以太网结构，有很高的网络安全性、可操作性和实效性，最大限度地满足了用户和生产厂商的需求。工业以太网以其特有的低成本、高实效、高扩展性及高智能的魅力，吸引着越来越多的制造业厂商。

## 7.3.1　以太网技术

以太网技术的思想渊源最早可以追溯到 1968 年。以太网的核心思想是使用共享的公共传输信道，这个思想源于夏威夷大学。

在局域网家族中，以太网是指遵循 IEEE 802.3 标准，可以在光缆和双绞线上传输的网络。以太网也是当前主要应用的一种局域网（Local Area Network）类型。

目前的以太网按照传输速率大致分为以下 4 种。

（1）10Base-T 以太网——传输介质是铜轴电缆，传输速率为 10Mb/s；

（2）快速以太网——传输速率为 100Mb/s，采用光缆或双绞线作为传输介质，兼容 10Base-T 以太网；

（3）Gigabit 以太网——扩展的以太网协议，传输速率为 1Gb/s，采用光缆或双绞线作为传输介质，基于当前的以太网标准，兼容 10Mb/s 以太网和 100Mb/s 以太网的交换机和路由器设备；

（4）10Gigabit 以太网——2002 年 6 月发布，是一种更快的以太网技术。支持智能以太网服务，是未来广域网和城域网的宽带解决方案。

## 7.3.2　工业以太网与传统以太网的比较

工业网络与传统办公室网络相比，有一些不同之处，如表 7-5 所示。

表 7-5　工业网络与传统办公室网络比较

| | 办公室网络 | 工业以太网网络 |
|---|---|---|
| 应用场合 | 普通办公场合 | 工业场合，工况恶劣，抗干扰性要求高 |
| 拓扑结构 | 支持线形、环形、星形等结构 | 支持线形、环形、星形等结构，并便于各种结构的转换，简单的安装、强大的灵活性和模块性，高扩展能力 |
| 可用性 | 一般实用性要求，允许网络故障以秒或分计 | 极高的实用性要求，允许网络故障时间<300ms，以免产生停顿 |
| 网络监控与维护 | 网络监控必须是专业人员使用专业工具维护 | 网络监控为工厂监控的一部分，网络模块可以被 HMI 软件（如 WINCC）监控，故障模块容易更换 |

工业以太网产品的设计制造必须充分考虑并满足工业网络应用的需要。工业现场对工业以太网产品的要求包括以下几点。

（1）工业生产现场环境的高温、潮湿、空气污浊及腐蚀性气体的存在，要求工业级产品具有环境适应性，并要耐腐蚀、防尘和防水。

（2）工业生产现场的粉尘、易燃易爆和有毒性气体的存在，需要采取防爆措施保证安全生产。

（3）工业生产现场的振动、电磁干扰大，工业控制网络必须具有机械环境适应性（如耐振动、耐冲击）、电磁环境适应性或电磁兼容性（Electro Magnetic Compatibility，EMC）等。

（4）工业网络器件的供电，通常是采用柜内低压直流电源标准，大多工业环境中控制柜内所需电源为低压 24V 直流。

（5）采用标准导轨安装，安装方便，适用于工业环境安装的要求。工业网络器件要能方便地安装在工业现场控制柜内，并容易更换。

## 7.3.3 西门子工业以太网技术

西门子公司在工业以太网领域有着非常丰富的经验和领先的解决方案。其中 SIMATIC NET 工业以太网基于经过现场验证的技术，符合 IEEE 802.3 标准并提供 10Mb/s 及 100Mb/s 快速以太网技术。经过多年的实践，SIMATIC NET 工业以太网的应用已多于 40 万个节点，遍布世界各地，用于严酷的工业环境，并包括有高强度电磁干扰的地区。

### 1.基本类型

（1）10Mb/s 工业以太网。应用基带传输技术，基于 IEEE 802.3，利用 CSMA/CD 介质访问方法的单元级、控制级传输网络。传输速率为 10Mb/s，传输介质为同轴电缆、屏蔽双绞线或光纤。

（2）100Mb/s 快速以太网，基于以太网技术，传输速率为 100Mb/s，传输介质为屏蔽双绞线或光纤。

### 2. 网络硬件

（1）传输介质。网络的物理传输介质主要根据网络连接距离、数据安全及传输速率来选择。通常在西门子网络中使用的传输介质包括 2 芯电缆、无双绞、无屏蔽，2 芯双绞线、无屏蔽，2 芯屏蔽双绞线，同轴电缆，光纤，无线通信。

在西门子工业以太网中，通常使用的物理传输介质为屏蔽双绞线、工业屏蔽双绞线及光纤。

（2）网络部件。工业以太网链路模块 OLM、ELM 具体介绍如下。

OLM（光链路模块）有 3 个 ITP 接口和 2 个 BFOC 接口。ITP 接口可以连接 3 个终端设备或网段，BFOC 接口可以连接两个光路设备（如 OLM 等），速度为 10Mb/s。

ELM（电气链路模块）有 3 个 ITP 接口和 1 个 AUI 接口。通过 AUI 接口，可以将网络设备连接至 LAN 上，速度为 10Mb/s。

工业以太网交换机主要为 OSM 和 ESM。

（3）通信处理器。常用的工业以太网通信处理器（Communication Processor，通信处理单元），根据所用的 PLC 的不同可分为 CP243-1 系列、CP343-1 系列、CP443-1 系列等。

① CP243-1 是指为 S7-200 系列 PLC 设计的工业以太网通信处理器，通过 CP243-1 模块，用户可以很方便地将 S7-200 系列 PLC 通过工业以太网进行连接，并且支持使用 STEP7-Micro/WIN 32 软件，通过以太网对 S7-200 进行远程组态、编程和诊断。同时，S7-200 也可以同 S7-300、S7-400 系列 PLC 进行以太网的连接。

② S7-300 系列 PLC 的以太网通信处理器是指 CP343-1 系列，按照所支持协议的不同，可以分为 CP343-1、CP343-1 ISO、CP343-1 TCP、CP343-1 IT 和 CP343-1 PN。

③ S7-400 系列 PLC 的以太网通信处理器是指 CP443-1 系列，按照所支持协议的不同，可以分为 CP443-1、CP443-1 ISO 和 CP443-1 IT。

### 7.3.4　S7-300PLC 的工业以太网通信方法

#### 1．标准通信

标准通信运行于 OSI 参考模型第 7 层的协议，包括表 7-6 所示的协议。MAP（Manufacturing Automation Protocol，制造业自动化协议）提供 MMS 服务，主要用于传输结构化的数据。MMS 是一个符合 ISO/IES 9506-4 的工业以太网通信标准，MAP3.0 的版本提供了开放统一的通信标准，可以连接各个厂商的产品，现在很少应用。

表 7-6　标准通信协议

| 子网（Subnets） | Industrial Ethernet | PROFIBUS |
|---|---|---|
| 服务（Services） | 标准通信 | |
| 协议 | MMS～MAP3.0 | FMS |

#### 2．S5 兼容通信（S5-compatible Communication）

SEND/RECEIVE 是 SIMATIC S5 通信的接口，在 S7 系统中，将该协议进一步发展为 S5 兼容通信“S5-compatible Communication”。该服务包括如表 7-7 所示的协议。

表 7-7　S5 兼容通信协议

| 子网（Subnets） | Industrial Ethernet | PROFIBUS |
|---|---|---|
| 服务（Services） | S5 兼容通信 | |
| 协议 | ISO transport<br>ISO-on-TCP<br>UDP<br>TCP/IP | FDL |

ISO 传输协议：ISO 传输协议支持基于 ISO 的发送和接收，使得设备（如 SIMATIC S5 或 PC）在工业以太网上的通信非常容易，该服务支持大数据量的数据传输（最大 8KB）。

ISO 数据接收有通信方确认，通过功能块可以看到确认信息。

TCP：TCP 即 TCP/IP 中传输控制协议，提供了数据流通信，但并没有将数据封装成消息块，因而用户并没有接收到每一个任务的确认信号。TCP 支持面向 TCP/IP 的 Socket。TCP 支持给予 TCP/IP 的发送和接收，使得设备（如 PC 或非西门子设备）在工业以太网上的通信非常容易。该协议支持大数据量的数据传输（最大 8KB），数据可以通过工业以太网或 TCP/IP 网络（拨号网络或因特网）传输。通过 TCP，SIMATIC S7 可以通过建立 TCP 连接来发送/接收数据。

ISO-on-TCP：ISO-on-TCP 提供了 S5 兼容通信协议，通过组态连接来传输数据和变量长度。ISO-on-TCP 符合 TCP/IP，但相对于标准的 TCP/IP，还附加了 RFC 1006 协议，RFC 1006 是一个标准协议，该协议描述了如何将 ISO 映射到 TCP 上去。

UDP：UDP（User Datagram Protocol，用户数据报协议）提供了 S5 兼容通信协议，适用于简单的、交叉网络的数据传输，没有数据确认报文，不检测数据传输的正确性。属于 OSI 参考模型第 4 层的协议。

UDP 支持基于 UDP 的发送和接收，使得设备（如 PC 或非西门子公司设备）在工业以太网上的通信非常容易。该协议支持较大数据量的数据传输（最大 2KB），数据可以通过工业以太网或 TCP/IP 网络（拨号网络或因特网）传输。

通过 UDP，SIMATIC S7 通过建立 UDP 连接，提供了发送/接收通信功能，与 TCP 不同，UDP 实际上并没有在通信双方建立一个固定的连接。

除了上述协议，FETCH/WRITE 还提供了一个接口，使得 SIMATIC S5 或其他非西门子公司的控制器可以直接访问 SIMATIC S7 CPU。

### 3．S7 通信（S7 Communication）

S7 通信集成在每一个 SIMATIC S7/M7 和 C7 的系统中，属于 OSI 参考模型第 7 层应用层的协议，它独立于各个网络，可以应用于多种网络（MPI、PROFIBUS、工业以太网）。S7 通信通过不断地重复接收数据来保证网络报文的正确。在 SIMATIC S7 中，通过组态建立 S7 连接来实现 S7 通信，在 PC 上，S7 通信需要通过 SAPI-S7 接口函数或 OPC（过程控制用对象链接与嵌入）来实现。

在 STEP7 中，S7 通信需要调用功能块 SFB（S7-400）或 FB（S7-300），最大的通信数据可以达 64KB。对于 S7-400，可以使用系统功能块 SFB 来实现 S7 通信，对于 S7-300，可以调用相应的 FB 功能块进行 S7 通信，如表 7-8 所示。

表 7-8　S7 通信功能块

| 功能块 | | 功能描述 |
|---|---|---|
| SFB8/9<br>FB8/9 | USEND<br>URCV | 无确认的高速数据传输，不考虑通信接收方的通信处理时间，因而有可能会覆盖接收方的数据 |
| SFB12/13<br>FB12/13 | BSEND<br>BRCV | 保证数据安全性的数据传输，当接收方确认收到数据后，传输才完成 |
| SFB14/15<br>FB14/15 | GET<br>PUT | 读、写通信对方的数据而无须对方编程 |

### 4. PG/OP 通信

PG/OP 通信分别是 PG 和 OP 与 PLC 通信来进行组态、编程、监控及人机交互等操作的服务。

【任务实施与拓展】

## 7.3.5　硬件组态

### 1. 任务实施条件

（1）CPU：CPU 315-2DP2 块。
（2）通信模块：CP 343-1 以太网模块 2 块。
（3）PC/MPI 适配器（USB 口）1 根。
（4）4 口交换机 1 台。
（5）带水晶头 8 芯双绞线 2 根。
（6）软件要求：STEP 7 V5.5 版。

### 2. 硬件组态

本项目采用 TCP 协议，若采用 ISO-on-TCP 协议，硬件组态基本相似。

（1）新建工程，插入两个 SIMATIC 300 站点，并为每个站点配置一个通信模块，CP343-1 以太网模块，如图 7-50 和图 7-51 所示。甲机与乙机硬件配置相同，都是一个 DI8/DO8 的数字量模块和一个 CP 343-1 以太网通信模块。

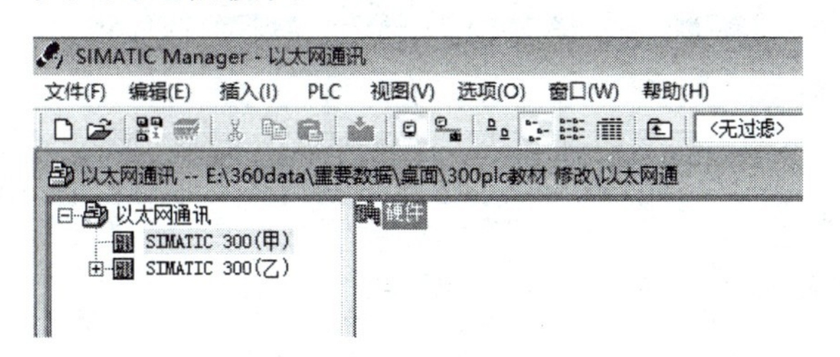


图 7-50　新建工程

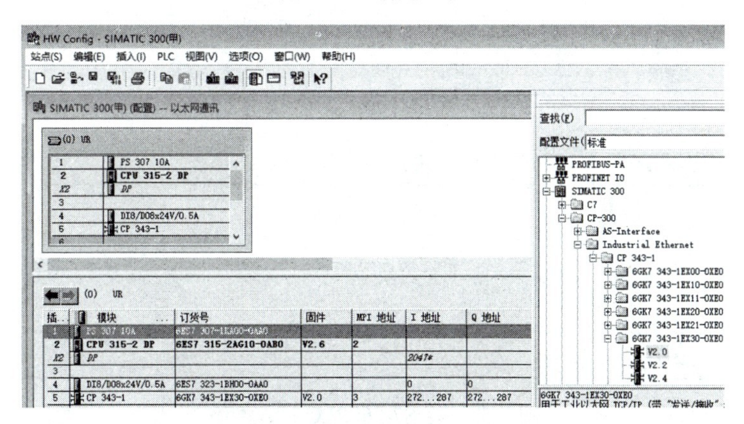


图 7-51　硬件组态配置

（2）设定 IP 地址。单击甲机的硬件，进入硬件配置界面，双击 CP343-1 模块，打开如图 7-52 所示的属性对话框，选择“常规”选项，单击“属性”按钮，设置甲机的 IP 地址为“192.168.0.1”，子网掩码为 255.255.255.255.0，单击“新建”按钮，在出现如图 7-53 所示的对话框中进行相关设置后单击“确定”按钮即可，如图 7-53 所示。

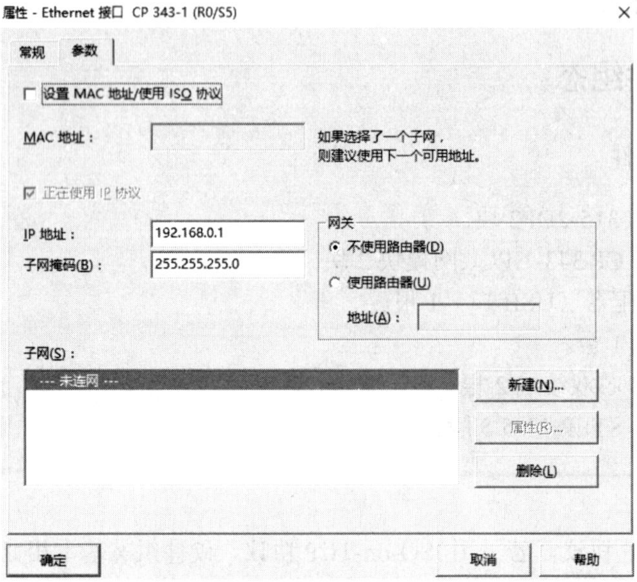

图 7-52　设置甲机的 IP 地址

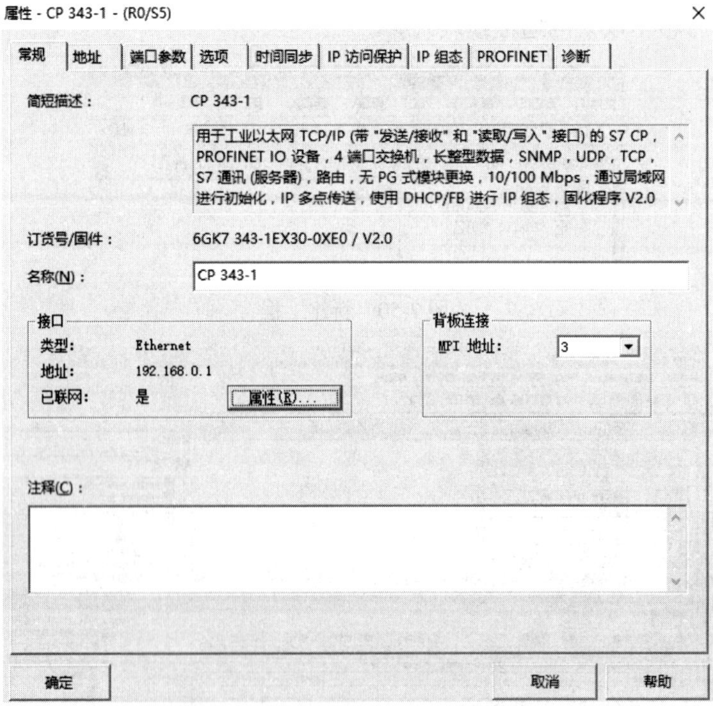

图 7-53　将 S7-300PLC 接入网络

用同样的方式设置乙机的以太网地址，IP 地址为 192.168.0.2，子网掩码为 255.255.255.0，并加入新建的网络，如图 7-54 所示。

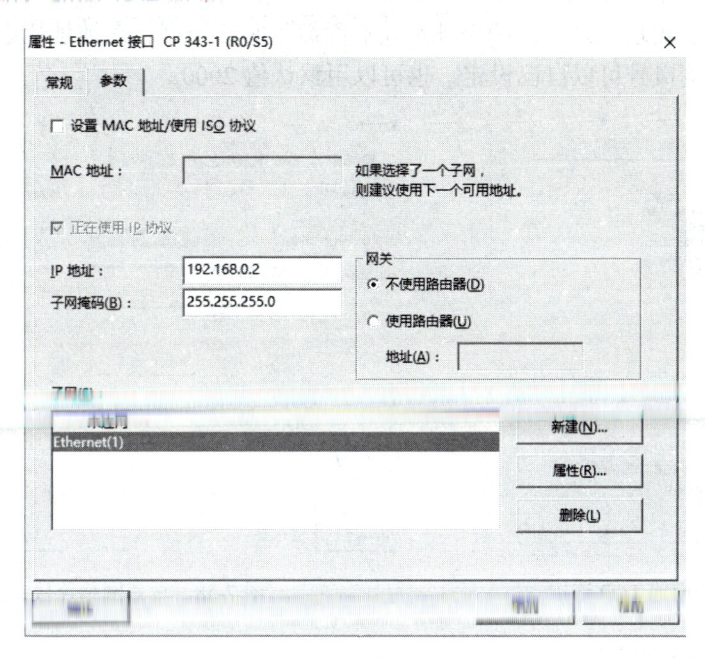


图 7-54　设置乙机的 IP 地址

（3）组态以太网连接。返回工程窗口，双击 Ethernet（1）模块，如图 7-55 所示，选中任一 PLC 并右击，在出现的快捷菜单中选择“插入新连接”选项，如图 7-56 所示。

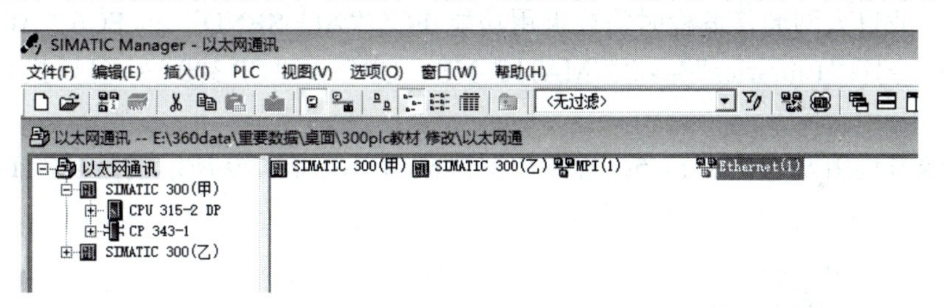


图 7-55 组态以太网连接

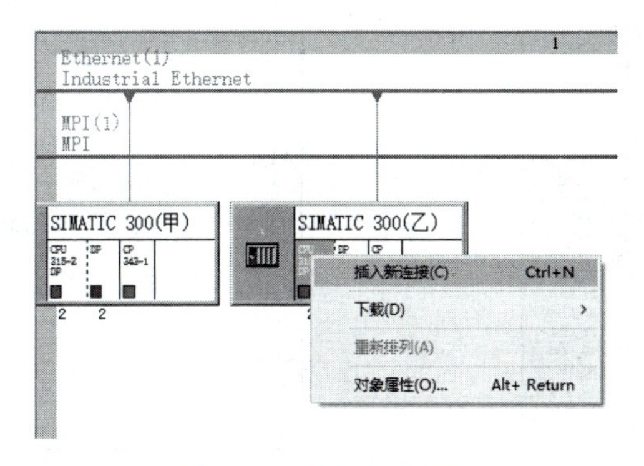


图 7-56　插入新的连接

（4）添加 TCP 连接。在连接栏的类型下拉列表框中选择 TCP 连接，如图 7-57 所示。单击“应用”按钮，弹出如图 7-58 所示的对话框。在常规信息栏中，ID=1 是通信连接号，LADDR =W#16#0110 是 CP 模块地址，这两个地址在后面编程时会用到。在地址栏中，可以看到双方的 IP 地址，占用端口号可以自己设定，也可以用默认值 2000。

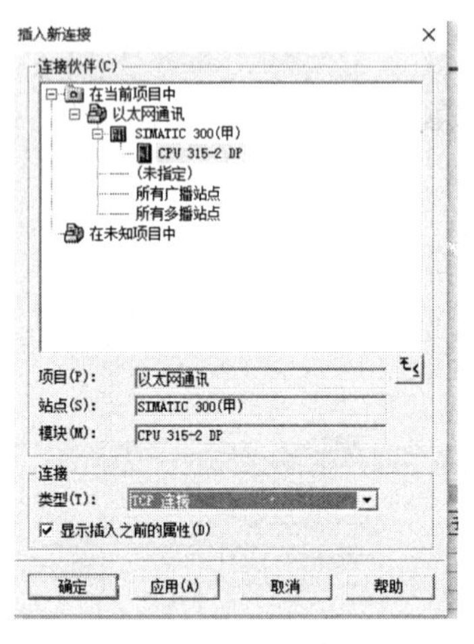


图 7-57 设置 TCP 连接

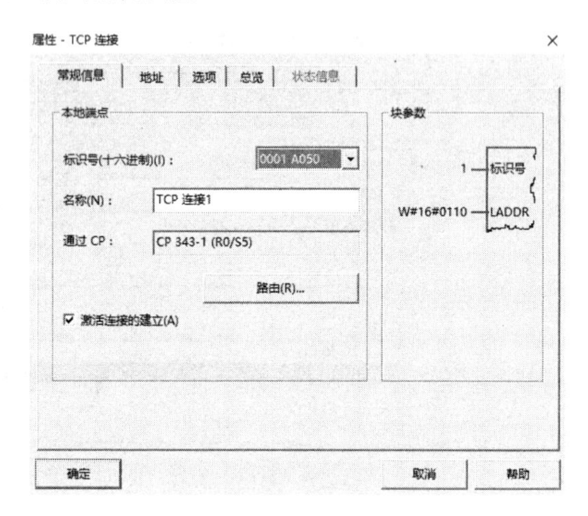


图 7-58 设置网络连接参数

## 7.3.6 软件设计

### 1. 编程指令

在进行工业以太网通信编程时需要调用功能 FC5“AG_SEND”和 FC6“AG_RECV”，该功能块在指令库“Libraries”→“SIMATIC_NET_CP”→“CP 300”中可以找到，如图 7-59 所示。

其中发送方调用发送功能 FC5，程序如图 7-60 所示。表 7-9 所示的是功能 FC5 的各个引脚参数说明。

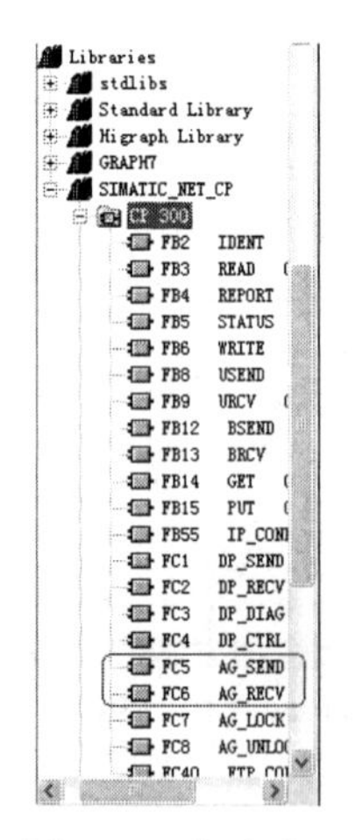


图 7-59 指令库

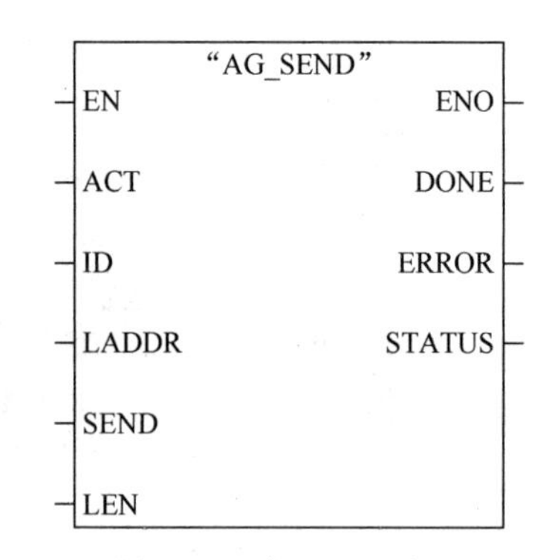


图 7-60 发送方程序

表 7-9　功能 FC5 的各个引脚参数说明

| 参数名 | 数据类型 | 参数说明 |
| --- | --- | --- |
| ACT | BOOL | 触发认为，该参数为“1”时发送 |
| ID | INT | 连接号 |
| LADDR | WORD | CP 模块的地址 |
| SEND | ANY | 发送数据区 |
| LEN | INT | 被发送数据的长度 |
| DONE | BOOL | 为“1”时，发送完成 |
| ERROR | BOOL | 为“1”时，有故障发生 |
| STATUS | WORD | 故障代码 |

同样在接收方（本例为 CPU 315C-2DP）接收数据需要调用接收功能 FC6，如图 7-61 所示。表 7-10 所示的是功能 FC6 的各个引脚参数说明。

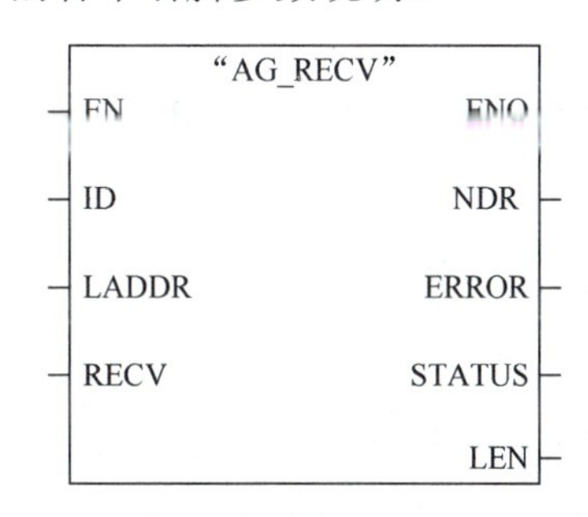


图 7-61　接收方程序

表 7-10　功能 FC6 的各个引脚参数说明

| 参数名 | 数据类型 | 参数说明 |
| --- | --- | --- |
| ID | INT | 连接号 |
| LADDR | WORD | CP 模块的地址 |
| RECV | ANY | 接收数据区 |
| NDR | BOOL | 为“1”时，接收到新数据 |
| ERROR | BOOL | 为“1”时，有故障发生 |
| STATUS | WORD | 故障代码 |
| LEN | WORD | 接收到的数据长度 |

正常情况下，功能块 FC5“AG_SEND”和 FC6“AG_RECV”的最大数据通信量为 240 个字节，如果用户数据大于 240 个字节，则需要通过硬件组态在 CP 模块的硬件属性中设置数据长度大于 240 个字节（最大 8KB），如图 7-62 所示。如果数据长度小于 240 个字节，不要激活此选项以减少网络负载。

### 2．程序设计

这里主要介绍程序设计，其中一台 PLC 的程序设计如图 7-63 所示，在 OB35 中进行通信程序的设计，其中一台 PLC 的 OB35 程序如图 7-62 所示，Network1、I0.6 为发送数据启动信号，将数据块 DB1 的连续若干个数据发送到以太网上；Network2，将接收到的数据，放入数据块 DB2 中，字节长度为 100 字节。

主程序如图 7-63 所示，其中 MW2 单元放的是发送数据的长度，Network2，将 IW0 字传送到数据块 DW0 单元，从而将数据发送到以太网上；Network3，因将接收到的数据存放在 DB2.DW0 中，因此，将 DB2.DW0 数据传送到 QW0 单元。

另一台 PLC 程序设计基本相同，这里不再叙述。

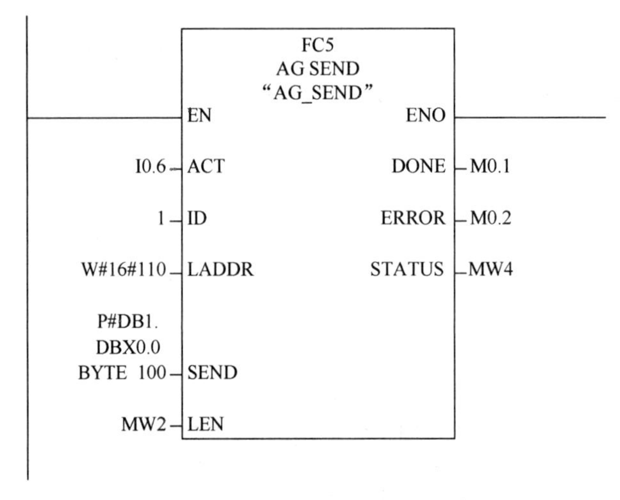


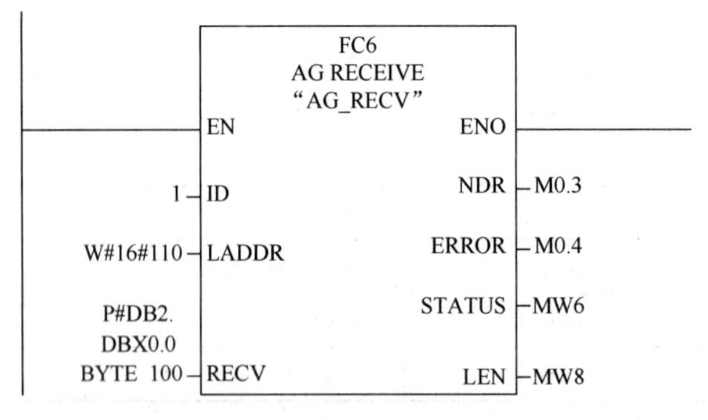


图 7-62　OB35 程序

OB1："Main Program Sweep (Cycle)"

MOVE
EN　ENO
100 - IN　OUT - MW2

Network 2:Title

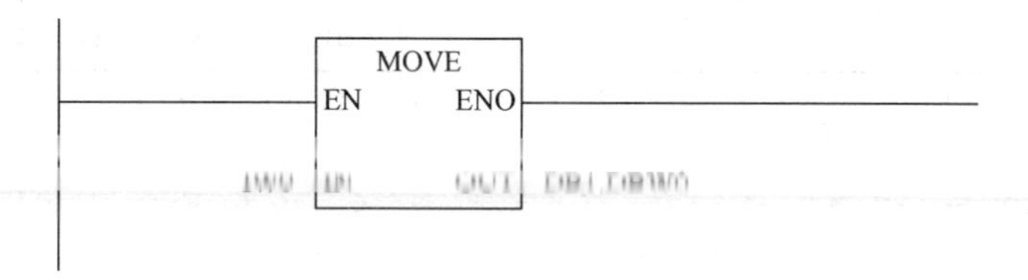


Network 3:Title

MOVE
EN　ENO
DB2.DBW0 - IN　OUT - QW0

图 7-63　OB1 程序

## 【项目小结】

本项目介绍了 S7-300PLC 的 MPI 通信、PROFIBUS 现场总线通信、以太网通信，与之相关的关键知识点主要包括以下几部分。

（1）SIMATIC S7-300 PLC 的 MPI 通信。

（2）SIMATIC S7-300 PLC PROFIBUS DP 分布式 I/O 通信。

（3）SIMATIC S7-300 PLC PROFIBUS DP 主站与智能从站的通信。

（4）SIMATIC S7-300 PLC 的以太网通信。

## 【能力测试】

在实验设备上完成 S7-300PLC 的 PROFIBUS 现场总线通信和 S7-300PLC 的以太网通信，成绩评定参考标准如表 7-11 所示。

表 7-11 《S7-300PLC 的通信》成绩评价表

班级＿＿＿＿＿＿＿＿姓名＿＿＿＿＿＿＿＿组号＿＿＿＿＿＿＿＿

| 序号 | 主要内容 | 考核要求 | 评分标准 | 配分 | 扣分 | 得分 |
|---|---|---|---|---|---|---|
| 1 | 硬件组态及参数设置 | 能根据任务要求完成硬件组态及参数设置 | ① 硬件组态不完善，每处扣 3 分<br>② 硬件组态不正确，扣 20 分<br>③ 参数设置不完善，每处扣 3 分<br>④ 参数设置不正确，扣 20 分 | 40 | | |
| 2 | 梯形图设计 | 能根据任务要求完成梯形图设计 | ① 梯形图设计不完善，每项扣 8 分<br>② 梯形图设计不正确，扣 20 分 | 20 | | |
| 3 | 操作调试 | 操作调试过程正确 | ① 操作错误，扣 10 分<br>② 调试失败，扣 30 分 | 30 | | |
| 4 | 安全文明生产 | 操作安全规范、环境整洁 | 违反安全文明生产规程，扣 5～10 分 | 10 | | |
| 合计 | | | | 100 | | |

## 【思考练习】

简答题

（1）怎样实现两台 S7-300PLC 之间的 PROFIBUS 现场总线通信？
（2）怎样实现两台 S7-300PLC 之间的以太网通信？

# 项目 8　基于 MM440 与 S7-300 的自动生产线多段速控制系统

由于现场工艺上的要求，很多生产机械需在不同的转速下运行。为方便这种负载，大多数变频器提供了多挡频率控制功能。用户可以通过几个开关的通、断组合来选择不同的运行频率，实现不同转速下运行的目的。

图 8-1 所示的是某自动生产线多段速控制系统转速变化规律示意图，用 S7-300PLC 和 MM440 变频器控制交流电动机工作，由交流电动机带动流水线工作台运行。

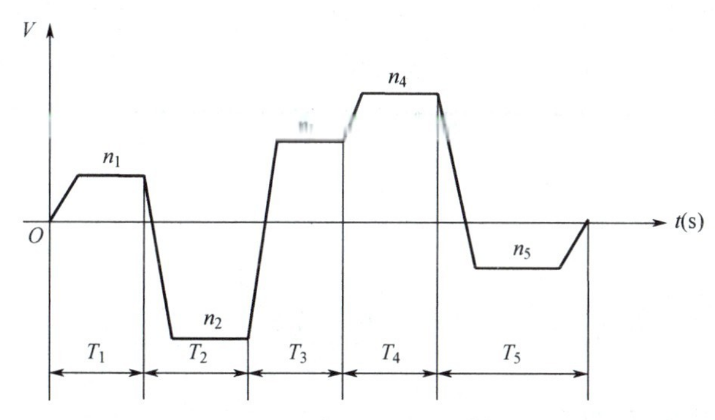


图 8-1　自动生产线多段速控制系统转速变化规律

控制要求如下。

（1）速度变化 $n_1$=600r/min，$n_2$=−1200 r/min，$n_3$=800 r/min，$n_4$=1000 r/min，$n_5$=−500 r/min。

（2）加速度=1.5s，减速度=2s，$T_1$=3s，$T_2$=4s，$T_3$=5s，$T_4$=4s，$T_5$=6s。

（3）根据交流电动机运行转速变化的情况，编制半自动循环运行程序。按一次启动按钮，交流电动机以 $n_1$ 启动，直至 $n_5$ 结束（即半自动循环）。任何时刻，按停止按钮电机立即减速停止。各挡速度、加速度、时间的数据见要求（1）和（2）中所述。

（4）可单独选用任一挡速度恒速运行，利用“单速运行、调整 / 自动运行”选择开关，按启动按钮启动，按停止按钮停止。

（5）检修或调整时可采用点进和点退（选择开关处于“调整”位），点进时电机选用 $n_1$ 速度，点退时电机选用 $n_5$ 速度。

（6）交流电动机正转为风叶顺时针旋转方向。频率估算公式为 $f=n\times p/60$，保留一位小数。电动机的极对数查看实际电动机。

**【工作任务】**

任务 1　自动生产线多段速控制系统的硬件设计。

任务 2　自动生产线多段速控制系统的软件设计。

任务 3　自动生产线多段速控制系统的调试与运行。

【学习目标】

（1）掌握自动生产线多段速控制系统的项目生成与硬件组态。
（2）掌握自动生产线多段速控制系统的控制程序编写。
（3）掌握自动生产线多段速控制系统的调试方法。
（4）掌握 MM440 常用参数单元的设置。
（5）掌握 S7-300PLC 与 MM440 变频器之间的通信。

# 任务 1　自动生产线多段速控制系统的硬件设计

【任务描述与分析】

为满足生产机械需不同转速的要求。大多数变频器提供了多挡频率控制功能。用户可以通过几个开关的通、断组合来选择不同的运行频率，实现不同转速下运行的目的。

本任务中采用变频器 MM440 来实现自动生产线多段速控制，首先进行多段速控制系统的硬件组态。

【相关知识与技能】

## 8.1.1　MM440 简介及相关参数设置

### 1. 初识西门子 MM440 变频器

西门子 MM440 变频器（Micro Master 440）是德国西门子公司广泛应用于工业场合的多功能标准变频器。它采用高性能的矢量控制技术，提供低速高转矩输出和良好的动态特性，同时具备超强的过载能力，以满足广泛的应用场合。MM440 变频器的框图如图 8-2 所示，控制端子定义如表 8-1 所示。

MM440 变频器的核心部件是 CPU 单元，根据设定的参数，经过运算输出控制正弦波信号，再经过 SPWM 调制，放大输出正弦交流电驱动三相异步电动机运转。

MM440 变频器是一个智能化的数字变频器，在基本操作板上可进行参数设置，参数可分为四个级别。

① 标准级，可以访问经常使用的参数。
② 扩展级，允许扩展访问参数范围，如变频器的 I/O 功能。
③ 专家级，只供专家使用，即高级用户。
④ 维修级，只供授权的维修人员使用，具有密码保护。
一般的用户将变频器设置成标准级或扩展级即可。

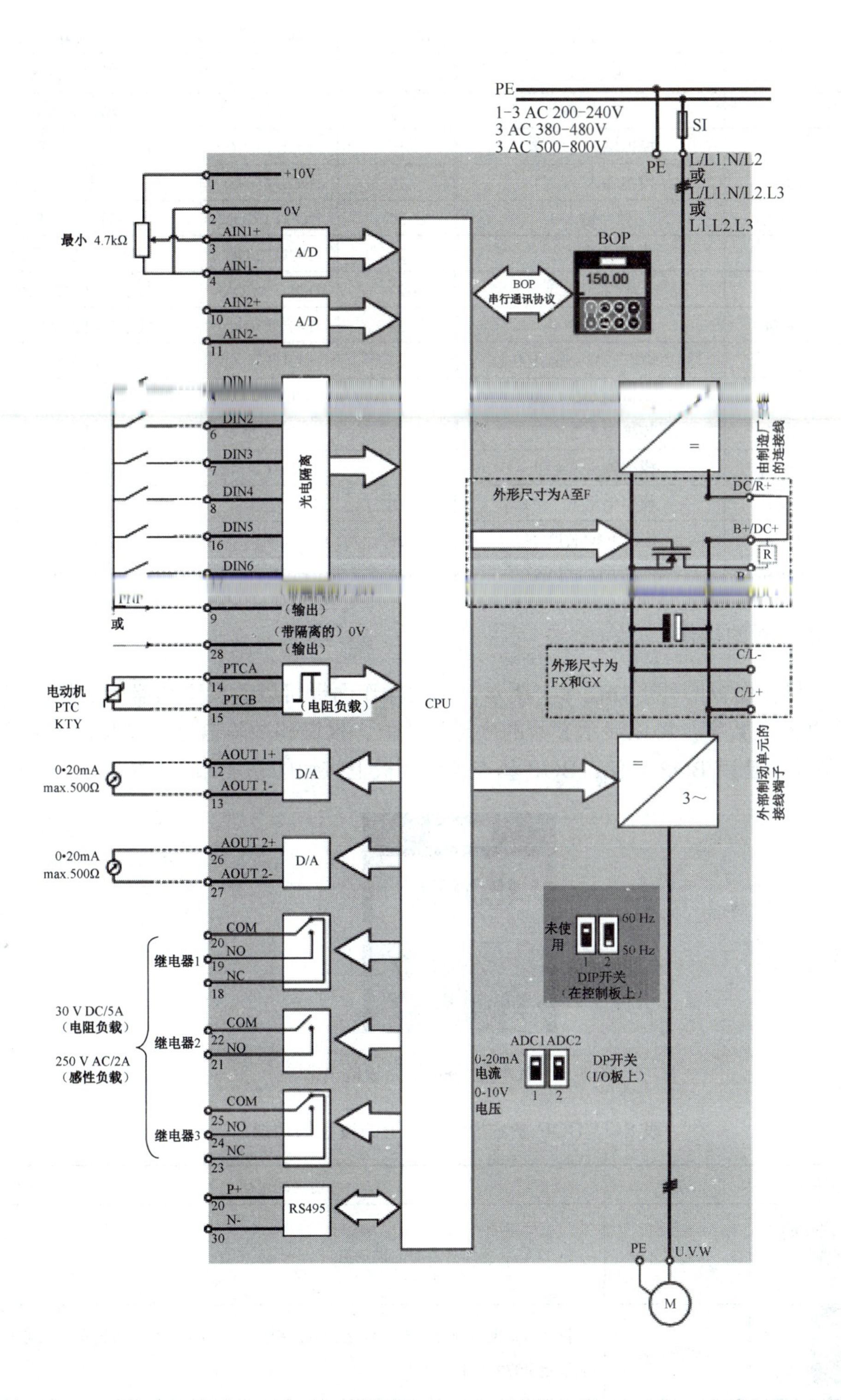

图 8-2　MM440 变频器的框图

表 8-1　MM440 控制端子表

| 端子序号 | 端子名称 | 功能 | 端子序号 | 端子名称 | 功能 |
|---|---|---|---|---|---|
| 1 | — | 输出+10V | 16 | DIN5 | 数字输入 5 |
| 2 | — | 输出 0V | 17 | DIN6 | 数字输入 6 |
| 3 | ADC1+ | 模拟输入 1（+） | 18 | DOUT1/NC | 数字输出 1/常闭触点 |
| 4 | ADC1- | 模拟输入 1（-） | 19 | DOUT1/NO | 数字输出 1/常开触点 |
| 5 | DIN1 | 数字输入 1 | 20 | DOUT1/COM | 数字输出 1/转换触点 |
| 6 | DIN2 | 数字输入 2 | 21 | DOUT2/NO | 数字输出 2/常开触点 |
| 7 | DIN3 | 数字输入 3 | 22 | DOUT2/COM | 数字输出 2/转换触点 |
| 8 | DIN4 | 数字输入 4 | 23 | DOUT3/NC | 数字输出 3/常闭触点 |
| 9 | — | 隔离输出+24V/max.100mA | 24 | DOUT3/NO | 数字输出 3/常开触点 |
| 10 | ADC2+ | 模拟输入 2（+） | 25 | DOUT3/COM | 数字输出 3/转换触点 |
| 11 | ADC2- | 模拟输入 2（-） | 26 | DAC2+ | 模拟输出 2（+） |
| 12 | DAC1+ | 模拟输出 1（+） | 27 | DAC2- | 模拟输出 2（-） |
| 13 | DAC1- | 模拟输出 1（-） | 28 | — | 隔离输出 0V/max.100mA |
| 14 | PTCA | 连接 PTC/KTY84 | 29 | P+ | RS485 |
| 15 | PTCB | 连接 PTC/KTY84 | 30 | P- | RS485 |

## 2．变频器面板的操作

BOP 基本操作面板的外形如图 8-3 所示，利用操作面板可以改变变频器的参数。BOP 具有 7 段显示的 5 位数字，可以显示参数的序号和数值、报警和故障信息，以及设定值和实际值。参数的信息不能用 BOP 存储。BOP 基本操作面板上按钮的功能如表 8-2 所示。

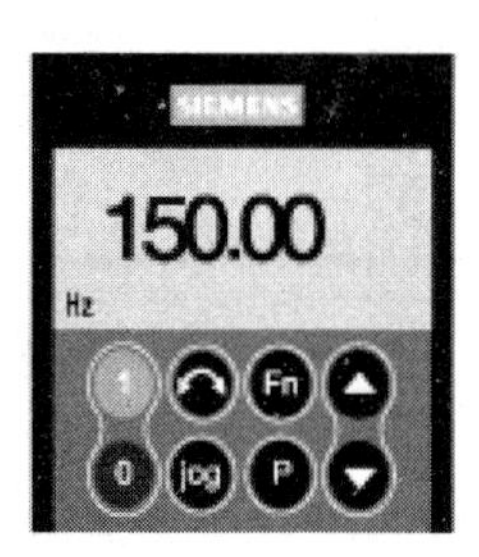


图 8-3　BOP 基本操作面板的外形

表 8-2　BOP 基本操作面板上的按钮的功能

| 显示/按钮 | 功能 | 功能的说明 |
|---|---|---|
| r0000 | 状态显示 | LCD 显示变频器当前的设定值 |
|  | 启动变频器 | 按此键启动变频器。缺省值运行时此键是被封锁的，为了使此键的操作有效，应设定 P0700 = 1 |

续表

| [illegible] | [illegible] | [illegible] |
|---|---|---|
| 0 | 停止变频器 | OFF1：按此键，变频器将按选定的斜坡下降速率减速停车，缺省值运行时此键被封锁，为了允许此键操作，应设定 P0700 = 1<br>OFF2：按此键两次（或一次，但时间较长）电动机将在惯性作用下自由停车。此功能总是“使能”的 |
|  | 改变电动机的旋转方向 | 按此键可以改变电动机的旋转方向，电动机的反向用负号（-）或用闪烁的小数点表示。缺省值运行时此键是被封锁的，为使此键的操作有效，应设定 P0700 = 1 |
| jog | 电动机启动 | 在“准备合闸”状态下按住此键，则电动机启动并运行在预先设定的启动频率。当释放此键时，电动机停止。当电动机正在旋转时，此键无此功能 |
| Fn | 功能 | 此键用于浏览辅助信息。在变频器运行过程中，在显示任何一个参数时按下此键并保持 2s，将显示以下参数值（在变频器运行中从任何一个参数开始）：<br>① 直流回路电压（用 d 表示 - 单位：V）；<br>② 输出电流 A;<br>③ 输出频率（Hz）；<br>④ 输出电压（用 o 表示 - 单位 V）；<br>⑤ 由 P0005 选定的数值[如果 P0005 选择显示上述参数中的任何一个（3、4 或 5），这里将不再显示]。连续多次按下此键，将轮流显示以上参数。<br>跳转功能<br>在显示任何一个参数（rXXXX 或 PXXXX）时短时间按下此键，将立即跳转到 r0000，如果需要的话，可以接着修改其他的参数。跳转到 r0000 后，按此键将返回原来的显示点 |
| P | 访问参数 | 按此键即可访问参数 |
|  | 增加数值 | 按此键即可增加面板上显示的参数数值 |
|  | 减少数值 | 按此键即可降低面板上显示的参数数值 |
| Fn + P | AOP 菜单 | 跳出 AOP 菜单提示（仅用于 AOP） |

### 3．基本操作面板修改设置参数的方法

MM440 在缺省设置时，用 BOP 控制电动机的功能是被禁止的。如果要用 BOP 进行控制，参数 P0700 应设置为“1”，参数 P1000 也应设置为“1”。用基本操作面板（BOP）可以修改任何一个参数。修改参数的数值时，BOP 有时会显示“busy”，表明变频器正忙于处理优先级更高的任务。下面就以设置 P1000=1 的过程为例，来介绍通过基本操作面板（BOP）修改设置参数的流程，如表 8-3 所示。

表 8-3　基本操作面板（BOP）修改设置参数流程

| 序号 | 操作步骤 | BOP 显示结果 |
|---|---|---|
| 1 | 按(P)键，访问参数 | r0000 |
| 2 | 按(▲)键，直到显示 P1000 | P1000 |
| 3 | 按(P)键，直到显示 in000，即 P1000 的第 0 组值 | in000 |
| 4 | 按(P)键，显示当前值为 2 | 2 |
| 5 | 按(▼)键，达到所要求的值为 1 | 1 |
| 6 | 按(P)键，存储当前设置 | P1000 |
| 7 | 按(Fn)键，显示 r0000 | r0000 |
| 8 | 按(P)键，显示频率 | 50.00 |

### 4．MM440 变频器的多段速控制功能实现方法

多段速功能，也称为固定频率，就是设置参数 P1000=3 的条件下，用开关量端子选择固定频率的组合，实现电机多段速度运行。可通过以下三种方法实现。

（1）直接选择（P0701-P0706 = 15）。

在这种操作方式下，一个数字输入选择一个固定频率，端子与参数设置对应如表 8-4 所示。

表 8-4　端子与参数设置对应表

| 端子编号 | 对应参数 | 对应频率设置值 | 说 明 |
|---|---|---|---|
| 5 | P0701 | P1001 | ① 频率给定源 P1000 必须设置为 3<br>② 当多个选择同时激活时，选定的频率是它们的总和 |
| 6 | P0702 | P1002 | |
| 7 | P0703 | P1003 | |
| 8 | P0704 | P1004 | |
| 16 | P0705 | P1005 | |
| 17 | P0706 | P1006 | |

（2）直接选择+ ON 命令（P0701 - P0706 = 16）。

在这种操作方式下，数字量输入既选择固定频率（表 8-4），又具备启动功能。

（3）二进制编码选择 + ON 命令（P0701 - P0704 = 17）。

MM440 变频器的 6 个数字输入端口（DIN1～ DIN6），通过 P0701～P0706 设置实现多频段控制。每一频段的频率分别由 P1001～P1015 参数设置，最多可实现 15 频段控制，各个固定频率的数值选择如表 8-5 所示。在多频段控制中，电动机的转速方向是由 P1001～P1015 参数所设置的频率正负决定的。6 个数字输入端口，哪一个作为电动机运行、停止控制，哪些

作为多段频率控制，是可以由用户任意确定的，一旦确定了某一数字输入端口的控制功能，其内部的参数设置值必须与端口的控制功能相对应。

表 8-5　固定频率选择对应表

| 频率设定 | DIN4 | DIN3 | DIN2 | DIN1 |
| --- | --- | --- | --- | --- |
| P1001 | 0 | 0 | 0 | 1 |
| P1002 | 0 | 0 | 1 | 0 |
| P1003 | 0 | 0 | 1 | 1 |
| P1004 | 0 | 1 | 0 | 0 |
| P1005 | 0 | 1 | 0 | 1 |
| P1006 | 0 | 1 | 1 | 0 |
| P1007 | 0 | 1 | 1 | 1 |
| P1008 | 1 | 0 | 0 | 0 |
| P1009 | 1 | 0 | 0 | 1 |
| P1010 | 1 | 0 | 1 | 0 |
| P1011 | 1 | 0 | 1 | 1 |
| P1012 | 1 | 1 | 0 | 0 |
| P1013 | 1 | 1 | 0 | 1 |
| P1014 | 1 | 1 | 1 | 0 |
| P1015 | 1 | 1 | 1 | 1 |

5．MM440 变频器的多段速控制功能参数设置

（1）恢复变频器工厂缺省值，设定 P0010=30、P0970=1。按下 P 键，变频器开始复位到工厂缺省值。

（2）设置电动机参数，如表 8-6 所示。电动机参数设置完成后，设 P0010=0，变频器当前处于准备状态，可正常运行。

表 8-6　电动机参数设置

| 参数号 | 出厂值 | 设置值 | 说明 |
| --- | --- | --- | --- |
| P0003 | 1 | 1 | 设用户访问级为标准级 |
| P0010 | 0 | 1 | 快速调试 |
| P0100 | 0 | 0 | 工作地区：功率以 kW 表示，频率为 50Hz |
| P0304 | 230 | 380 | 电动机额定电压（V） |
| P0305 | 1.8 | 0.35 | 电动机额定电流（A） |
| P0307 | 0.75 | 0.06 | 电动机额定功率（kW） |
| P0310 | 50 | 50 | 电动机额定频率（Hz） |
| P0311 | 0 | 1430 | 电动机额定转速（r/min） |

（3）设置变频器 3 段固定频率控制参数如表 8-7 所示。

表 8-7　变频器 3 段固定频率控制参数设置

| 参数号 | 出厂值 | 设置值 | 说明 |
|---|---|---|---|
| P0003 | 1 | 1 | 设用户访问级为标准级 |
| P0004 | 0 | 7 | 命令和数字 I/O |
| P0700 | 2 | 2 | 命令源选择由端子排输入 |
| P0003 | 1 | 2 | 设用户访问级为拓展级 |
| P0004 | 0 | 7 | 命令和数字 I/O |
| P0701 | 1 | 17 | 选择固定频率 |
| P0702 | 1 | 17 | 选择固定频率 |
| P0703 | 1 | 1 | ON 接通正转，OFF 停止 |
| P0003 | 1 | 1 | 设用户访问级为标准级 |
| P0004 | 0 | 10 | 设定值通道和斜坡函数发生器 |
| P1000 | 2 | 3 | 选择固定频率设定值 |
| P0003 | 1 | 2 | 设用户访问级为拓展级 |
| P0004 | 0 | 10 | 设定值通道和斜坡函数发生器 |
| P1001 | 0 | 20 | 选择固定频率 1(Hz) |
| P1002 | 5 | 30 | 选择固定频率 2(Hz) |
| P1003 | 10 | 50 | 选择固定频率 3(Hz) |

**注意**：初学者在设置参数时，有时不注意进行了错误的设置，但又不知道是哪个参数的设置出错了，在这种情况下可以对变频器进行复位，一般的变频器都有这个功能，复位后变频器的所有参数恢复成出厂的设定值，但工程中正在使用的变频器要谨慎使用此功能。西门子 MM440 变频器的复位方法：先将 P0010 设置为 10，再将 P0970 设置为 1，变频器上的显示器中闪烁的“busy”消失后，变频器成功复位。

**【任务实施与拓展】**

## 8.1.2　自动生产线多段速控制系统的硬件电路

### 1. 系统硬件配置表

分析自动生产线多段速控制系统的控制要求，得出系统硬件配置如表 8-8 所示，可选用继电器的输出模块，如 8 点继电器输出的 SM322 模块，型号可选择 6ES7 322-1HF01-0AA0。继电器输出模块的负载电压范围宽，导通压降小，承受瞬时过电压和瞬时过电流的能力较强。由于控制系统的输入点数有 10 点，因此选输入点数 16 点的 SM321 的数字量输入模块，如 6ES7 321-1BH02-0AA0（注：硬件可根据实际情况作相应替换）。

表 8-8　自动生产线多段速控制系统的硬件配置表

| 序号 | 名称 | 型号说明 | 数量 |
|---|---|---|---|
| 1 | CPU | CPU315-2DP | 1 |
| 2 | 电源模块 | PS307 | 1 |
| 3 | 开关量输入模块 | SM321 | 1 |
| 4 | 开关量输出模块 | SM322 | 1 |
| 5 | 前连接器 | 20 针 | 2 |
| 6 | 变频器 | MM440 | 1 |

## 2．I/O 地址分配表

分析自动生产线多段速控制系统的控制要求，进行控制系统的 I/O 地址分配如表 8-9 所示。

表 8-9　自动生产线多段速控制系统 I/O 地址分配表

| 信号类型 | 信号名称 | 地址 |
|---|---|---|
| 输入信号 | 启动按钮 SB1 | I0.0 |
| | 停止按钮 SB2 | I0.1 |
| | 转速 $n_1$ 运行开关 SA1 | I0.2 |
| | 转速 $n_2$ 运行开关 SA2 | I0.3 |
| | 转速 $n_3$ 运行开关 SA3 | I0.4 |
| | 转速 $n_4$ 运行开关 SA4 | I0.5 |
| | 转速 $n_5$ 运行开关 SA5 | I0.6 |
| | 模式选择开关 SA6 | I1.0 |
| | 点进按钮 SB3 | I1.1 |
| | 点退按钮 SB4 | I1.2 |
| 输出信号 | 中间继电器 KA1 | Q4.0 |
| | 中间继电器 KA2 | Q4.1 |
| | 中间继电器 KA3 | Q4.2 |
| | 中间继电器 KA4 | Q4.3 |

## 3．硬件接线图

自动生产线多段速控制系统的硬件接线图如图 8-4 所示，增加四个中间继电器是为了更加可靠。

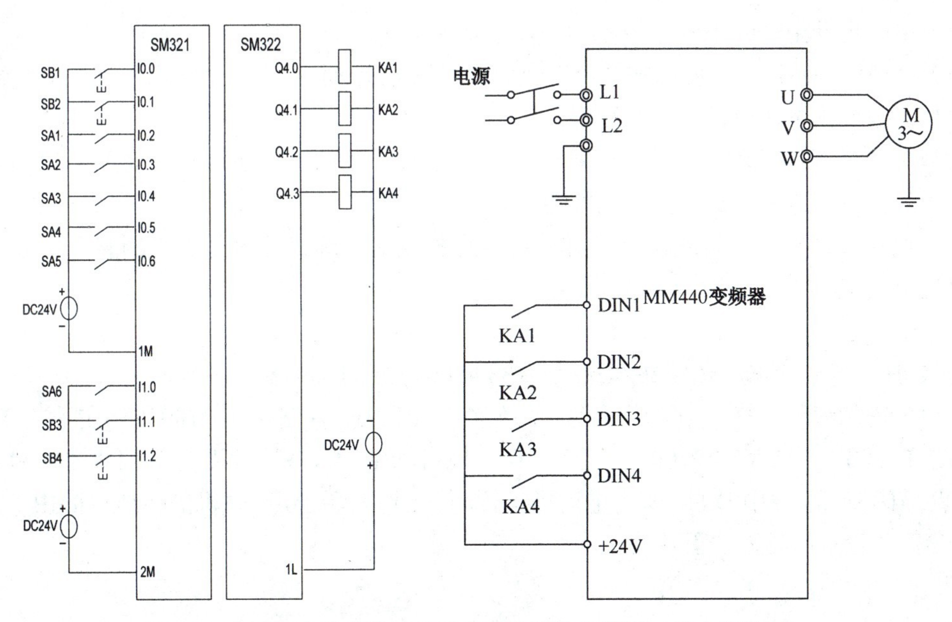


图 8-4　自动生产线多段速控制系统的硬件接线图（继电器输出）

### 8.1.3 控制系统的项目生成与硬件组态

用“新建项目”向导生成一个名为“自动生产线多段速控制系统”的项目，进行硬件组态，组态完成如图 8-5 所示。

| S... | Module | Order number | F... | M... | I... | Q... | Comment |
|---|---|---|---|---|---|---|---|
| 1 | PS 307 10A | 6ES7 307-1KA00-0AA0 | | | | | |
| **2** | **CPU 315-2 DP** | **6ES7 315-2AG10-0AB0** | **V2.6** | **2** | | | |
| *X2* | *DP* | | | | *1023** | | |
| 3 | | | | | | | |
| 4 | DI16xDC24V | 6ES7 321-1BH02-0AA0 | | | 0...1 | | |
| 5 | DO8xRelay | 6ES7 322-1HF01-0AA0 | | | | 4 | |

图 8-5　自动生产线多段速控制系统的硬件组态

## 任务 2　自动生产线多段速控制的软件设计

【任务描述与分析】

在设计自动生产线多段速控制时，首先要理清变频器输出速度与各控制端的关系。对于自动生产线的各段速度，可将相应的频率事先储存在变频器速度参数单元。

【相关知识与技能】

### 8.2.1 自动生产线多段速控制的工作原理

本例中的自动生产线多段速控制具有以下功能。

（1）自动运行：按一次启动按钮，交流电动机以 $n_1$ 启动，直至 $n_5$ 结束（即半自动循环）。任何时刻，按停止按钮电机立即减速停止。

（2）单速运行：可单独选用任一挡速度恒速运行，利用“单速运行、调整 / 自动运行”选择开关，按启动按钮启动，按停止按钮停止。

（3）检修或调整：检修或调整时可采用点进和点退（选择开关处于“调整”位），点进时电机选用 $n_1$ 速度，点退时电机选用 $n_5$ 速度。

本例中，采用四极电机，运用频率估算公式为 $f=n\times p/60$，计算得到各段频率分别为

$f_1=20\text{Hz}$，$f_2=-40\text{Hz}$，$f_3=26.6\text{Hz}$，$f_4=33.4\text{Hz}$，$f_5=-16.6\text{Hz}$。

采用二进制编码选择“+ ON”命令，$f_1$ 储存在 P1001，$f_2$ 储存在 P1002，$f_3$ 储存在 P1003，$f_4$ 储存在 P1004，$f_5$ 储存在 P1005，这样，可列出自动生产线各段速度与变频器控制端对应关系，如表 8-10 所示，表中 DIN4 作为电动机运行、停止控制端子，电动机的转速方向由 P1001～P1015 参数所设置的频率的正负决定。

表 8-10　自动生产线速度与变频器控制端对应关系

| 频率设定 | DIN4 | DIN3 | DIN2 | DIN1 |
|---|---|---|---|---|
| P1001 | 1 | 0 | 0 | 1 |
| P1002 | 1 | 0 | 1 | 0 |
| P1003 | 1 | 0 | 1 | 1 |
| P1004 | 1 | 1 | 0 | 0 |
| P1005 | 1 | 1 | 0 | 1 |

【任务实施与拓展】

## 8.2.2　自动生产线多段速控制系统的梯形图程序

### 1. 画出顺序功能图

基于自动生产线多段速控制系统的半自动循环为顺序控制，所以在 PLC 程序设计时可采用顺序控制的设计方法。首先根据它的启动和转换的条件，设计出自动生产线多段速控制系统半自动循环的顺序功能图，如图 8-6 所示。

### 2. 编写符号表

为了使程序更容易阅读和理解，可用符号地址访问变量，用符号表定义的符号可供所有的逻辑块使用。选中 SIMATIC 管理器左边窗口的“S7 程序”，双击右边窗口出现的“符号”图标，打开符号编辑器，本系统编写好的符号表如图 8-7 所示。

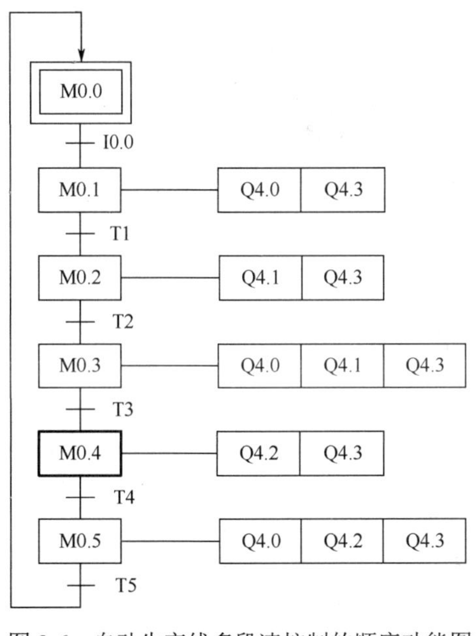


图 8-6　自动生产线多段速控制的顺序功能图

Symbol Editor - S7 Program(1) (Symbols)

Symbol Table　Edit　Insert　View　Options　Window　Help

All Symbols

Program(1) (Symbols) -- 自动生产线控制\SIMATIC ...

| Statu | Symbol | Address | | Data typ | Comment |
|---|---|---|---|---|---|
| | Cycle Execution | OB | 1 | OB　1 | |
| | KA1 | Q | 4.0 | BOOL | 中间继电器 |
| | KA2 | Q | 4.1 | BOOL | 中间继电器 |
| | KA3 | Q | 4.2 | BOOL | 中间继电器 |
| | KA4 | Q | 4.3 | BOOL | 中间继电器 |
| | SA1 | I | 0.2 | BOOL | 转速n1运行开关 |
| | SA2 | I | 0.3 | BOOL | 转速n2运行开关 |
| | SA3 | I | 0.4 | BOOL | 转速n3运行开关 |
| | SA4 | I | 0.5 | BOOL | 转速n4运行开关 |
| | SA5 | I | 0.6 | BOOL | 转速n5运行开关 |
| | SA6 | I | 1.0 | BOOL | 模式选择开关 |
| | SB1 | I | 0.0 | BOOL | 启动按钮 |
| | SB2 | I | 0.1 | BOOL | 停止按钮 |
| | SB3 | I | 1.1 | BOOL | 点进按钮 |
| | SB4 | I | 1.2 | BOOL | 点退按钮 |

图 8-7　自动生产线多段速控制系统的符号表

### 3. OB1 中的程序

根据以上分析，写出机械手控制系统的主程序如图 8-8 所示。利用模式选择开关，选择系统工作模式：单速运行、调整 / 自动运行，当模式选择开关在自动运行挡位时，按一次启动按钮，交流电动机以 $n_1$ 启动，直至 $n_5$ 结束（即半自动循环）。任何时刻，按停止按钮电机立即减速停止。当模式选择开关在单速运行、调整挡位时，可单独选用任一挡速度恒速运行，按启动按钮启动，按停止按钮停止。检修或调整时，可采用点进和点退，点进时电机选用 $n_1$ 速度，点退时电机选用 $n_5$ 速度。

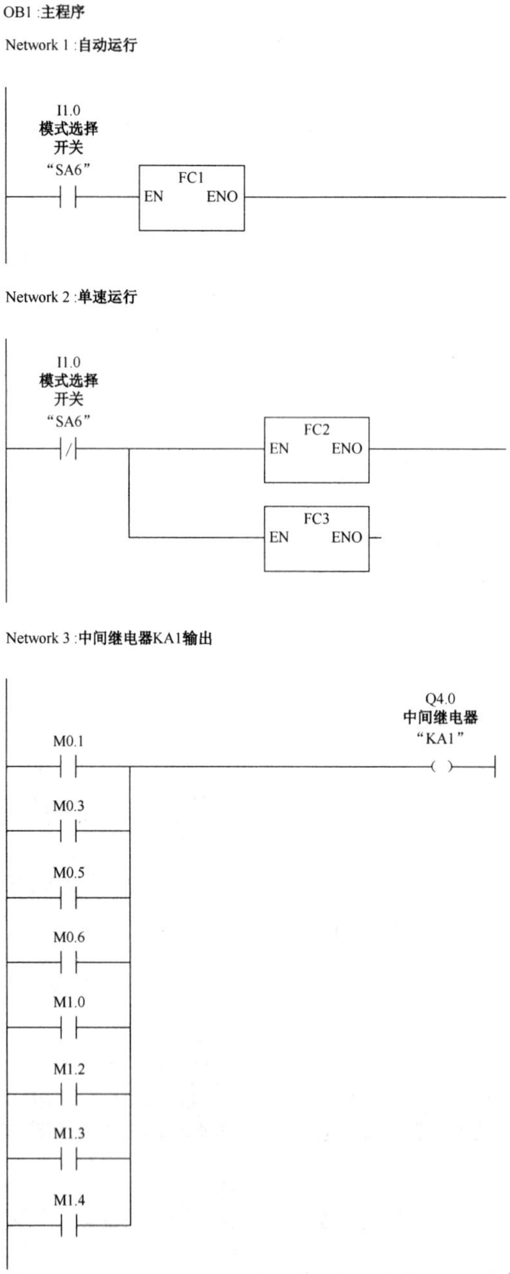

OB1 :主程序

Network 1 :自动运行

I1.0
模式选择
开关
"SA6"
FC1
EN ENO

Network 2 :单速运行

I1.0
模式选择
开关
"SA6"
FC2
EN ENO
FC3
EN ENO

Network 3 :中间继电器KA1输出

M0.1
M0.3
M0.5
M0.6
M1.0
M1.2
M1.3
M1.4
Q4.0
中间继电器
"KA1"

图 8-8 自动生产线多段速控制系统的主程序 OB1

Network 4 :中间继电器KA2输出

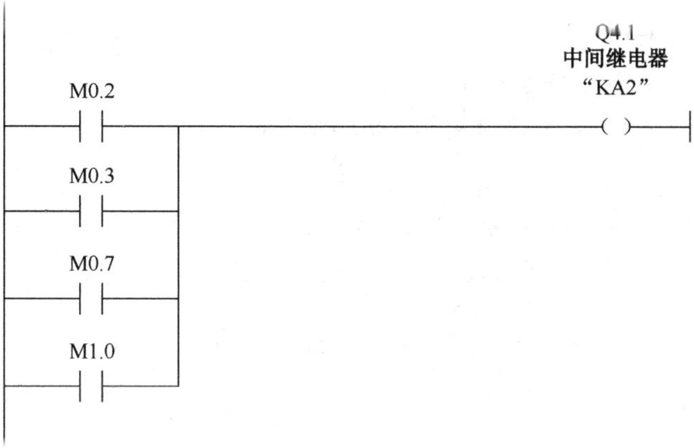

Network 5 :中间继电器KA3输出

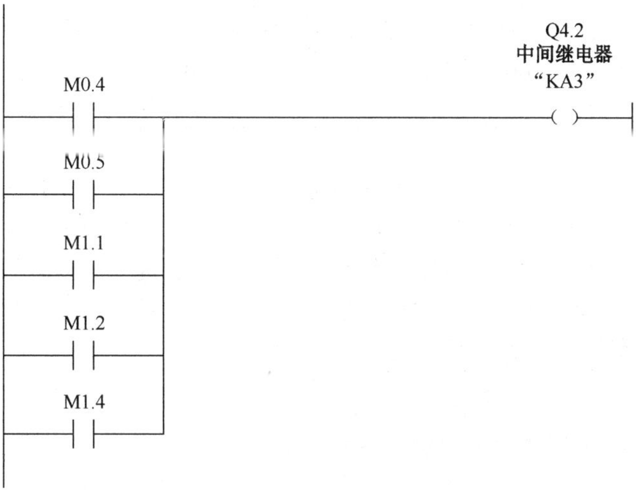

Network 6 :中间继电器KA4输出，控制电动机的运行与停止，ON接通正转，OFF停止

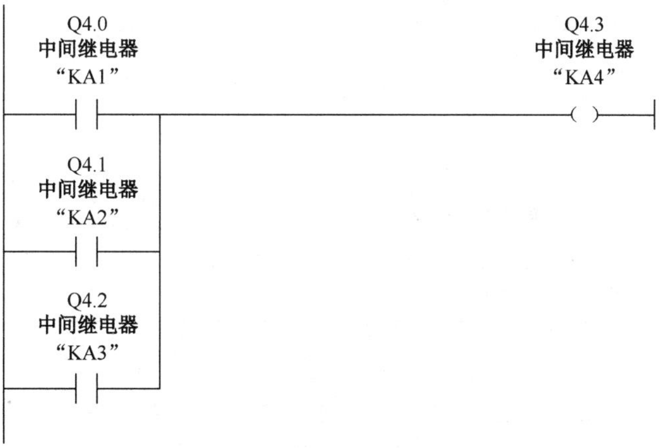

图 8-8　自动生产线多段速控制系统的主程序 OB1（续）

### 4. OB100 中的程序

系统初始化程序如图 8-9 所示。

OB100 :系统初始化

Network 1:将初始步M0.0之外的其他步清零

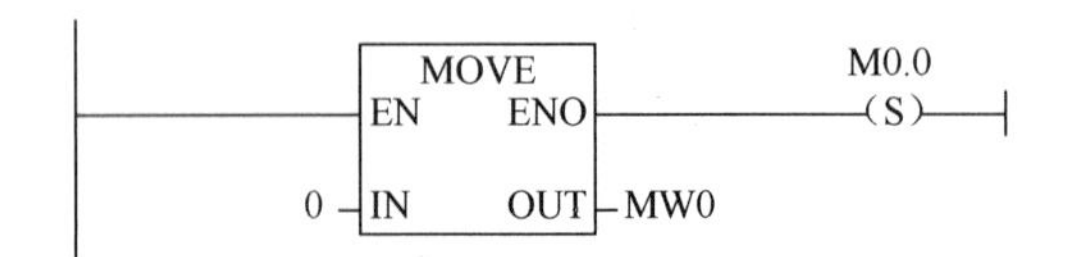


图 8-9　用于系统初始化的 OB100

### 5. 自动运行功能 FC1

当模式选择开关在自动运行挡位时，调用自动运行功能 FC1，如图 8-10 所示。

根据顺序功能图设计 PLC 程序时，可以用存储器 M 来代表步。某一步为活动步，对应的存储器为“1”状态，某一转换实现时，该转换的后续步为活动步，前级步变为不活动步。在此例中，由于开始时执行了 OB100 的程序，初始步对应的 M0.0 为“1”状态，被置为活动步，其余各步对应的存储器位为“0”状态，生产线处于待工作状态；按下启动按钮，I0.0 为“1”，M0.1 置为活动步，M0.0 复位，此时自动生产线按 $n_1$ 速度运行；延时一段时间后，T1 置“1”，M0.2 置为活动步，M0.1 复位，此时自动生产线按 $n_2$ 速度运行；延时一段时间后，T2 置“1”，M0.3 置为活动步，M0.2 复位，此时自动生产线按 $n_3$ 速度运行；延时一段时间后，T3 置“1”，M0.4 置为活动步，M0.3 复位，此时自动生产线按 $n_4$ 速度运行；延时一段时间后，T4 置“1”，M0.5 置为活动步，M0.4 复位，此时自动生产线按 $n_5$ 速度运行；延时一段时间后，T5 置“1”，M0.5 复位，电动机运行结束，等待启动信号。

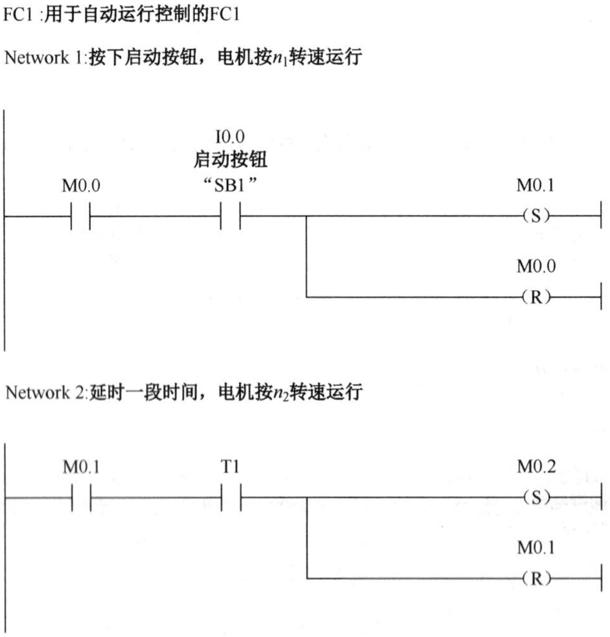

FC1 :用于自动运行控制的FC1

Network 1:按下启动按钮，电机按$n_1$转速运行

M0.0　I0.0 启动按钮 “SB1”　M0.1 (S)　M0.0 (R)

Network 2:延时一段时间，电机按$n_2$转速运行

M0.1　T1　M0.2 (S)　M0.1 (R)

图 8-10　自动运行功能 FC1

Network 3:延时一段时间，电机按$n_3$转速运行

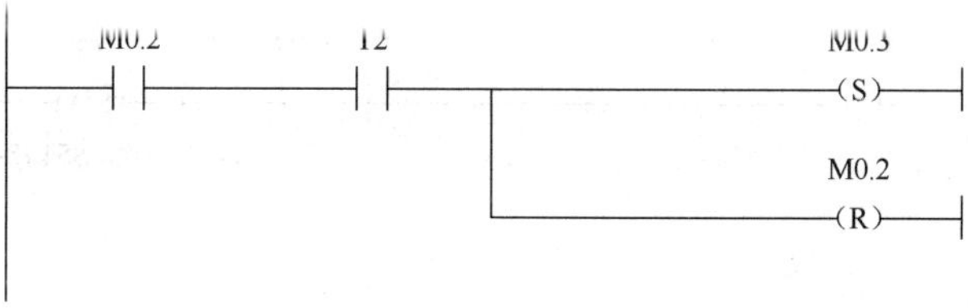

M0.2　T2　M0.3 (S)　M0.2 (R)

Network 4:延时一段时间，电机按$n_4$转速运行

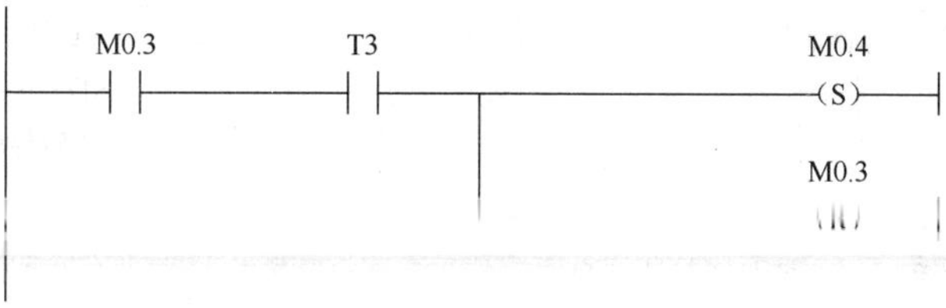

M0.3　T3　M0.4 (S)　M0.3 (R)

Network 5:延时一段时间，电机按$n_5$转速运行

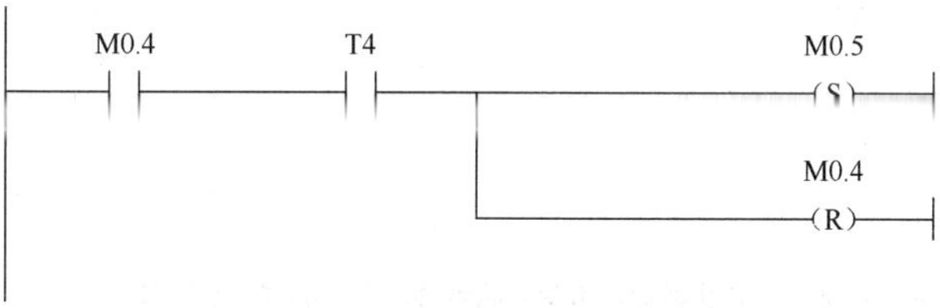

M0.4　T4　M0.5 (S)　M0.4 (R)

Network 6:延时一段时间，一个循环结束，等待下次启动按钮

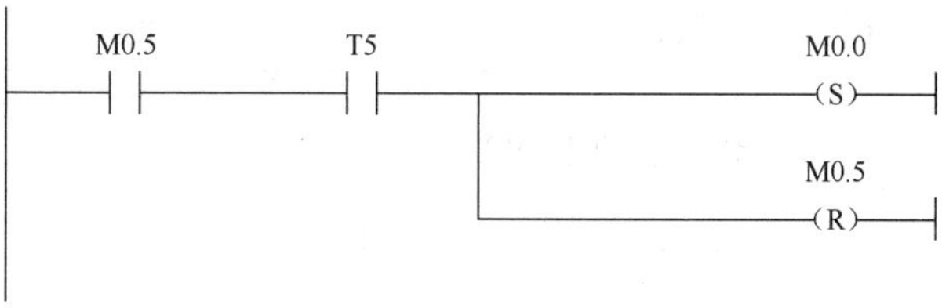

M0.5　T5　M0.0 (S)　M0.5 (R)

Network 7:T1设定为延时3s

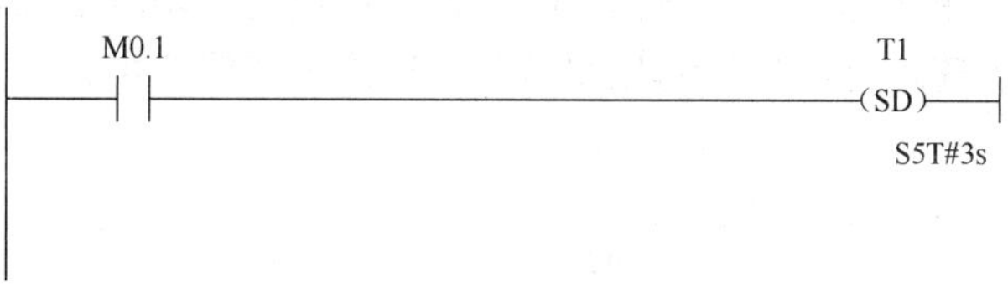

M0.1　T1 (SD)　S5T#3s

Network 8:T2设定为延时4s

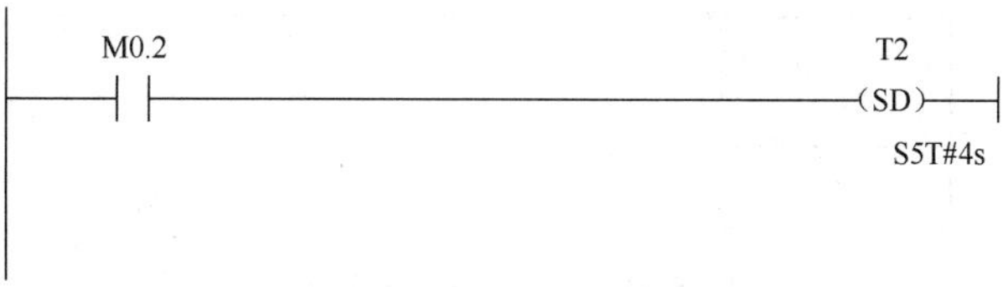

M0.2　T2 (SD)　S5T#4s

图 8-10　自动运行功能 FC1（续）

Network 9:T3设定为延时5s

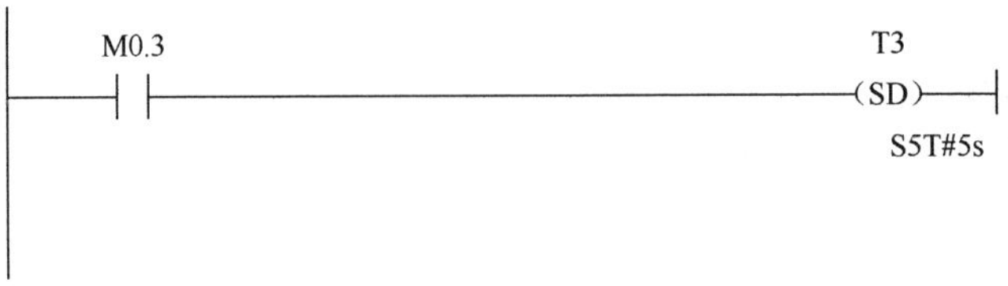

M0.3 —| |— T3 (SD) S5T#5s

Network 10:T4设定为延时4s

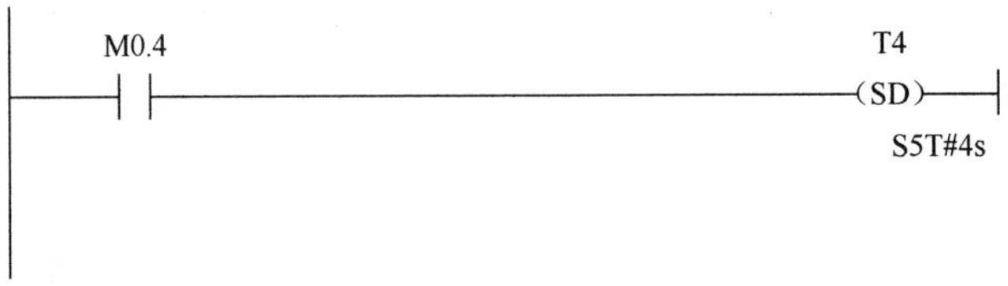

M0.4 —| |— T4 (SD) S5T#4s

Network 11:T5设定为延时6s

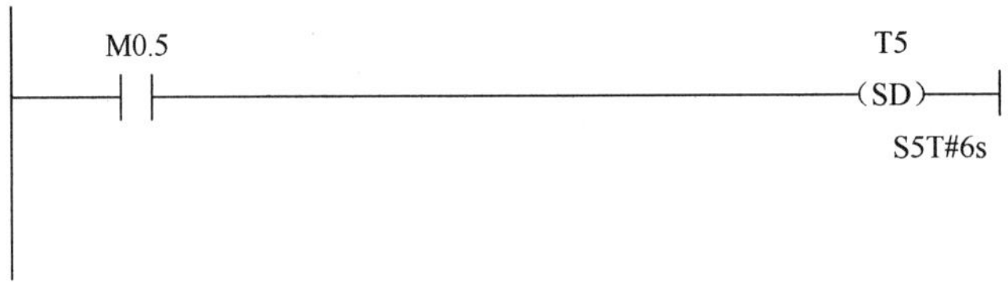

M0.5 —| |— T5 (SD) S5T#6s

Network 12:按下停止按钮，将除初始步M0.0之外的其他步清零

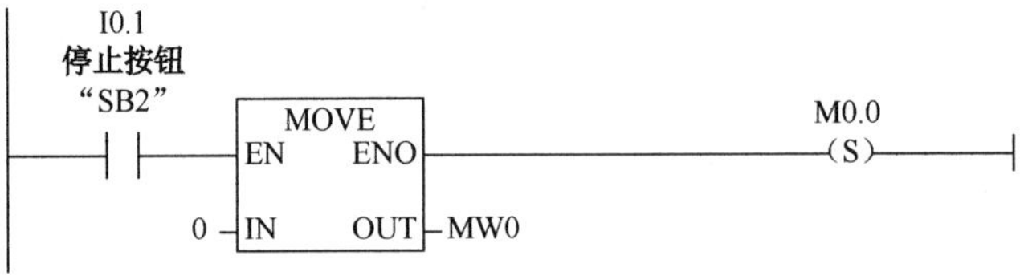

I0.1 停止按钮 "SB2" —| |— MOVE EN ENO — M0.0 (S)

0 — IN OUT — MW0

图 8-10　自动运行功能 FC1（续）

### 6. 单速运行功能 FC2

当模式选择开关在单速运行、调整挡位时，调用单速运行功能 FC2，如图 8-11 所示。可单独选用任一挡速度恒速运行，按启动按钮启动，按停止按钮停止。

FC2 :用于单速运行控制的FC2

Network 1:$n_1$单速运行

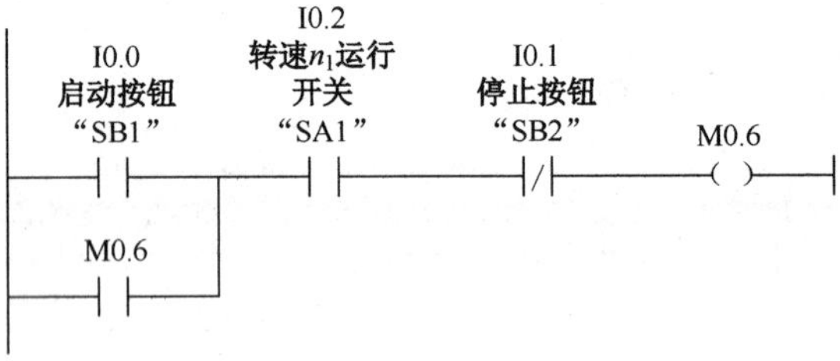

I0.0 启动按钮 "SB1" —| |— I0.2 转速$n_1$运行开关 "SA1" —| |— I0.1 停止按钮 "SB2" —|/|— M0.6 ( )

M0.6 —| |—（并联于 I0.0）

图 8-11　单速运行功能 FC2

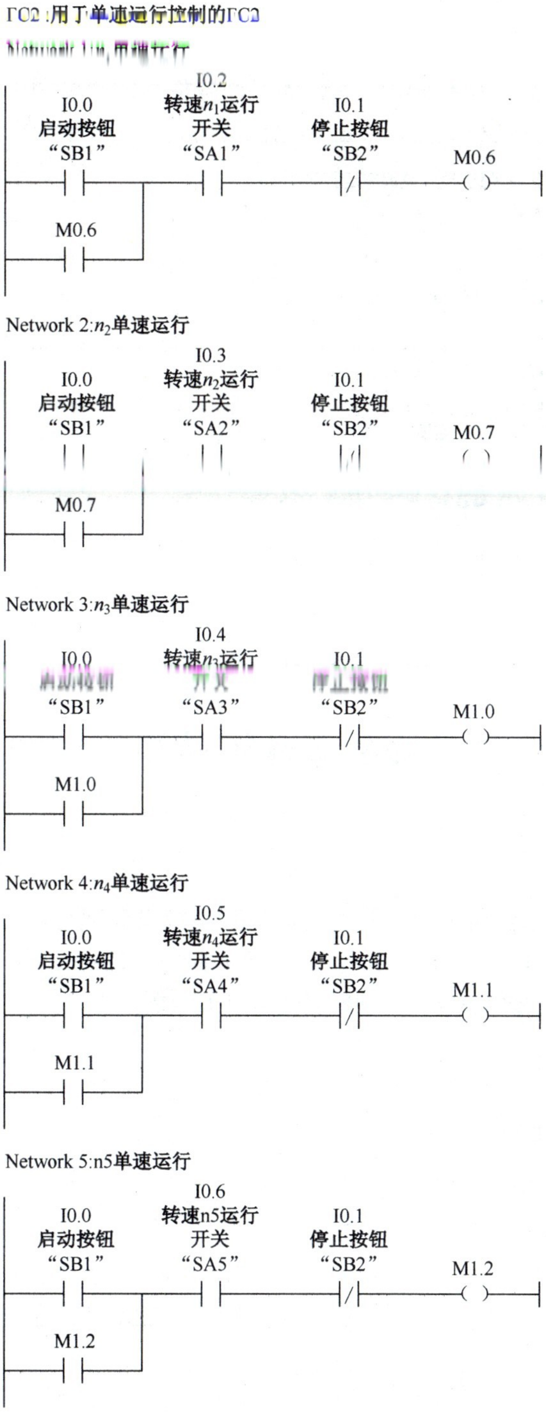

FC2 :用于单速运行控制的FC2

Network 1:$n_1$单速运行

I0.0 启动按钮 "SB1"　I0.2 转速$n_1$运行开关 "SA1"　I0.1 停止按钮 "SB2"　M0.6

M0.6

Network 2:$n_2$单速运行

I0.0 启动按钮 "SB1"　I0.3 转速$n_2$运行开关 "SA2"　I0.1 停止按钮 "SB2"　M0.7

M0.7

Network 3:$n_3$单速运行

I0.0 启动按钮 "SB1"　I0.4 转速$n_3$运行开关 "SA3"　I0.1 停止按钮 "SB2"　M1.0

M1.0

Network 4:$n_4$单速运行

I0.0 启动按钮 "SB1"　I0.5 转速$n_4$运行开关 "SA4"　I0.1 停止按钮 "SB2"　M1.1

M1.1

Network 5:n5单速运行

I0.0 启动按钮 "SB1"　I0.6 转速n5运行开关 "SA5"　I0.1 停止按钮 "SB2"　M1.2

M1.2

图 8-11 单速运行功能 FC2（续）

### 7. 检修或调整运行功能 FC3

检修或调整时把模式选择开关调到单速运行、调整挡位，可调用检修或调整功能 FC3，如图 8-12 所示。可采用点进和点退，点进时电机选用 $n_1$ 速度，点退时电机选用 $n_5$ 速度。

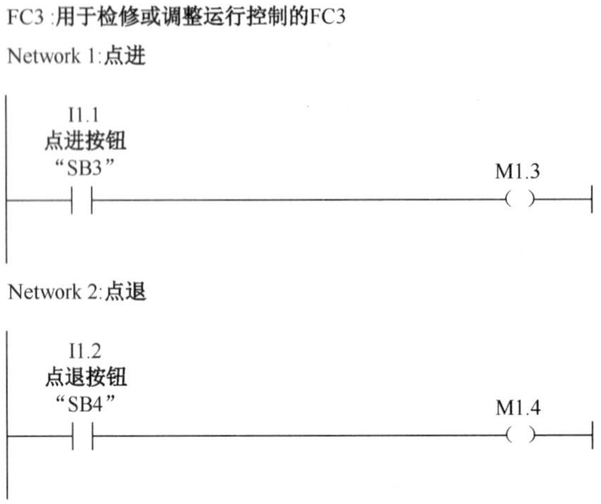

FC3 :用于检修或调整运行控制的FC3

Network 1:点进

I1.1
点进按钮
"SB3"
M1.3

Network 2:点退

I1.2
点退按钮
"SB4"
M1.4

图 8-12 检修或调整运行功能 FC3

# 任务 3　自动生产线的多段速控制系统的调试与运行

【任务描述与分析】

为了测试前面完成的自动生产线的多段速控制系统设计项目，可采用以下两种方法来调试：第一种采用 PLCSIM 进行仿真调试，在仿真界面中监控各变量的变化情况；第二种采用硬件 PLC 的在线调试。在本项目中采用硬件 PLC 的在线调试。

【任务实施与拓展】

### 1. 按照硬件接线图接线

（1）变频器输入电源的连线。

（2）变频器电源及电机接线的压线端子，应使用带有绝缘管的端子。

（3）交流电源一定不能接到变频器输出端上（U、V、W），否则将损坏变频器。

（4）接线后，零碎线头必须清除干净，零碎线头可能造成异常、失灵和故障，必须始终保持变频器清洁。

（5）注意电动机的旋转方向。当电机与 U、V、W 连接后，这时，若加入正转开关（信号），电机的正旋转方向从负荷轴向看为逆时针方向。

（6）当 PLC 输出的开关信号进入变频器时，有时会发生外部电源和变频器控制电源之间的串扰，应注意对 PLC 和变频器分开接地，避免两者使用共同的接地线。

## 2．变频器参数设置

（1）多段调速时，当 DIN1 端子与变频器的 24V（端子 9）连接时对应一个频率，当 DIN2 端子与变频器的 24V（端子 9）连接时对应另一个频率，当 DIN1 和 DIN2 端子同时与变频器的 24V（端子 9）连接时再对应一个频率，详细介绍如表 8-10 所示。DIN4 作为电动机运行、停止控制端子，电动机的转速方向由 P1001～P1015 参数所设置的频率的正负决定。

（2）设置变频器参数，如表 8-11 所示。

表 8-11　变频器参数

| 参数号 | 出厂值 | 设置值 | 说明 |
|---|---|---|---|
| P0003 | 1 | 1 | 设用户访问级为标准级 |
| P0010 | 0 | 1 | 快速调试 |
| P0100 | 0 | 0 | 工作地区：功率以 kW 表示，频率为 50Hz |
| P0304 | 230 | 380 | 电动机额定电压（V） |
| P0305 | 1.8 | 0.35 | 电动机额定电流（A） |
| P0307 | 0.75 | 0.06 | 电动机额定功率（kW） |
| P0310 | 50.00 | 50.00 | 电动机额定频率（Hz） |
| P0311 | 0 | 1430 | 电动机额定转速（r/min） |
| P1000 | 2 | 3 | 选择固定频率设定值 |
| P1080 | 0 | 0 | 电动机的最小频率（0Hz） |
| P1082 | 50.00 | 50.00 | 电动机的最大频率（50Hz） |
| P1120 | 10 | 1.5 | 加速时间（斜坡上升时间:s） |
| P1121 | 10 | 2 | 减速时间（斜坡下降时间:s） |
| P0700 | 2 | 2 | 命令源选择由端子排输入 |
| P0701 | 1 | 17 | 选择固定频率（二进制编码选择 +ON 命令） |
| P0702 | 1 | 17 | 选择固定频率（二进制编码选择 +ON 命令） |
| P0703 | 1 | 17 | 选择固定频率（二进制编码选择 +ON 命令） |
| P0704 | 1 | 1 | ON 接通正转，OFF 停止 |
| P1001 | 0 | 20 | 固定频率 1 |
| P1002 | 5 | -40 | 固定频率 2 |
| P1003 | 10 | 26.6 | 固定频率 3 |
| P1004 | — | 33.4 | 固定频率 4 |
| P1005 | — | -16.6 | 固定频率 5 |

（3）连接 PLC 输入输出接线，将程序录入并下载到 PLC，进入梯形图监控状态，然后使 PLC 进入运行状态。

（4）根据项目要求，操作相应的按钮和行程开关，首先观察 PLC 的程序工作情况和输出状态是否与设计相符，然后观测变频器的运行状态是否服从 PLC 控制。

（5）在调试中如果出现问题，先解决 PLC 程序问题，然后检查 PLC 与变频器的连接。变频器的参数设置着重检查参数单元 P 的设置是否正确。

## 【项目小结】

本项目通过自动生产线多段速控制系统的设计与调试，介绍了西门子 MM440 变频器的使用，其方法与步骤主要包括以下几部分。

（1）掌握自动生产线多段速控制系统的项目生成与硬件组态。

（2）掌握自动生产线多段速控制系统的控制程序编写。

（3）掌握自动生产线多段速控制系统的调试方法。

（4）掌握 MM440 常用参数单元的设置。

## 【能力测试】

（1）完成硬件设计原理图。

（2）用“新建项目”向导生成自动生产线多段速控制系统项目，根据实验设备上的模块，打开 HW Config 设置模块，并编译下载到 CPU 中。

（3）生成自动生产线多段速控制系统用户程序的编写与调试。

（4）完成自动生产线多段速控制系统的硬件接线。

（5）完成 MM440 相关参数设置。

（6）完成基于 MM440 和 S7-300 的模拟调试。

（7）成绩评定参考标准如表 8-12 所示。

**表 8-12 《基于 MM440 与 S7-300 自动生产线多段速控制系统》成绩评价表**

班级________________姓名________________组号________________

| 序号 | 主要内容 | 考核要求 | 评分标准 | 配分 | 扣分 | 得分 |
|---|---|---|---|---|---|---|
| 1 | 硬件设计 | 能根据任务要求完成硬件设计原理图 | ① 硬件设计不完善，每处扣 3 分<br>② 硬件设计不正确，扣 10 分 | 10 | | |
| 2 | 硬件组态 | 能根据任务要求完成硬件组态 | ① 硬件组态不完善，每处扣 3 分<br>② 硬件组态不正确，扣 10 分 | 10 | | |
| 3 | 梯形图设计 | 能根据任务要求完成梯形图设计 | ① 梯形图设计不完善，每项扣 8 分<br>② 梯形图设计不正确，扣 20 分 | 20 | | |
| 4 | 接线 | 能正确使用工具和仪表，按照电路图正确接线 | ① 接线不规范，每处扣 3 分<br>② 接线错误，每处扣 5 分 | 15 | | |
| 5 | 参数设置 | 能根据任务要求正确设置变频器参数 | ① 参数设置不全，每处扣 3 分<br>② 参数设置错误，每处扣 3 分 | 15 | | |
| 6 | 操作调试 | 操作调试过程正确 | ① 操作错误，扣 10 分<br>② 调试失败，扣 20 分 | 20 | | |
| 7 | 安全文明生产 | 操作安全规范、环境整洁 | 违反安全文明生产规程，扣 5～10 分 | 10 | | |
| 合计 | | | | 100 | | |

## 【思考练习】

**操作题**

（1）用自锁按钮控制变频器实现电动机9段速频率运转。9段速设置分别为第1段输出频率为5Hz；第2段输出频率为10Hz；第3段输出频率为15Hz；第4段输出频率为-15Hz；第5段输出频率为-5Hz；第6段输出频率为-20Hz；第7段输出频率为25Hz；第8段输出频率为40Hz；第9段输出频率为50Hz。画出变频器外部接线图，写出参数设置。

（2）试设计一基于S7-300与MM440的9段速控制系统（段速要求如题（1）所示）。

完成要求：

① 设计PLC-变频器-交流电动机控制系统的电气接线图。

② 列出PLC控制I/O口（输入/输出）元件地址分配表。

③ 根据控制要求设计PLC梯形图。

④ 将编制的程序输入PLC内。

⑤ 根据控制要求设置变频器的有关参数。

⑥ 根据电气接线图接线，调试运行系统。

⑦ 排除系统在调试、运行中出现的故障。

# 项目 9　基于 S7-300、变频器、触摸屏的水箱水位控制系统

水位的控制在工业和日常生活中十分常见，有的水位控制虽然为闭环控制，但要求不高，并不需要 PID 控制。有的水位控制出口的流速变化大，又需要水位的精确控制，采用 PID 控制是一个较好的选择。本项目中介绍的水位控制就属于后者。

有一水箱可向外部供水，用户用水量不稳定，有时多有时少，水箱的进水量可通过调节水泵的转速控制。现需对水箱进行水位控制，并可在 0~2m 范围内可调，如设定水箱水位值为 1.5m 时，则无论水箱的出水量如何，通过调节进水量，都要求水箱水位保持在 1.5m 位置，如果出水量少，则控制进水量也少；如果出水量大，则控制进水量也大，水位控制示意图如图 9-1 所示。

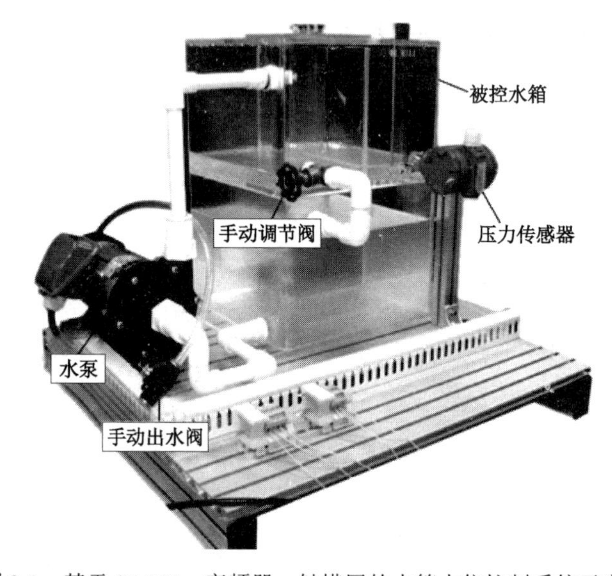


图 9-1　基于 S7-300、变频器、触摸屏的水箱水位控制系统示意图

因为水位高度与水箱底部水压成正比，所以可用一个压力传感器来检测水箱底部压力，从而确定液位高度，要控制水位恒定，可采用 PID 算法对水位进行自动调节。把压力传感器检测的液位信号为 4～20mA 的电流送入 PLC 中，在 PLC 中对设定值与检测值的偏差进行 PID 运算，运算结果输出模拟量信号来调节水泵电机的转速，从而调节进水量。水泵电机的转速可由变频器来控制。

**【学习任务】**

任务 1　水箱水位控制系统中的数据采集。
任务 2　水箱水位控制系统中的数据处理。

任务 3　基于 PLC 的水箱水位控制实现。
任务 4　水箱水位控制系统人机界面的设计。
任务 5　基于 S7-300、变频器、触摸屏的水箱水位控制系统的调试与运行。

学习目标

1．掌握水箱水位控制系统的项目生成与硬件组态。
2．掌握水箱水位控制系统的控制程序编写。
3．掌握水箱水位控制系统的调试方法。
4．掌握西门子 S7-300 的模拟量输入输出控制。
5．掌握 PID 指令的编程方法。
6．掌握相关数据处理指令和数学运算指令的应用。
7．掌握触摸屏的使用。
8．掌握触摸屏、变频器与 PLC 间的通信。

# 任务 1　水箱水位控制系统中的数据采集

【任务描述与分析】

水箱水位控制系统涉及模拟量输入输出控制，对于模拟量输入输出控制首先需要完成模拟量数据的采集。本项目采用一个压力传感器来检测水箱底部压力，从而确定液位高度。经过压力传感器和变送器出来的已是标准的模拟量信号，将这些模拟量信号提供给模拟量输入模块转换成数字量信号，CPU 才能处理，而经过 PID 运算后的数字量信号必须由模拟量输出模块转换成一个模拟量信号，才能去调节水泵电机的转速，从而调节进水量。

【相关知识与技能】

## 9.1.1　压力传感器

压力传感器类型较多，该设计中选用了 YTZ-150 型压力传感器，其为带电接点式，水压检测范围为 0～1MPa，精度为 0.01MPa，将水压转变为 0～10V 的电信号，反馈到 PLC，由 PLC 内部 PID 运算。该传感器可设定压力上、下限值，当管网压力处于上下限以外时，传感器分别输出开关信号进入 PLC 的两个输入接点，与变频器的极限输出频率检测信号一起控制泵组的变频与工频的切换及工频工作泵的切换。

该传感器适用于一般压力表适用的工作环境，既可直观测出压力值，又可输出相应的电信号。将输出的电信号传至远端的仪表上，以实现集中检测和远程控制。该压力传感器的主要技术参数如表 9-1 所示。

表 9-1　YTZ-150 型压力传感器主要技术参数

| 产品型号 | YTZ150 |
|---|---|
| 公称直径（mm） | $\phi$ 150 |
| 接头螺纹 | M20×1.5 |
| 测量范围 | 0～1MPa |
| 最大过载 | 标准量程的 2 倍 |
| 压力形式 | 表压、微差压 |
| 精度 | 0.01 Pa |
| 电源电压 | 24VDC |
| 负载电阻 | ≤400Ω |
| 测量介质 | 蒸汽压力或气体、液体 |
| 长期稳定性 | ±0.2% F.S/年 |
| 环境相对湿度 | 0～85% |
| 工作温度 | -40～70℃ |

## 9.1.2　模拟输入/输出量的数据采集

传感器只是把物理量转化成了标准的模拟信号，而 CPU 无法直接处理这些标准的模拟信号，那么有哪些模块可以用来采集模拟输入/输出量呢？在 S7-300PLC 中，可采用模拟量输入模块 SM331、模拟量输出模块 SM332 和模拟量输入/输出模块 SM334，如图 9-2 所示。

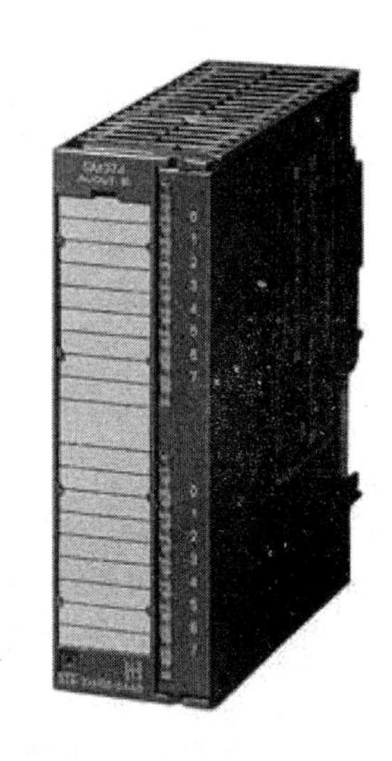

（a）模拟量输入模块 SM331　　（b）模拟量输出模块 SM332　　（c）模拟量输入/输出模块 SM334

图 9-2　模拟输入/输出量的数据采集模块

模拟量输入/输出模块的作用如图 9-3 所示。

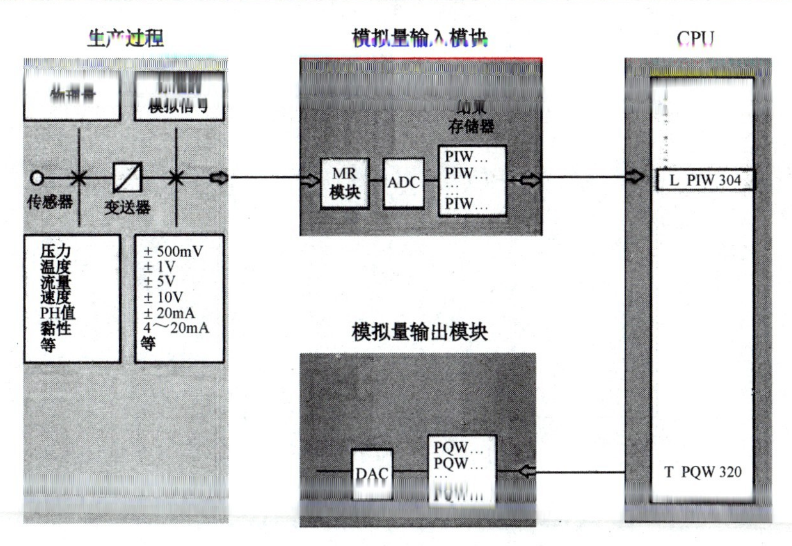


图 9-3　模拟量输入/输出模块的作用

模拟量输入模块通道设定如图 9-4 和图 9-5 所示。

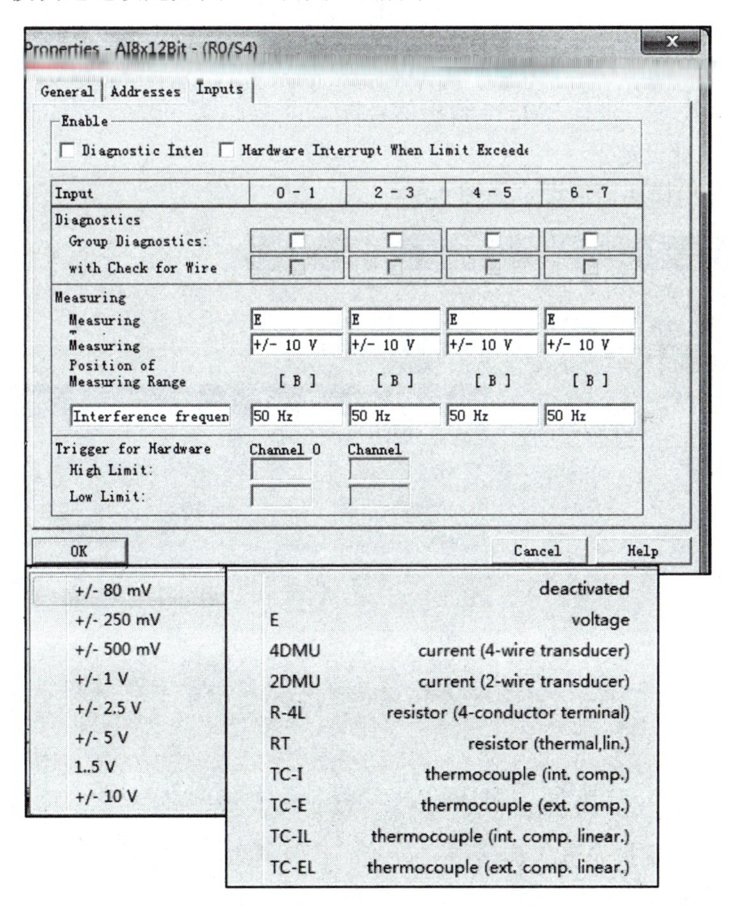


图 9-4　SM331 输入信号选择

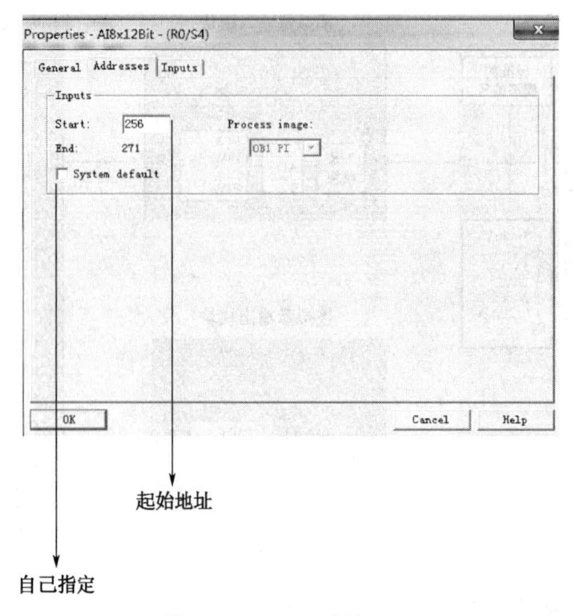


图9-5　SM331地址设定

同法进行模拟量输出模块SM332通道设定。

（1）双击AO模块，进行SM332输出信号选择；

（2）SM332地址设定。

模拟量输入输出模块通道设定如图9-6所示。

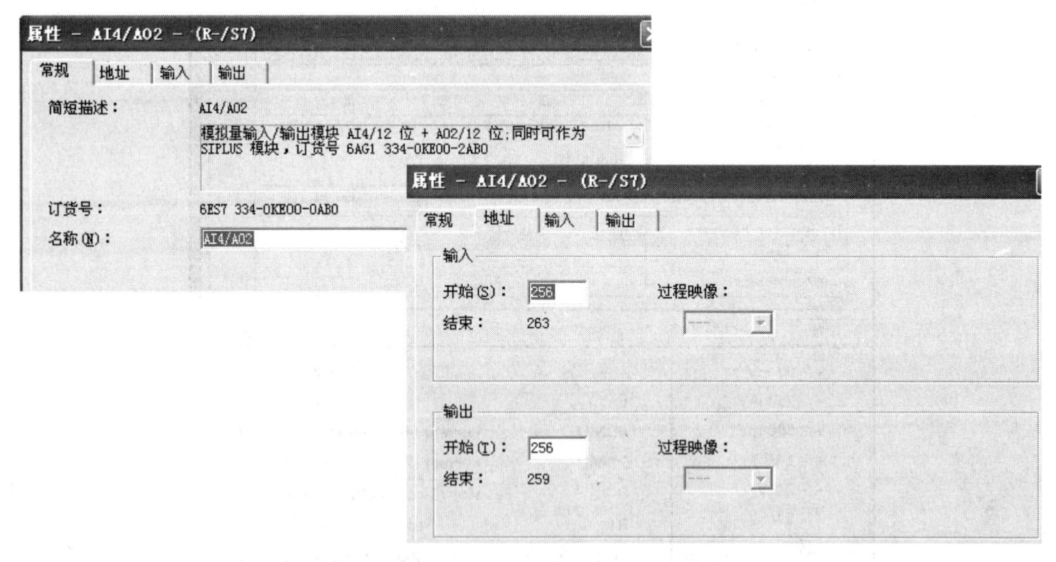


图9-6　SM334输入输出信号选择及地址设定

AI4/AO2属性对话框及输入测量种类符号，若取消激活，则禁止使用该通道，如图9-7所示，其符号与意义如表9-2所示。

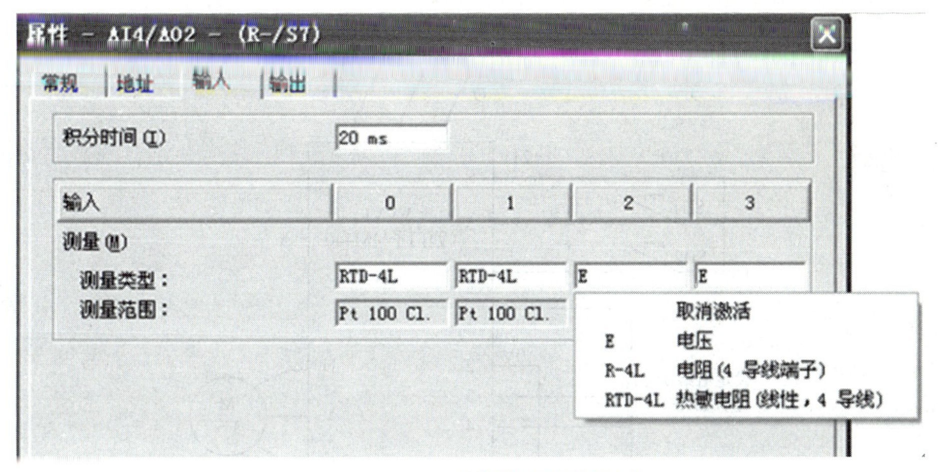


图 9-7　SM334 输入测量种类选择

表 9-2　输入测量种类符号及意义

| 符号 | 意义 | 符号 | 意义 |
|---|---|---|---|
| E | 电压 | TC-L | 热电偶（线性） |
| 4DMU | 电流（4 线制变送器） | TC-I | 热电偶（内部比较） |
| 2DMU | 电流（2 线制变送器） | TC-E | 热电偶（外部比较） |
| R-4L | 电阻（4 线连接） | TC-IL | 热电偶（线性，内部比较） |
| R-3L | 电阻（3 线连接） | TC-EL | 热电偶（线性，外部比较） |
| RTD-4L | 热电阻（线性，4 线连接） | TC-L00C | 热电偶（线性，参考温度 0°） |
| RTD-3L | 热电阻（线性，3 线连接） | TC-L50C | 热电偶（线性，参考温度 25°） |

## 9.1.3　MM440 变频器的模拟信号控制

MM440 变频器的“1”、“2”输出端为用户的给定单元提供了一个高精度的+10V 直流稳压电源。可利用转速调节电位器串联在电路中，调节电位器，改变输入端口 AIN1+给定的模拟输入电压，变频器的输入量将紧紧跟踪给定量的变化，从而平滑地调节电动机转速的大小。

MM440 变频器为用户提供了两对模拟输入端口，即端口“3”、“4”和端口“10”、“11”，通过设置 P0701 的参数值，使数字输入“5”端口具有正转控制功能；通过设置 P0702 的参数值，使数字输入“6”端口具有反转控制功能；模拟输入“3”、“4”端口外接电位器，通过“3”端口输入大小可调的模拟电压信号，控制电动机转速的大小，即由数字输入端控制电动机转速的方向，由模拟输入端控制转速的大小。

### 1．按要求接线

变频器模拟信号控制接线图如图 9-8 所示。检查电路正确无误后，合上主电源开关 QS。

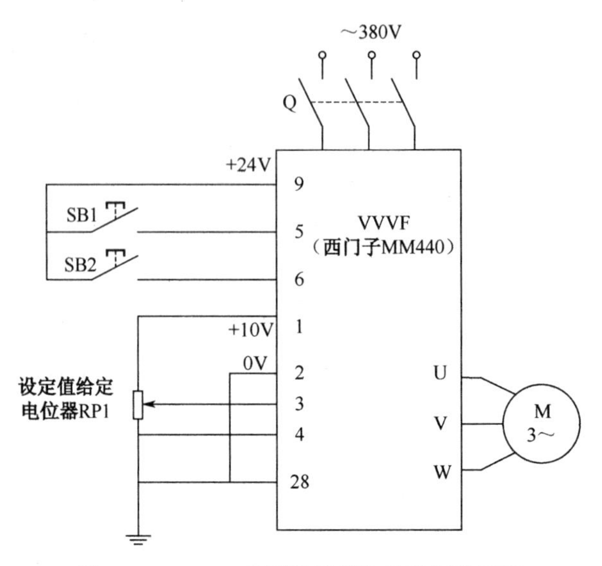


图9-8　MM440变频器模拟信号控制接线图

## 2. 参数设置

（1）恢复变频器工厂默认值，设定P0010=30和P0970=1，按P键，开始复位。

（2）设置电动机参数，电动机参数设置如表9-3所示。电动机参数设置完成后，设P0010=0，变频器当前处于准备状态，可正常运行。

表9-3　电动机参数设置

| 参数号 | 出厂值 | 设置值 | 说明 |
|---|---|---|---|
| P0003 | 1 | 1 | 设用户访问级为标准级 |
| P0010 | 0 | 1 | 快速调试 |
| P0100 | 0 | 0 | 工作地区：功率以kW表示，频率为50Hz |
| P0304 | 230 | 380 | 电动机额定电压（V） |
| P0305 | 3.25 | 0.95 | 电动机额定电流（A） |
| P0307 | 0.75 | 0.37 | 电动机额定功率（KW） |
| P0308 | 0 | 0.8 | 电动机额定功率因数（$\cos\varphi$） |
| P0310 | 50 | 50 | 电动机额定频率（Hz） |
| P0311 | 0 | 2800 | 电动机额定转速（r/min） |

（3）设置模拟信号操作控制参数，模拟信号操作控制参数设置如表9-4所示。

表9-4　模拟信号操作控制参数

| 参数号 | 出厂值 | 设置值 | 说明 |
|---|---|---|---|
| P0003 | 1 | 1 | 设用户访问级为标准级 |
| P0004 | 0 | 7 | 命令和数字I/O |
| P0700 | 2 | 2 | 命令源选择由端子排输入 |
| P0003 | 1 | 2 | 设用户访问级为拓展级 |
| P0004 | 0 | 7 | 命令和数字I/O |

续表

| 参数号 | 出厂值 | 设置值 | 说明 |
|---|---|---|---|
| P0701 | 1 | 1 | ON 接通正转，OFF 停止 |
| P0702 | 1 | 2 | ON 接通反转，OFF 停止 |
| P0003 | 1 | 1 | 设用户访问级为标准级 |
| P0004 | 0 | 10 | 设定值通道和斜坡函数发生器 |
| P1000 | 2 | 2 | 频率设定值选择为模拟输入 |
| P1080 | 0 | 0 | 电动机运行的最低频率（Hz） |
| P1082 | 50 | 50 | 电动机运行的最高频率（Hz） |

### 3. 变频器运行操作

（1）电动机正转与调速。按下电动机正转自锁按钮 SB1，数字输入端口 DIN1 为“ON”，电动机正转运行，转速由外接电位器 RP1 来控制，模拟电压信号 0～10V，对应变频器的频率为 0～50Hz，对应电动机的转速为 0～1500 r/min。当松开带锁按钮 SB1 时，电动机停止运转。

（2）电动机反转与调速。按下电动机反转自锁按钮 SB2，数字输入端口 DIN2 为“ON”，电动机反转运行，与电动机正转相同，反转转速的大小仍由外接电位器来调节。当松开带锁按钮 SB2 时，电动机停止运转。

【任务实施与拓展】

## 9.1.4　系统的硬件电路

### 1. 系统硬件配置表

分析水箱水位控制系统的控制要求，得出系统硬件配置如表 9-5 所示，可选用 1 个数字量输入输出模块 SM323（I/8DO），1 个模拟量输入输出模块 SM334（4AI/2AO）（注：硬件可根据实际情况作相应替换）。

表 9-5　水箱水位控制系统的硬件配置表

| 序号 | 名称 | 型号说明 | 数量 |
|---|---|---|---|
| 1 | CPU | CPU315-2DP | 1 |
| 2 | 电源模块 | PS307 | 1 |
| 3 | 数字量输入输出模块 | SM323 | 1 |
| 4 | 模拟量输入输出模块 | SM334 | 1 |
| 5 | 前连接器 | 20 针 | 2 |
| 6 | 变频器 | MM440 | 1 |

### 2. I/O 地址分配表

分析水箱水位控制系统的控制要求，进行控制系统的 I/O 地址分配如表 9-6 所示。

表 9-6　水箱水位控制系统 I/O 地址分配表

| 信号类型 | 信号名称 | 地址 |
|---|---|---|
| 输入信号 | 启动按钮 SB1 | I0.0 |
| | 停止按钮 SB2 | I0.1 |
| | 水位信号 | PIW276 |
| 输出信号 | 水泵的转速方向 | Q0.0 |
| | 水泵的转速信号 | PQW272 |

### 3．硬件接线图

水箱水位控制系统的硬件接线图如图 9-9 所示。

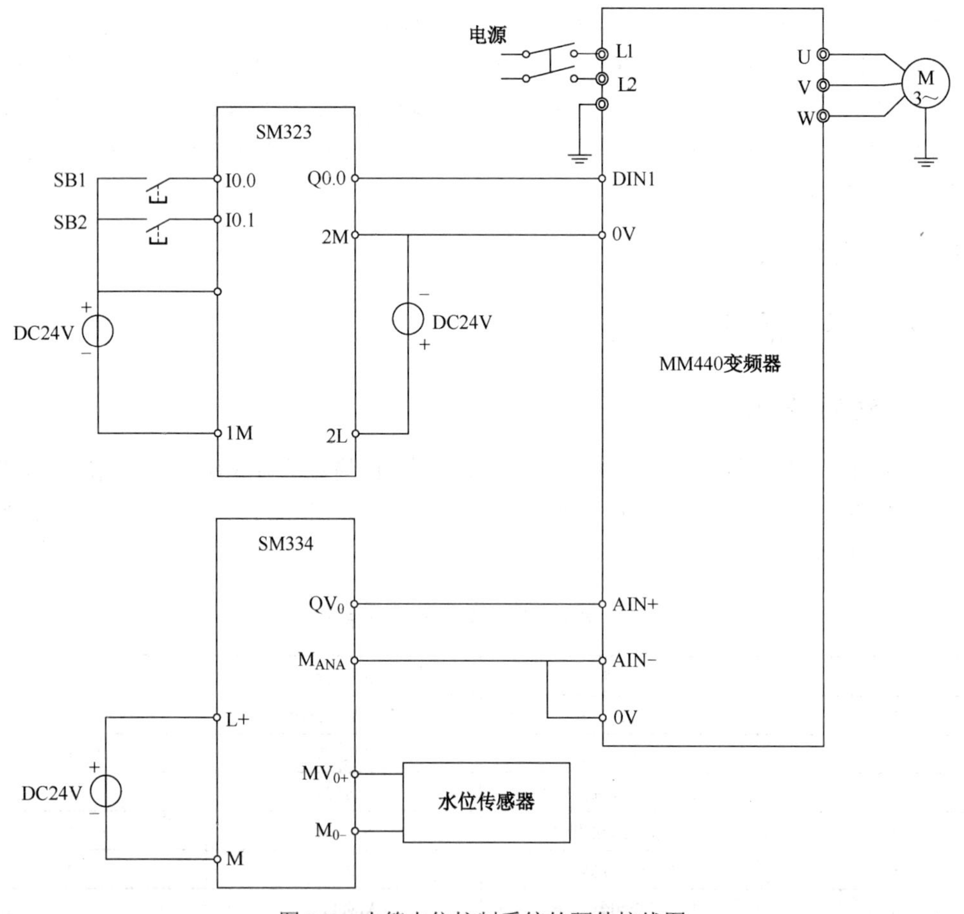


图 9-9　水箱水位控制系统的硬件接线图

### 9.1.6　控制系统的项目生成与硬件组态

用“新建项目”向导生成一个名为“水箱水位控制系统”的项目，进行硬件组态，组态完成如图 9-10 所示。

| S... | Module ... | Order number ... | F... | M... | I add... | Q add... | Comment |
|---|---|---|---|---|---|---|---|
| 1 | PS 307 10A | 6ES7 307-1KA00-0AA0 | | | | | |
| 2 | **CPU 315-2 DP** | **6ES7 315-2AG10-0AB0** | **V2.6** | **2** | | | |
| X2 | *DP* | | | | *2047** | | |
| 3 | | | | | | | |
| 4 | DI8/DO8xDC24V/0,5A | 6ES7 323-1BH01-0AA0 | | | 0 | 0 | |
| 5 | AI4/AO2x12Bit | 6ES7 334-0KE80-0AB0 | | | 272...279 | 272...275 | |

图 9-10　水箱水位控制系统的硬件组态

## 任务 2　水箱水位控制系统中的数据处理

【任务描述与分析】

模拟量输入模块把标准的电信号转换成数值范围为 -27648~+27648 的数字量，这个数字量与实际的物理量不一样，需要经过换算，FC105 就可以用来实现模拟输入量的规范化，FC106 可以用来实现模拟输出量的规范化。

【相关知识与技能】

### 9.2.1　模拟输入输出量的规范化

模拟输入/输出量的规范化在 S7-300 软件中如何来实现呢？

**1．模拟输入量的规范化——FC105 的使用**

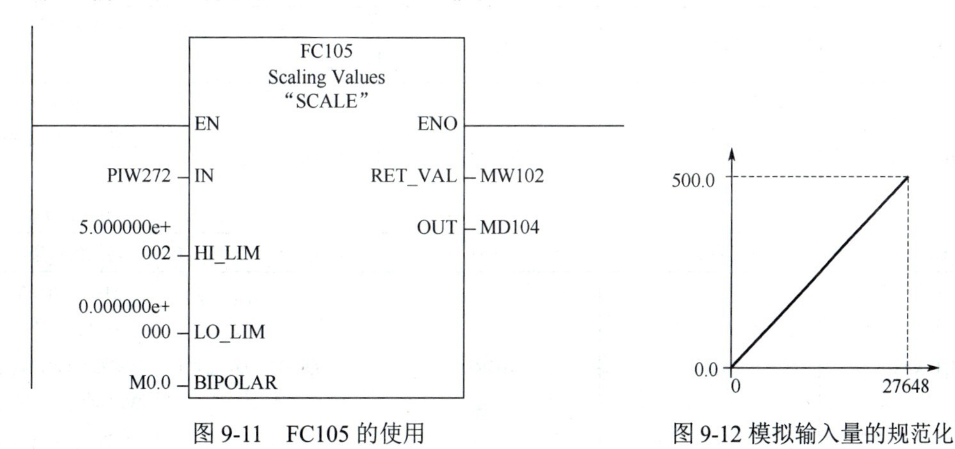


图 9-11　FC105 的使用

图 9-12 模拟输入量的规范化

SCALE 功能接收一个整型值（IN），并将其转换为以工程单位表示的介于下限和上限（LO_LIM 和 HI_LIM）之间的实型值，将结果写入 OUT。

SCALE 功能使用以下等式：

OUT = [ ((FLOAT (IN)−K1)/(K2-K1)) * (HI_LIM − LO_LIM)] + LO_LIM

常数 K1 和 K2 根据输入值是 BIPOLAR 还是 UNIPOLAR 来设置。

BIPOLAR：假定输入整型值介于 −27648 与 27648 之间，因此 K1 = −27648.0，K2 = +27648.0；

UNIPOLAR：假定输入整型值介于 0 和 27648 之间，因此 K1 = 0.0，K2 = +27648.0；

如果输入整型值大于 K2，输出（OUT）将钳位于 HI_LIM，并返回一个错误。如果输入整型值小于 K1，输出将钳位于 LO_LIM，并返回一个错误。

通过设置 LO_LIM > HI_LIM 可获得反向标定。使用反向转换时，输出值将随输入值的增加而减小。

图 9-11 所示的测量范围为 0～500L，对应电压为 0～10V，其被转换值为 0~27648，对应关系如图 9-12 所示。

FC105 的参数如表 9-7 所示。

表 9-7　FC105 的参数

| 参数 | I/O 类型 | 数据类型 | 存储区 | 描述 |
|---|---|---|---|---|
| EN | 输入 | BOOL | I、Q、M、D、L | 使能输入端、信号状态为“1”时激活该功能 |
| ENO | 输出 | BOOL | I、Q、M、D、L | 如果该功能的执行无错误，该使能输出端信号状态为“1” |
| IN | 输入 | INT | I、Q、M、D、L、P、常数 | 欲转换为以工程单位表示的实型值的输入值 |
| HI_LIM | 输入 | REAL | I、Q、M、D、L、P、常数 | 以工程单位表示的上限值 |
| LO_LIM | 输入 | REAL | I、Q、M、D、L、P、常数 | 以工程单位表示的下限值 |
| BIPOLAR | 输入 | BOOL | I、Q、M、D、L | 信号状态为“1”表示输入值为双极性，信号状态“0”表示输入值为单极性 |
| OUT | 输出 | REAL | I、Q、M、D、L、P | 转换的结果 |
| RET_VAL | 输出 | WORD | I、Q、M、D、L、P | 如果该指令的执行没有错误，将返回值 W#16#0000，对于 W#16#0000 以外的其他值，参见错误信息 |

### 2. 模拟输出量的规范化——FC106 的使用

UNSCALE 功能接收一个以工程单位表示；且标定于下限和上限（LO_LIM 和 HI_LIM）之间的实型输入值（IN），并将其转换为一个整型值，将结果写入 OUT。

UNSCALE 功能使用以下等式：

$$OUT = [\ ((IN-LO\_LIM)/(HI\_LIM - LO\_LIM)) * (K2-K1)\ ] + K1$$

BIPOLAR：假定输出整型值介于−27648 和 27648 之间，因此，K1 = −27648.0，K2 = +27648.0；

UNIPOLAR：假定输出整型值介于 0 和 27648 之间，因此，K1 = 0.0，K2 = +27648.0；

如果输入值超出 LO_LIM 和 HI_LIM 范围，输出（OUT）将钳位于距其类型（BIPOLAR 或 UNIPOLAR）的指定范围的下限或上限较近的一方，并返回一个错误。

图 9-13 所示的是把实际物理量转化为模拟输出模块所需要的 0～27648 之间的 16 位整数，对应关系如图 9-14 所示。

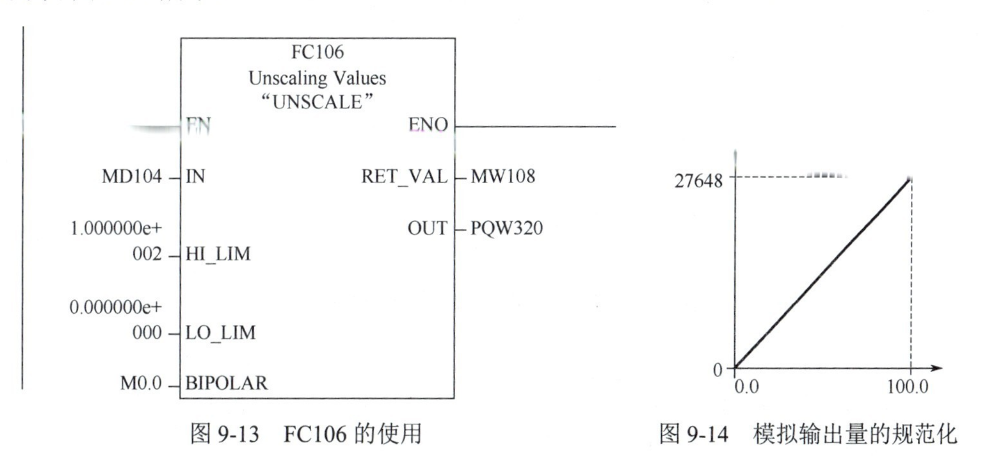


图 9-13　FC106 的使用　　　　图 9-14　模拟输出量的规范化

**【任务实施与拓展】**

## 9.2.2　水箱水位控制系统的模拟量输入控制

控制要求如下：

（1）把模拟量输入值连接到 PLC 模拟量 PIW272 端口。

（2）通过 PLC 仿真器设定 3 个液位，PIW272 分别为如下数值，在程序中把 PIW272 的模拟量值转换成实际液位在 MD100 中显示。

（3）液位低于 0.5m 时，低液位指示黄灯亮。液位为 0.5～1.5m 时，中液位指示绿灯亮。液位高于 1.5m 时，高液位指示红灯亮。

梯形图如图 9-15 所示。

OB1 :主程序

Network 1:按下启动按钮，建立启动标志位

Network 2:将实际的液位值转换为以工程单位表示的介于0～2m之间的实型值

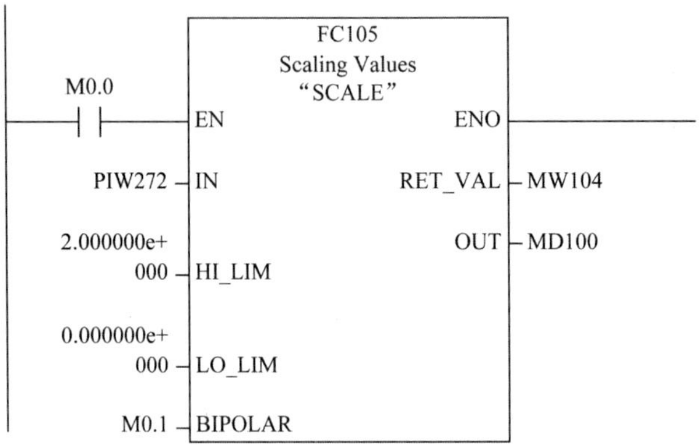

Network 3:液位低于0.5m时，Q0.0输出为"1"，低液位指示黄灯亮

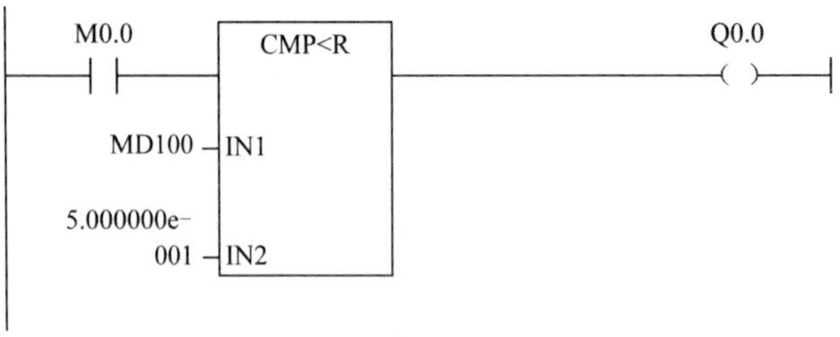

Network 4:液位为0.5～1.5m时，Q0.1输出为"1"，中液位指示绿灯亮

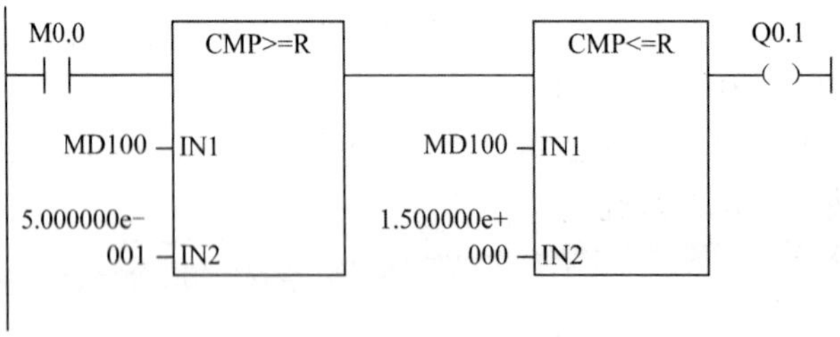

图 9-15　水箱水位控制系统的模拟量输入控制梯形图

Network 5:液位高于1.5m时，Q0.2输出为1，高液位指示红灯亮

M0.0
CMP>R
Q0.2
MD100 IN1
1.500000e+001 IN2

Network 6:按下停止按钮，复位M0.0、QB0、MD100

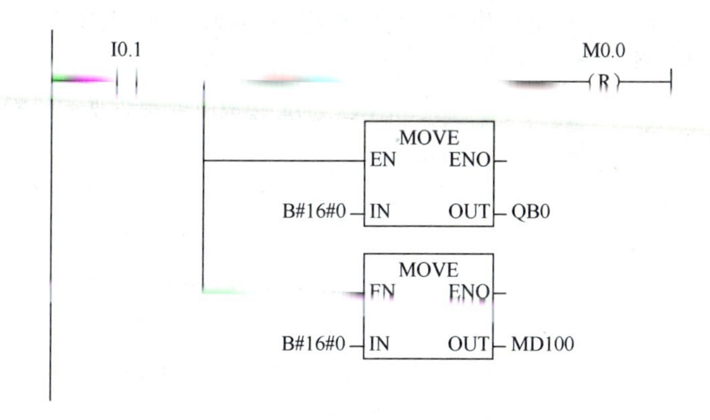


图 9-15　水箱水位控制系统的模拟量输入控制梯形图（续）

# 任务 3　基于 PLC 的水箱水位控制实现

## 【任务描述与分析】

在工业生产中，常需要用闭环控制方式来控制温度、压力、流量、水位等连续变化的模拟量，无论是使用模拟量控制器的模拟控制系统还是使用计算机（包括 PLC）的数字控制系统，PID 控制都得到了广泛应用。PID 控制器是比例-积分-微分控制的简称，其优点是不需要精确的控制系统数学模型，有较强的灵活性和适应性，而且 PID 控制器的结构典型、程序设计简单、工程上易于实现、参数调整方便。

本项目就是采用 PID 控制来实现水箱水位控制，其工作原理如图 9-16 所示。

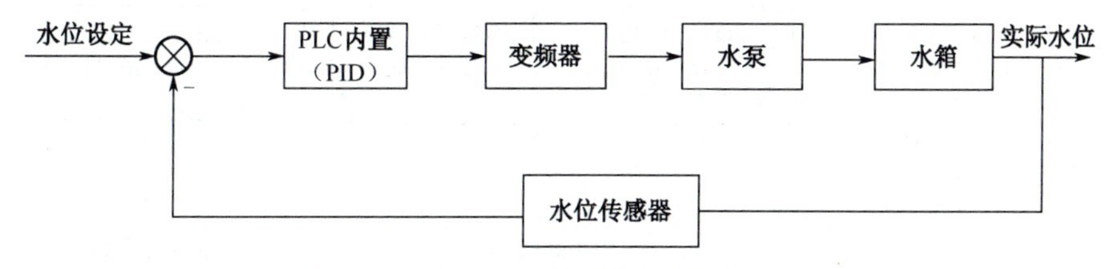


图 9-16　基于 PID 的水箱水位控制原理

水箱水位控制系统基本原理是通过安装在水箱底部的压力检测装置将系统压力信号与设定值进行比较，通过PID运算，再通过控制器调节变频器输出，无级调节水泵机组的转速，使水箱水位在水流量变化较大时，也能稳定在一定的范围内。

【相关知识与技能】

## 9.3.1 组织块与中断

### 1. 组织块

组织块（OB）（图9-17）是操作系统与用户程序的接口，由操作系统调用，组织块中的程序是由用户编写的。组织块用于控制扫描循环和中断程序的执行、PLC的启动和错误处理等，可以使用的组织块与CPU的型号有关。CPU通过组织块或事件驱动，控制用户程序执行；CPU的启动和故障处理都要调用不同的组织块。

（1）启动。当CPU上电后，或者操作模式改变为运行状态（通过CPU上的模式选择开关或利用PG），在循环程序执行之前，要执行启动程序。OB 100到OB 102就是用于启动程序的组织块，分别为暖启动、热启动和冷启动。绝大多数S7-300只能暖启动。

（2）循环的程序执行。需要连续执行的程序存储在组织块OB1里。OB1中的用户程序执行完毕后，将开始一个新的循环：刷新过程映像区，然后从OB1的第一条语句开始执行。循环扫描时间和系统响应时间就由这些操作来决定。

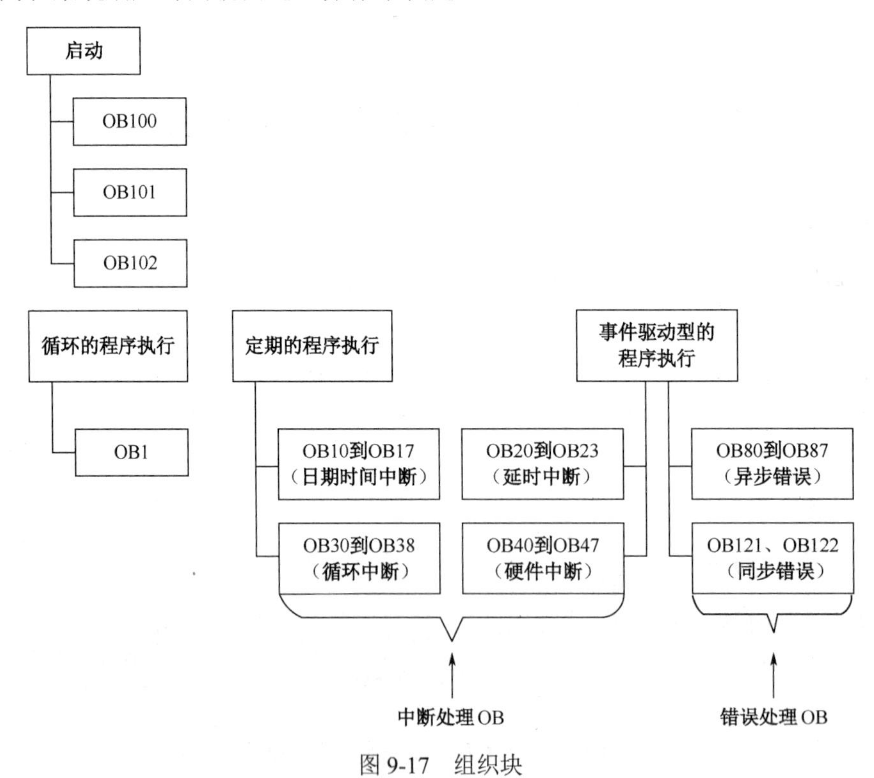


图9-17 组织块

系统响应时间包括 CPU 操作系统处理时间和执行所有用户程序的时间。响应时间即输入信号进来到输出动作的时间，最长等于两个扫描周期。

（3）定期的程序执行。定期的程序执行可以根据设定的时间间隔中断循环执行的程序。通过循环中断，组织块 OB30 到 OB38 可以每隔一段预定的时间（如 100ms）执行 1 次。例如，可以在这些块中调用带有自己的采样间隔的控制回路程序。大多数 S7-300 CPU 只能使用 OB35，其余的 CPU 可以使用的循环中断 OB 的个数与 CPU 的型号有关。

通过日期时间中断，可以在特定的时间执行某个 OB，如在每天 17:00 保存数据。大多数 S7-300 CPU 只能使用 OB10。

（4）事件驱动型的程序执行。硬件中断可以用于对过程事件作出快速响应。当事件发生后，马上中断循环程序并执行中断程序。绝大多数 S7-300 CPU 只能使用 OB40。产生硬件中断时，如果没有生成和下载硬件中断组织块，操作系统将会向诊断缓冲区输入错误信息，并执行异步错误处理组织块 OB80。

延时中断可以在一个过程事件出现后延时一段时间响应。通过错误处理 OB 可以决定在出现错误时系统如何响应。用 SFC32“SRT_DINT”启动延时中断，延时时间为 1~60000ms，精度为 1ms。延时时间到时触发中断，调用 SFC32 指定的 OB。CPU316 及以下的 CPU 只能使用 OB20。

### 2. 操作系统与中断程序的关系

循环执行的程序可以被高优先级的中断事件中断。不同的中断事件由操作系统触发不同的 OB，中断服务程序在相应的 OB 中。操作系统与中断程序的关系如图 9-18 所示。

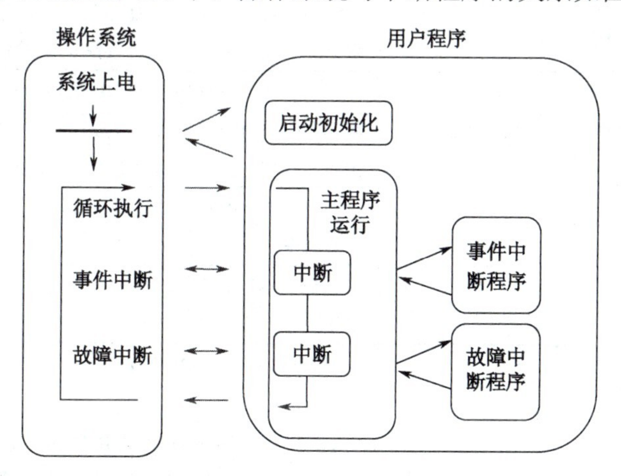


图 9-18　操作系统与中断程序的关系

优先级：组织块按照优先级的顺序执行（1=最低，29=最高优先级）。

中断循环程序：当操作系统调用其他组织块时，循环的程序执行被中断，因为 OB1 的优先级最低，所以任何其他的 OB 可以中断主程序并执行自己的程序，执行完毕后从断点处开始恢复执行 OB1。

当比当前执行的程序优先级更高的 OB 被调用时，在当前指令结束后产生中断。操作系统为被中断的块保存全部的寄存器堆栈。当返回被中断的块时，寄存器的信息被恢复。

## 9.3.2 SFB41/FB41 指令

当被控对象的结构和参数不能完全掌握或得不到精确的数学模型，控制理论的其他技术难以采用时，系统控制器的结构和参数必须依靠经验和现场调试来确定，这时采用PID 控制技术最为方便。即使不完全了解一个系统和被控对象，或是不能通过有效的测量手段来获得系统参数时，也适合采用PID控制技术。PID控制器就是根据系统的误差，利用比例、积分、微分计算出控制量进行控制的。

SFB41/FB41“CONT_C”（连续控制器）在 SIMATIC S7 可编程逻辑控制器上使用，通过持续的输入和输出变量来控制工艺过程。在参数分配期间，可以通过激活或取消激活 PID 控制器的子功能使控制器适应过程的需要。

可以使用该控制器作为 PID 固定设定值控制器或在多循环控制中作为层叠、混料或比率等控制器。该控制器的功能基于使用模拟信号的采样控制器的 PID 控制算法。但要注意只有在以固定时间间隔调用块时，在控制块中计算的值才是正确的。为此，应该在周期性中断 OB（OB30～OB38）中调用控制块。在 CYCLE 参数中输入采样时间，SFB41/FB41“CONT_C”指令的输入参数如表 9-8 所示，输出参数如表 9-9 所示。

表 9-8 SFB41/FB41“CONT_C”输入参数

| 参数名称 | 数据类型 | 地址 | 含义 | 默认值 |
|---|---|---|---|---|
| COM_RST | BOOL | 0.0 | COMPLETE RESTART，完全重新启动，为“1”时执行初始化程序 | FALSE |
| MAN_ON | BOOL | 0.1 | MANUAL VALUE ON 为“1”时启用手动值，将中断控制回路。手动值被设置为操作值 | TRUE |
| PVPER_ON | BOOL | 0.2 | PROCESS VARIABLE PERIPHERY ON，如果从 I/O 读取过程变量，必须将输入 PV_PER 连接到 I/O，且必须设置输入启用过程变量外设 | FALSE |
| P_SEL | BOOL | 0.3 | PROPORTIONAL ACTION ON，为“1”时启用 P 操作 | TRUE |
| I_SEL | BOOL | 0.4 | INTEGRAL ACTION ON，为“1”时启用 I 操作 | TRUE |
| INT_HOLD | BOOL | 0.5 | INTEGRAL ACTION HOLD， 为“1”时积分操作保持，积分输出冻结 | FALSE |
| I_ITL_ON | BOOL | 0.6 | INITIALIZATION OF THE INTEGRAL ACTION，积分作用初始化，为“1”时将输入 I_ITLVAL 作为积分器的初始值 | FALSE |
| D_SEL | BOOL | 0.7 | DERIVATIVE ACTION ON， 为 1 时启用 D 操作 | FALSE |
| CYCLE | TIME | 2 | SAMPLING TIME，采样时间，两次块调用之间的时间，取值范围应≥20ms | T#1s |
| SP_INT | REAL | 6 | INTERNAL SETPOINT， 内部设定值输入，取值范围为-100.0%～+100.0%或物理值 | 0.0 |

续表

| 参数名称 | 数据类型 | 地址 | 含义 | 默认值 |
|---|---|---|---|---|
| PV_IN | REAL | 10 | PROCESS VARIABLE IN 浮点格式的过程变量输入， 取值范围为-100.0%～+100.0%或物理值 | 0.0 |
| PV_PER | WORD | 14 | PROCESS VARIABLE PERIPHERAL 外部设备输入的 I/O 格式的过程变量 | W#16#0000 |
| MAN | REAL | 16 | MANUAL VALUE，操作员接口输入的手动值，取值范围为-100.0%～+100.0%或物理值 | 0.0 |
| GAIN | REAL | 20 | PROPORTIONAL GAIN， 比例增益输入，指定控制器增益 | 2.0 |
| TI | TIME | 24 | RESET TIME，积分时间输入，决定积分器的时间响应，取值范围应≥CYCLE | T#20s |
| TD | TIME | 28 | DERIVATIVE TIME，微分时间输入，决定微分单元的时间响应，取值范围应≥CYCLE | T#10s |
| TM_LAG | TIME | 32 | TIME LAG OF THE DERIVATIVE ACTION 微分操作的延迟时间输入 | [illegible] |
| DEADB_W | REAL | 36 | DEAD BAND WIDTH 死区带宽，误差变量死区带的大小为≥0.0 或物理值 | 0.0 |
| LMN_HLM | REAL | 40 | MANIPULATED VALUE HIGH LIMIT 控制器输出上限，取值范围为-100.0%～+100.0%或物理值 | 100.0 |
| LMN_LLM | REAL | 44 | MANIPULATED VALUE LOW LIMIT 控制器输出下限，取值范围为-100.0%～+100.0%或物理值 | 0.0 |
| PV_FAC | REAL | 48 | PROCESS VARIABLE FACTOR，过程变量系数 | 1.0 |
| PV_OFF | REAL | 52 | PROCESS VARIABLE OFFSET 输入过程变量的偏移量 | 0.0 |
| LMN_FAC | REAL | 56 | MANIPULATED VALUE FACTOR，控制器输出量的系数 | 1.0 |
| LMN_OFF | REAL | 60 | MANIPULATED VALUE OFFSET 控制器输出量的偏移量 | 0.0 |
| I_ITLVAL | REAL | 64 | INITIALIZATION VALUE OF THE INTEGRAL ACTION 积分操作的初始值 | 0.0 |
| DISV | REAL | 68 | DISTURBANCE VARIABLE 扰动输入变量 | 0.0 |

表 9-9　SFB41/FB41 “CONT_C” 输出参数

| 参数名称 | 数据类型 | 地址 | 说明 | 默认值 |
|---|---|---|---|---|
| LMN | REAL | 72 | MANIPULATED VALUE，浮点格式的控制器输出值 | 0.0 |
| LMN_PER | WORD | 76 | MANIPULATED VALUE PERIPHERAL，I/O 格式的 PID 输出值 | W#16#0000 |
| QLMN_HLM | BOOL | 78.1 | HIGH LIMIT OF MANIPULATED VALUEREACHED，PID 输出值超过上限 | FALSE |
| QLMN_LLM | BOOL | 78.2 | LOW LIMIT OF MANIPULATED VALUEREACHED，PID 输出值小于下限 | FALSE |
| LMN_P | REAL | 80 | PROPORTIONAL COMPONENT，控制器输出值中的比例分量 | 0.0 |
| LMN_I | REAL | 84 | INTEGRAL COMPONENT，控制器输出值中的积分分量 | 0.0 |
| LMN_D | REAL | 88 | DERIVATIVE COMPONENT，控制器输出值中的微分分量 | 0.0 |
| PV | REAL | 92 | PROCESS VARIABLE，格式化的过程变量输出 | 0.0 |
| ER | REAL | 96 | ERROR SIGNAL，死区处理后的误差输出 | 0.0 |

**【任务实施与拓展】**

## 9.3.3　水箱水位控制系统的 PID 控制梯形图

OB1 中的程序如图 9-19 所示；OB100 中的程序如图 9-20 所示，目的是重启 PID；OB35 中的程序如图 9-21 所示，每 100ms 做一次 PID 运算。

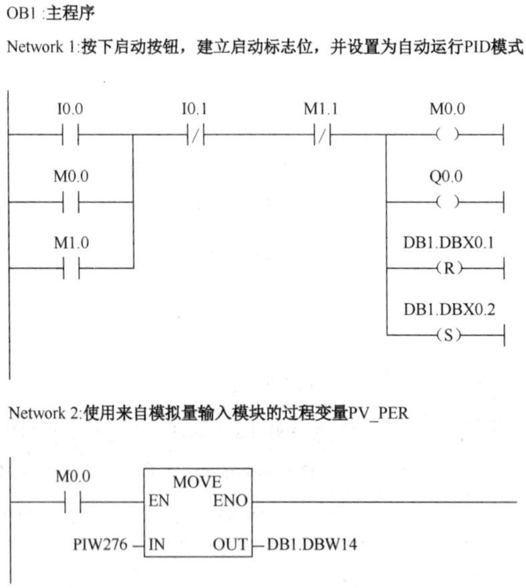

OB1 :主程序

Network 1:按下启动按钮，建立启动标志位，并设置为自动运行PID模式

I0.0　I0.1　M1.1　M0.0

M0.0　Q0.0

M1.0　DB1.DBX0.1 (R)

DB1.DBX0.2 (S)

Network 2:使用来自模拟量输入模块的过程变量PV_PER

M0.0　MOVE　EN　ENO

PIW276　IN　OUT　DB1.DBW14

图 9-19　水箱水位控制系统的 OB1 中的程序

Network 3:设定水位控制的给定值

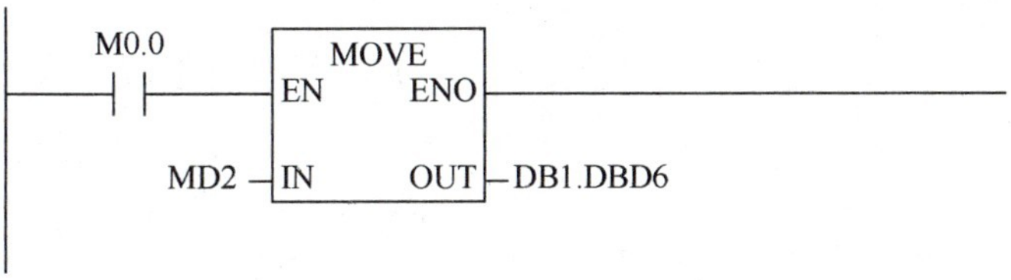

M0.0

MOVE
EN　ENO
MD2 — IN　OUT — DB1.DBD6

Network 4:设定PID控制器的上限值为200cm

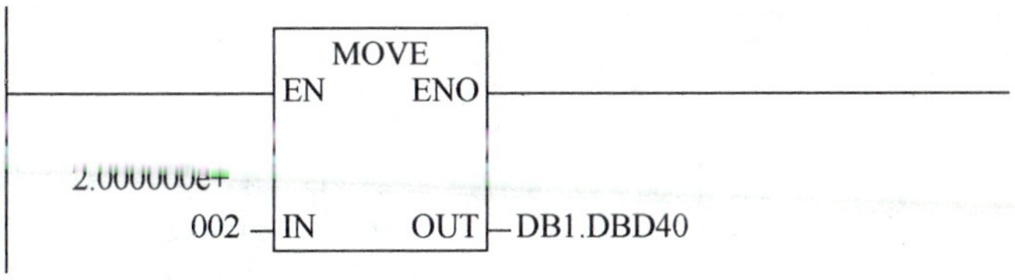

MOVE
EN　ENO
2.000000e+
002 — IN　OUT — DB1.DBD40

Network 5:设定PID控制器的下限值为0cm

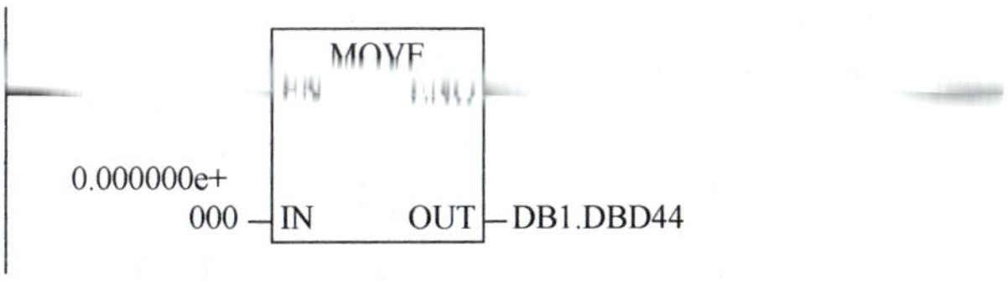

MOVE
EN　ENO
0.000000e+
000 — IN　OUT — DB1.DBD44

Network 6:将外设输出值LMN_PER直接输出到模拟量输出模块

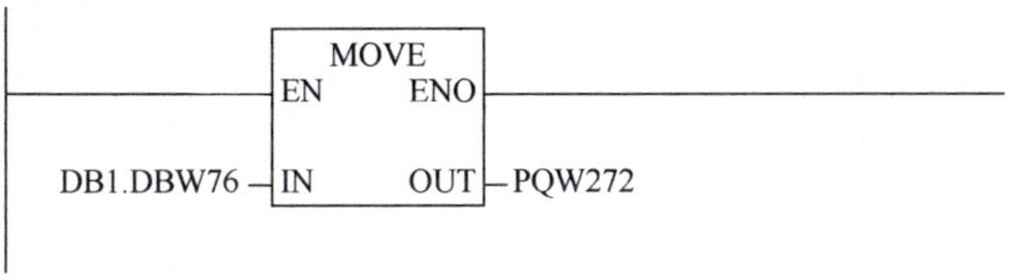

MOVE
EN　ENO
DB1.DBW76 — IN　OUT — PQW272

Network 7:将实际的水位值转换为以工程单位表示的介于0～200cm之间的实型值

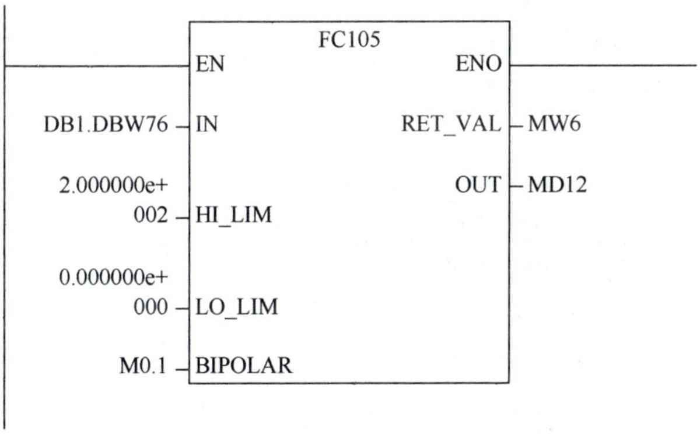

FC105
EN　ENO
DB1.DBW76 — IN　RET_VAL — MW6
2.000000e+
002 — HI_LIM　OUT — MD12
0.000000e+
000 — LO_LIM
M0.1 — BIPOLAR

图 9-19　水箱水位控制系统的 OB1 中的程序（续）

OB100 :启动组织块

Network 1:当COM_RST为“1”时，重启PID，复位PID内部参数

S　　DB1.DBX　　0.0

Network 2:Title

R　　DB1.DBX　　0.0

图 9-20　水箱水位控制系统的 OB100 中的程序

OB35 :循环中断组织块

Network 1:调用连续PID控制器FB41

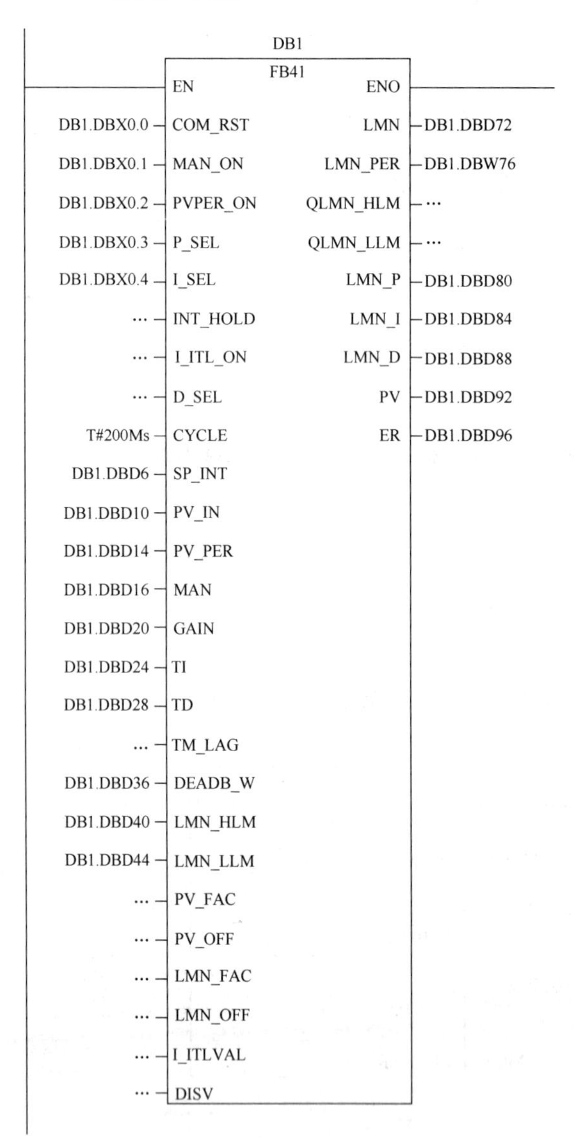


图 9-21　水箱水位控制系统的 OB35 中的程序

# 任务 4　水箱水位控制系统人机界面的设计

**【任务描述与分析】**

在工艺过程日趋复杂、对机器和设备功能的要求不断增加的环境中，获得最大的透明性对操作员来说至关重要。人机界面（HMI）提供了这种透明性。

本任务就是完成水箱水位控制系统人机界面的设计。

**【相关知识与技能】**

## 9.4.1　SIMATIC 人机界面与组态软件

### 1. SIMATIC 人机界面

HMI 是人（操作员）与过程（机器/设备）之间的接口。PLC 是控制过程的实际单元。因此，在操作员和 WinCC flexible（位于 HMI 设备端）之间及 WinCC flexible 和 PLC 之间均存在一个接口。HMI 系统承担下列任务。

（1）过程可视化。

（2）操作员对过程的控制。

（3）显示报警。

（4）归档过程值和报警。

（5）过程值和报警记录。

（6）过程和设备的参数管理。

SIMATIC HMI 的品种非常丰富，有 KTP 精简系列面板、微型面板、77 系列面板、TP/OP 177/277 系列面板、MP 177/277/377 系列多功能面板、移动面板等。

### 2. WinCC flexible 2008

WinCC flexible 是一种前瞻性的面向机器的自动化概念的 HMI 软件，它具有舒适而高效的设计。WinCC flexible 综合了下列优点：

（1）直接的处理方式；

（2）透明性；

（3）灵活性。

WinCC flexible 带有丰富的图库，提供大量的图形对象供用户使用。

WinCC flexible 可以方便地移植原有的 ProTool 项目，支持多语言组态和多语言运行。还可以方便地与 STEP 7 集成，与 PLCSIM 一起实现 PLC 和人机界面的集成仿真。

【任务实施与拓展】

## 9.4.2 创建项目和 HMI 站点

### 1. 在 SIMATIC 管理器中创建 HMI 站点

选中管理器左侧的项目窗口最上面的项目图标，执行“Insert”→“Station”→“SIMATIC HMI Station”(人机界面站）命令，在出现的对话框中选择 HMI（人机界面）的型号，单击“确定”按钮，生成的 HMI 站对象出现在 SIMATIC 管理器的项目窗口中，如图 9-22 所示。

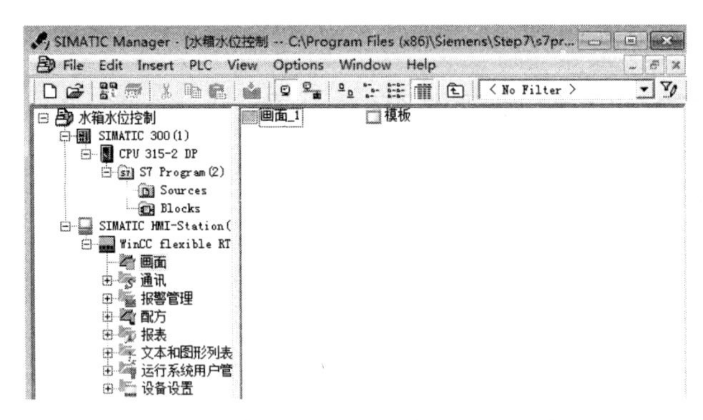


图 9-22　集成了 HMI 站的 STEP 7 项目

### 2. 建立两个站点的连接

为了实现 PLC 和 HMI 设备之间的自动数据交换，需要建立它们之间的连接。单击工具栏中的按钮，打开网络组态工具 NetPro，将 MPI 接口对应的小红方块直接拖放到红色的 MPI 网络上，如图 9-23 所示。单击工具栏中的按钮，保存和编译网络组态信息。

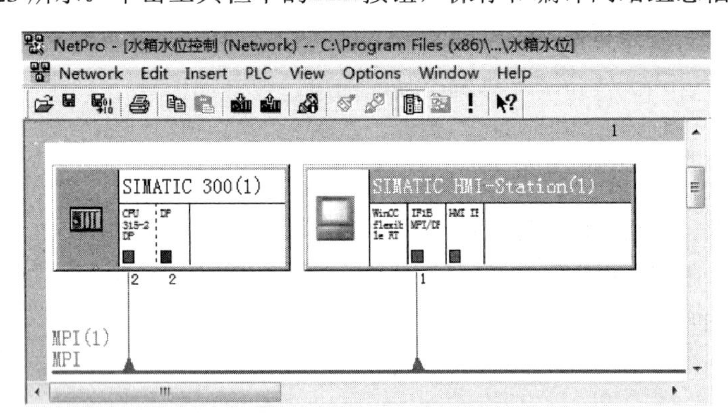


图 9-23　用 NetPro 组态 MPI 网络连接

### 3. 在 STEP 7 中定义符号和编写程序

在 STEP 7 中定义符号和编写程序，符号表如图 9-24 所示，程序如图 9-19～9-21 所示。

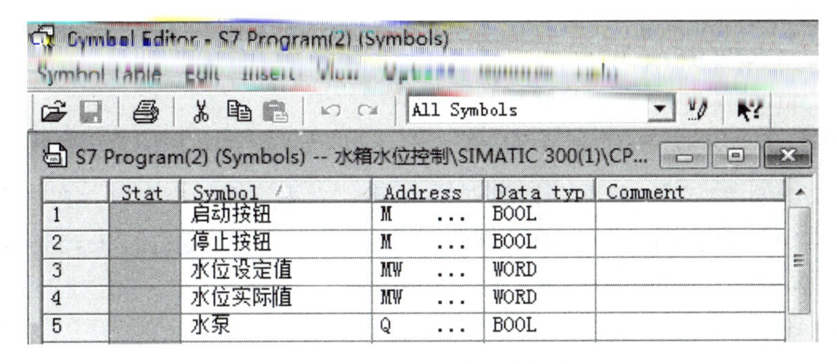


图 9-24　STEP 7 中的符号表

## 4．打开连接

打开 WinCC flexible 的项目，双击“连接”标签，打开连接编辑器，如图 9-25 所示。连接表内自动生成了在 NetPro 中组态的连接，其默认的名称为“连接_1”，通信对象为 S7-300/400，“在激活”的列选择“开”选项。连接表下面的属性视图给出了通信连接的参数。

图 9-25　连接编辑器

## 5．在 WinCC flexible 中定义变量

双击“变量”标签，在 WinCC flexible 中定义触摸屏变量，如图 9-26 所示。

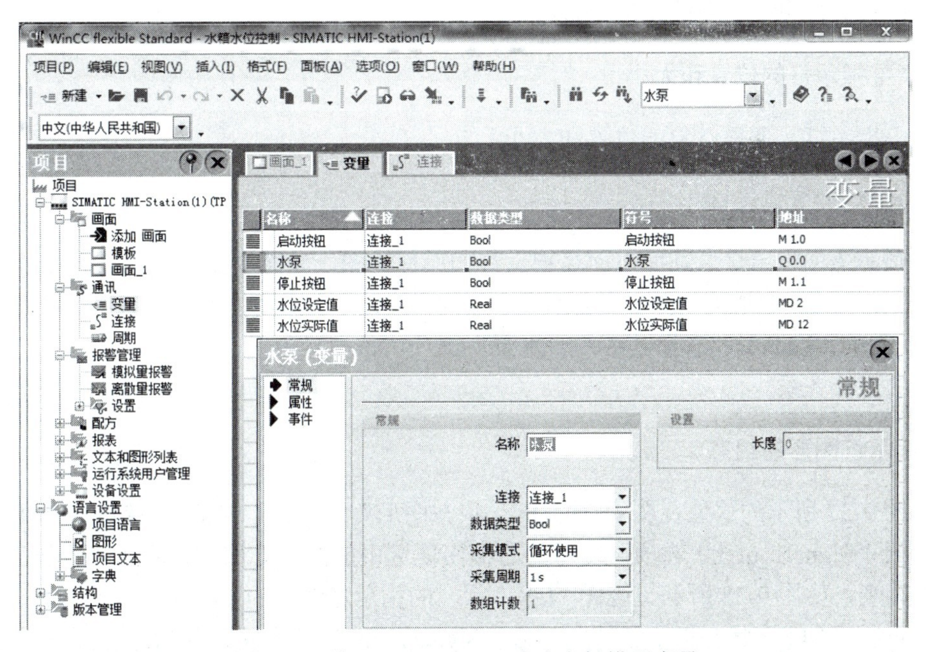


图 9-26　在 WinCC flexible 中定义触摸屏变量

## 9.4.3　组态指示灯

### 1．打开库文件

选中工具箱中的“库”文件夹，如图 9-27 所示，右击下面的空白区，在弹出的快捷菜单中执行“库”→“打开”命令。在出现的对话框中，打开文件夹“C:\Program Files\Siemens\SIMATIC WinCC flexible\WinCC flexible Support\Libraries\System-Libraries”，双击“打开”按钮与开关库文件“Button_and_switches.wlf”。

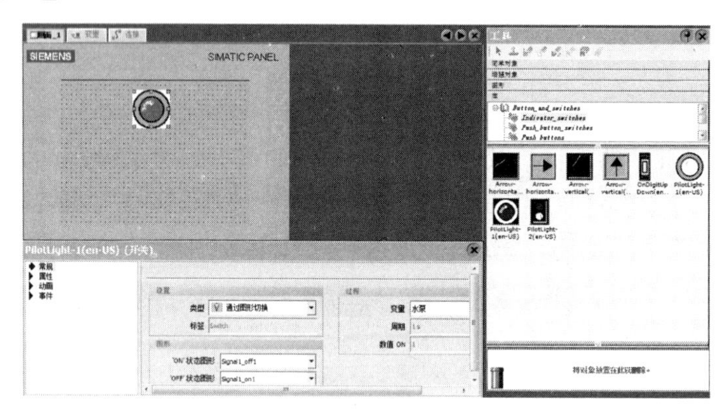


图 9-27　组态指示灯连接的变量

### 2．生成指示灯

打开刚装入的“Button_and_switches”库，如图 9-27 所示，选中该库中的 Indicator_switches。把选中的指示灯拖曳到画面的相应位置。

### 3．调整指示灯的位置和大小

用选中指示灯，调整对象的位置和大小。

### 4．指示灯的变量连接

选中画面上的指示灯，画面下面是指示灯的属性视图，如图 9-27 所示。选中属性视图中的“常规”组，单击右边的“变量”文本框右侧的▾按钮，在出现的变量列表中，打开 STEP 7 中 S7-300 站的 Symbols，选择其中的“水泵”选项，该变量出现在显示框，就建立了该变量与指示灯的连接关系。

### 5．指示灯图形的组态

单击图 9-27 所示的属性视图中“‘ON’状态图形”文本框右侧的▾按钮，选择出现的图形列表中的“Signal1_off1”选项，窗口的右侧出现选中的指示灯图形，单击“设置”按钮，关闭图形列表，如图 9-28 所示。这样“ON”状态的指示灯图形的中间部分变为浅色。用同样的方法，设置“OFF”状态指示灯的图形为“Signal1_on1”，中间部分为深色。

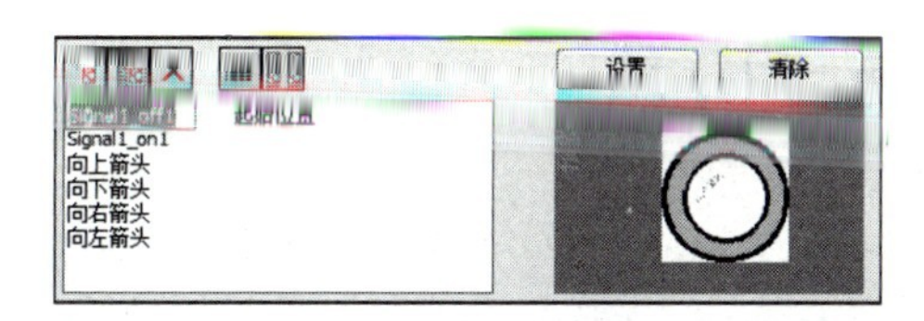


图 9-28　指示灯图形的组态

## 9.4.4　组态按钮

### 1．按钮的生成

单击工具箱中的“简单对象”组，将其中的图标拖放到画面上，放开左键，图标被放置在画面上。可用鼠标选中按钮，调整对象的位置和大小。

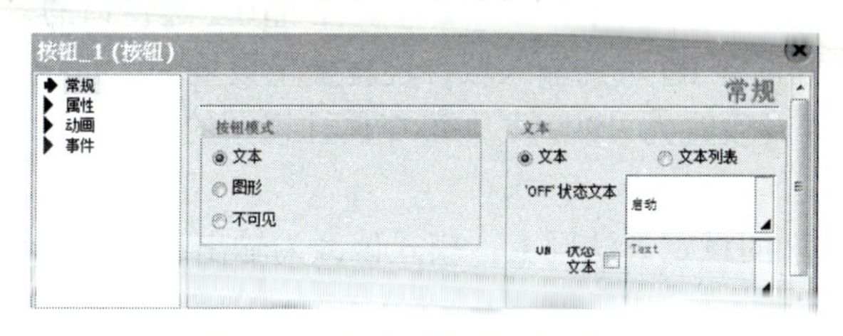


图 9-29　组态按钮的常规属性

### 2．按钮属性的设置

选中生成的按钮，在属性视图的“常规”组中对按钮进行常规属性设置，如图 9-29 所示。还可在属性视图的“属性”组中，对按钮的外观、布局等进行设置。

### 3．按钮功能的设置

在属性视图的“事件”组中进行按钮功能的设置。选择“事件”组中的“按下”项，单击视图右侧最上面一行，再单击它的右侧出现的按钮，选择“SetBit”选项。直接单击表中第 2 行右侧隐藏的按钮，出现 PLC 的符号表，单击其中的变量“启动按钮”（M1.0，如图 9-30 所示）。在运行时按下该按钮，将变量“启动按钮”置位为“1”状态。同法，释放该按钮选择“ResetBit”选项。

停止按钮可采用“复制”和“粘贴”命令来完成，按钮功能的设置方法同上。

图 9-30　组态按钮按下时操作的变量

### 9.4.5　组态文本域与 IO 域

#### 1．生成与组态文本域

单击工具箱中的“简单对象”组，将其中标有“A”的文本域图标拖曳到画面上，释放鼠标，文本域被放置在画面上。选中生成的文本域，打开属性视图中的“常规”对话框，在右边的文本框中输入文本“水位设定值”。可在属性视图的“属性”中，对文本域的外观、布局等进行设置。文本域“水位实际值”可采用“复制”和“粘贴”命令来完成。

#### 2．生成与组态 IO 域

单击工具箱中的“简单对象”组，将其中标有 ab| 的 IO 域图标拖曳到画面上，释放鼠标，IO 域被放置在画面上。选中生成的 IO 域，选择属性视图左边窗口的“常规”组，如图 9-31 所示，在“模式”文本框设置 IO 域为输入域，过程变量设置为“水位设定值”。格式类型设置为“十进制”，格式样式设置为“9999”。可在属性视图的“属性”组中，对 IO 域的外观、布局等进行设置。

IO 域“水位实际值”的设定方法同上，模式修改为输出。

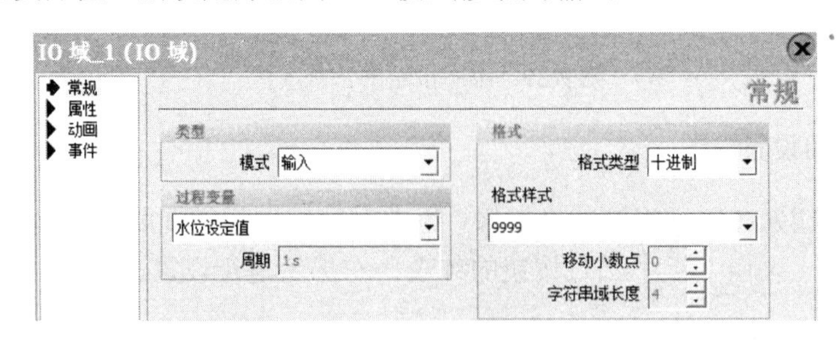


图 9-31　组态 IO 域

**注意：** 有时在实际的工程项目中需要用到多个监控画面，这就涉及画面的切换问题，切换方法如下：首先在初始画面添加一个按钮，命名为需切换画面的名称，在属性视图的“事件”中进行按钮功能的设置。单击“事件”组中的“函数”项，然后依次选择画面→Activate Screen→画面名→需切换到的画面，切换回来的方法同上。

## 任务 5　基于 S7-300、变频器、触摸屏的水箱水位控制系统的调试与运行

**【任务描述与分析】**

为了测试前面完成的水箱水位控制系统设计项目，可采用以下两种方法来调试：

（1）采用集成模拟的方式进行模拟调试，在 WinCC flexible 仿真界面中监控各变量的变化情况；

（2）采用硬件 PLC 的在线调试。

【相关知识与技能】

## 9.5.1　PLC与人机界面的模拟调试

WinCC flexible提供了一个模拟器软件，在没有HMI设备的情况下，可以用WinCC flexible的运行系统来模拟HMI设备，用它来测试项目，调试已组态的HMI设备的功能。模拟调试也是学习HMI设备的组态方法和提高动手能力的重要途径。有下列3种模拟调试的方法。

### 1．不带控制器连接的模拟（离线模拟）

如果没有HMI设备，也没有PLC，可以用离线模拟功能来检查人机界面的部分功能。

### 2．带控制器连接的模拟（在线模拟）

如果没有HMI设备，但是有PLC，可以用在线模拟功能，用计算机模拟HMI设备的功能。在线模拟的效果与实际系统基本相同。

### 3．集成模式下的模拟（集成模拟）

将WinCC flexible的项目集成在STEP7的项目中，用WinCC flexible的运行系统来模拟HMI设备，用S7-300/400的仿真软件S7-PLCSIM来模拟PLC。这种模拟不需要HMI设备和PLC的硬件，模拟的效果与实际系统的运行情况基本相同。

【任务实施与拓展】

## 9.5.2　模拟调试

本任务采用集成模拟的方式对水箱水位控制系统进行模拟调试，具体步骤如下。

（1）在SIMATIC管理器中，打开PLCSIM。将用户程序和组态信息下载到仿真PLC，将仿真PLC切换到RUN-P模式。

（2）单击WinCC flexible工具栏中的按钮，启动运行系统，开始模拟HMI。

（3）单击画面上的“启动”按钮，如图9-32所示，选中PLCSIM中的MB1视图对象的第0位的复选框，表示M1.0被置为“1”，由于PLC程序的作用，Q0.0（水泵）变为“1”状态，画面上的指示灯亮。放开启动按钮，M1.0变为“0”状态，视图对象中的第0位的复选框被取消选中。

（4）单击画面上的“水位设定值”文本框，画面上出现一个数字键盘。用弹出的小键盘输入“180”，按Enter键确认，变量“水位实际值”变为“200”。这是因为在模拟软件中仿真时，SP和PV有偏差会导致输出LMN一直朝一个方向变化，直到最小或最大，这个与实际工程环境的区别在于：模拟测试时，PID的输出并不会去影响要调节的对象，也就无法改变PV值，系统偏差始终不变化的。只能通过改变SP和PV的大小，观察LMN的变化方向及变化速度。可以看到PLCSIM的视图对象和画面上的输出域显示出相同的数值，如图9-32所示。

单击模拟面板右上角的 X 按钮，关闭模拟面板。

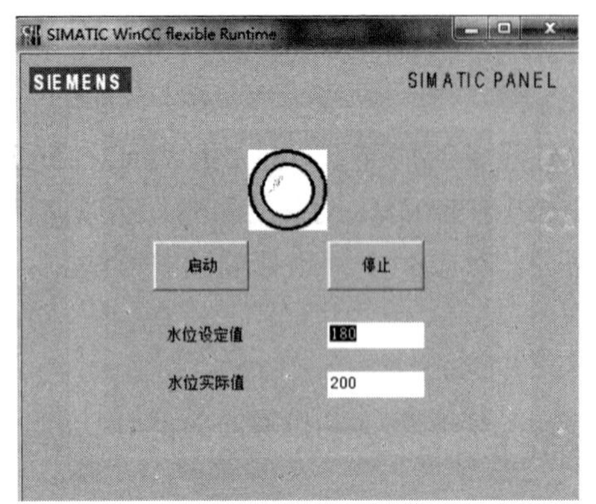


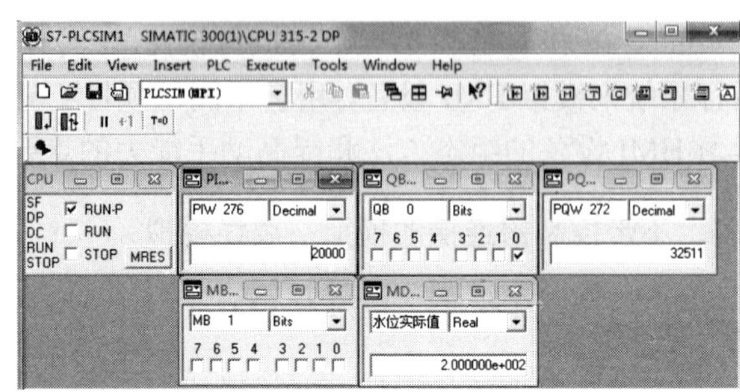


图 9-32 PLC 与 HMI 的集成仿真

## 9.5.3 硬件调试

### 1. 按照硬件接线图接线

（1）变频器输入电源的连线。

（2）变频器电源及电机接线的压线端子，使用带有绝缘管的端子。

（3）交流电源一定不能接到变频器输出端上（U、V、W），否则将损坏变频器。

（4）接线后，零碎线头必须清除干净，零碎线头可能造成异常，失灵和故障，必须始终保持变频器清洁。

（5）注意电动机的旋转方向。当电机与 U、V、W 连接后，这时，若加入正转开关（信号），电机的正旋转方向从负荷轴向看为逆时针方向。

（6）当 PLC 输出的开关信号进入变频器时，有时会发生外部电源和变频器控制电源之间的串扰，应注意对 PLC 和变频器分开接地，避免两者使用共同的接地线。

### 2. 参数设置

（1）恢复变频器工厂默认值，设定 P0010=30 和 P0970=1，按 P 键，开始复位。

（2）设置电动机参数，电动机参数设置如表 9-3 所示。电动机参数设置完成后，设定 P0010=0，变频器当前处于准备状态，可正常运行。

（3）设置模拟信号操作控制参数，模拟信号操作控制参数设置如表 9-4 所示。

（4）连接 PLC 输入输出接线，将程序录入并下载到 PLC，进入梯形图监控状态，然后使 PLC 进入运行状态。

（5）根据项目要求，将 HMI 组态程序下载到相应的触摸屏中，并在触摸屏上操作相应的按钮和行程开关，首先观察 PLC 的程序工作情况和输出状态是否与设计相符，然后观测变频器的运行状态是否服从 PLC 控制。

（6）在调试中如果出现问题，先解决 PLC 程序问题，然后检查 PLC 与变频器的连接。变频器的参数设置着重检查参数单元 P 的设置是否正确。

## 【项目小结】

本项目通过基于 S7-300、变频器、触摸屏的水箱水位控制系统的设计与调试，巩固了西门子 MM440 变频器的使用，介绍了触摸屏的使用，主要包括以下几部分。

（1）掌握水箱水位控制系统的项目生成与硬件组态；

（2）掌握水箱水位控制系统的控制程序编写；

（3）掌握水箱水位控制系统的调试方法；

（4）掌握西门子 S7-300 的模拟量输入输出控制；

（5）掌握 PID 指令的编程方法；

（6）掌握相关数据处理指令和数学运算指令的应用；

（7）掌握触摸屏的使用；

（8）掌握触摸屏、变频器与 PLC 间的通信。

## 【能力测试】

（1）完成硬件设计原理图。

（2）用“新建项目”向导生成水箱水位控制系统项目，根据实验设备上的模块，打开 HW Config 设置模块，并编译下载到 CPU 中。

（3）完成水箱水位控制系统的硬件接线。

（4）完成 MM440 相关参数设置。

（5）生成水箱水位控制系统用户程序的编写与调试。

（6）完成水箱水位控制系统人机界面的设计。

（7）完成基于 S7-300、变频器、触摸屏的水箱水位控制系统的调试。

（8）成绩评定参考标准如表 9-10 所示。

**表 9-10　《基于 S7-300、变频器、触摸屏的水箱水位控制系统》成绩评价表**

班级__________姓名__________组号__________

| 序号 | 主要内容 | 考核要求 | 评分标准 | 配分 | 扣分 | 得分 |
|---|---|---|---|---|---|---|
| 1 | 硬件设计 | 能根据任务要求完成硬件设计原理图 | ① 硬件设计不完善，每处扣 3 分<br>② 硬件设计不正确，扣 10 分 | 10 | | |
| 2 | 硬件组态 | 能根据任务要求完成硬件组态 | ① 硬件组态不完善，每处扣 3 分<br>② 硬件组态不正确，扣 10 分 | 10 | | |
| 3 | 梯形图设计 | 能根据任务要求完成梯形图设计 | ① 梯形图设计不完善，每项扣 8 分<br>② 梯形图设计不正确，扣 20 分 | 20 | | |
| 4 | 接线 | 能正确使用工具和仪表，按照电路图正确接线 | ① 接线不规范，每处扣 3 分<br>② 接线错误，每处扣 5 分 | 10 | | |

续表

| 序号 | 主要内容 | 考核要求 | 评分标准 | 配分 | 扣分 | 得分 |
|---|---|---|---|---|---|---|
| 5 | 参数设置 | 能根据任务要求正确设置变频器参数 | ① 参数设置不全，每处扣 3 分<br>② 参数设置错误，每处扣 3 分 | 10 | | |
| 6 | 人机界面设计 | 能根据要求设计出系统的人机界面 | ① 界面设置不全，每处扣 3 分<br>② 界面设置错误，每处扣 3 分 | 15 | | |
| 7 | 操作调试 | 操作调试过程正确 | ① 操作错误，扣 10 分<br>② 调试失败，扣 15 分 | 15 | | |
| 8 | 安全文明生产 | 操作安全规范、环境整洁 | 违反安全文明生产规程，扣 5～10 分 | 10 | | |
| 合计 | | | | 100 | | |

## 【思考练习】

### 1．提空题

CPU 检测到错误时，如果没有下载对应的错误处理 OB，CPU 将进入________模式。

2．简答题

（1）延时中断与定时器都可以实现延时，它们有什么区别？

（2）怎样用 SFB41/FB41 实现 PI 或 PID 控制？

（3）超调量太大应怎样调节 PID 控制器的参数？

（4）被控量过渡过程过于缓慢应怎样调节 PID 控制器的参数？

（5）消除误差的速度较慢应怎样调节 PID 控制器的参数？

3．操作题

（1）试编写电机转速控制程序。

① 控制要求：按下启动按钮，电机正常启动，按下停止按钮，延时 3s 后电机停止运转。电机转速范围为 0～1500r/min，对应电机的转速输出通过 PG 卡或变频器电压输出端（0～10V），把该模拟量输入值连接到 PLC 模拟量 PIW272 端口。

② 编写程序完成如下功能，通过 PLC 仿真器设定 3 个速度，PIW272 分别为如下数值，在程序中把 PIW272 的模拟量值转换成实际转速在 MD500 中显示。

当 PIW272=8550 时，转速 MD500 为多少？

当 PIW272=13824 时，转速 MD500 为多少？

当 PIW272=27648 时，转速 MD500 为多少？

③ 转速低于 500r/min 时，低速指示黄灯亮。转速为 500～1450 r/min 时，匀速指示绿灯亮。转速大于 1450r/min 时高速指示红灯亮。

（2）试设计一基于 PID 的电炉温度控制系统，并在 WinCC flexible 中设计该系统的人机界面，并进行联机调试。

电炉的工作原理如下：当设定电炉温度后，CPU 经过 PID 运算后由模拟量输出模块输出一个电压信号送到控制板，控制板根据电压信号（弱电信号）的大小控制电热丝的加热电压（强电）的大小（甚至断开)，温度传感器测量电炉的温度，温度信号经过控制板的处理后输入到模拟量输入模块，再送到 CPU 进行 PID 运算，如此循环。

# 参考文献


[1] 廖常初．S7-300/400PLC 应用技术[M]．北京：机械工业出版社，2005.1

[2] 廖常初．跟我动手学 S7-300/400PLC[M]．北京：机械工业出版社，2010.9

[3] 刘凯，周海．深入浅出西门子 S7-300PLC[M]．北京：北京航空航天大学出版社，2004.8

[4] 向晓汉．西门子 PLC 高级应用实例精解[M]．北京：机械工业出版社，2010.1

[5] 胡健．西门子 S7-300PLC 应用教程[M]．北京：机械工业出版社，2007.3

[6] 姚福来等．变频器、PLC 及组态软件实用技术速成教程[M]．北京：机械工业出版社，2010.6

[7] 秦益霖．西门子 S7-300PLC 应用技术[M]．北京：电子工业出版社，2007.4

[8] 吴丽．西门子 S7-300PLC 基础与应用[M]．北京：机械工业出版社，2011.3

[9] 王曙光等．S7-300/400PLC 入门与开发实例[M]．北京：人民邮电出版社，2009.2

[10] 吕箭红．S7-200PLC 应用技术项目教程[M]．北京：中国铁道出版社，2014.9

[11] 西门子（中国）有限公司．S7-300 硬件安装手册，2005.12

[12] 张运刚等．从入门到精通——西门子 S7-300/400PLC 技术与应用[M]．北京：人民邮电出版社，2007.8

[13] Sie mens AG．s7-300 和 S7-400 梯形逻辑（LAD）编程参考手册，2004.1